『计算机实用技能丛书』

Premiere Pro 从入门到精通 全新版

云飞◎编著

中国商业出版社

图书在版编目（CIP）数据

Premiere Pro从入门到精通 / 云飞编著. -- 北京 : 中国商业出版社, 2021.1

（计算机实用技能丛书）

ISBN 978-7-5208-1537-6

Ⅰ. ①P… Ⅱ. ①云… Ⅲ. ①视频编辑软件 Ⅳ. ①TN94

中国版本图书馆CIP数据核字(2020)第260171号

责任编辑：管明林

中国商业出版社出版发行

010-63180647 www.c-cbook.com

（100053 北京广安门内报国寺1号）

新华书店经销

三河市冀华印务有限公司印刷

*

710毫米×1000毫米 16开 17印张 340千字

2021年1月第1版 2021年1月第1次印刷

定价：69.80元

* * * *

（如有印装质量问题可更换）

前言

Adobe Premiere Pro 2020是目前最流行的创新的非线性编辑软件，是数码视频编辑使用的功能强大的多媒体视频、音频编辑软件，它的应用范围不胜枚举，制作效果美不胜收，足以协助用户更加高效地工作。Adobe Premiere Pro 2020以其新的合理化界面和通用高端工具，兼顾了广大视频用户的不同需求，不仅有较好的兼容性，且可以与Adobe公司推出的其他软件相互协作，广泛应用于广告制作和电视节目制作中。

Premiere Pro 2020中文版为用户提供从视频媒体，不管是手机拍摄的视频还是Raw 5K视频，都能轻松导入并自由地组合，再以原生形式编辑且可以自动转码。它改进了与Audition的集成，勿需渲染，即可在Premiere Pro Essential Sound面板中将关键帧、音频效果和设置发送到Audition，轻松满足用户在编辑、制作、工作中遇到的各种问题，从而创造出高质量的作品。

本书全面而细致地讲解了Premiere Pro 2020的影片剪辑基础和操作技能，切换特效和视频特效的功能、效果演示及参数说明，运动设置与动画实现，通用倒计时片头、彩条与黑场视频、彩色蒙板和透明视频的制作实现，视频特效和关键帧的应用，抠像特效的功能、效果演示及参数说明和叠加的应用，音频技术及其特效的详细解析，影片输出的操作，并以实例演示了如何应用视频切换特效、视频特效及抠像特效，对字幕技术的应用以具体实例进行解析。

全书内容结构如下：

第1章 Premiere Pro 2020基础：讲解了Premiere Pro 2020的影片剪辑基础和操作技能。

第2章 视频过渡技术：对108个切换特效进行了详细解析，并讲解了运动设置与动画实现，通用倒计时片头、彩条与黑场视频、彩色蒙板和透明视频的制作实现，最后演示了视频切换特效的实际应用，以帮助读者尽快掌握在影片中添加视频切换特效的方法与技巧。

第 3 章 视频特效技术：对 108 个视频特效进行了详细解析，并讲解了视频特效和关键帧的应用，最后演示了视频特效的实际应用，以帮助读者尽快掌握在影片中添加视频特效的方法与技巧。

第 4 章 抠像与叠加：对 9 个抠像特效进行了详细解析，并讲解了叠加的应用，最后演示了亮度键抠像特效的实际应用，以帮助读者尽快掌握在影片中使用键控特效进行抠像的方法与技巧。

第 5 章 字幕特效实战演练：为读者演示了 8 个字幕实例的详细操作过程，并介绍了 Premiere Pro 2020 字幕窗口工具，以帮助读者尽快掌握在影片中添加字幕、字幕特技的方法与技巧。

第 6 章 音频技术：讲解了如何使用 Premiere Pro 2020 对视频作品进行音频剪辑的基本操作，并对 Premiere Pro 2020 内置的 54 个音频特效进行了详细的讲解。

第 7 章 输出影片：讲解了影片输出的几种操作方法。

本书主要为数码视频编辑用户提供用于创作专业产品使用编辑软件的从入门到精通的知识，可作为视频编辑人员提升自身视频编辑技术和艺术感觉的自学图书。

本书还可供如下人群购买阅读：

（1）影视后期制作艺术家——编辑特效电影镜头，动画，音乐电视和短片的人群；电影制片人——对高效快捷的制作和发布数码日志感兴趣的人群。

（2）广播电视制片人——创作商业广告，有线电视节目，剪辑片断等专业人群；商务专业人士——需要制作专业水平的视频影像的非专业视频制作人士（商务人士可以通过视频影像增强陈说力）。

（3）网页设计者——需要通过创作网络流媒体视频内容使网页更加动态化，吸引人，传递更多信息，以此吸引和留住访客的人群。

（4）视频教育者——教授学生和致力于成为电影制作人的人们创作专业产品并且提供一个编辑实例环境，促使他们更快地提高进步。

（5）短视频运营人员——借助本书，抖音、B 站、快手等平台运营者，可以制作出专业的短视频，让流量提升变得更为轻松快速。

（6）爱好者 / 发烧友——已经拥有一部数码摄像机并致力于用最好的工具自由制作高品质视频影像的人群，以及广大手机短视频拍摄爱好者。

本书由北京九洲京典文化有限公司总策划，云飞等编著。在此向所有参与本书编创工作的人员表示由衷的感谢，更要感谢购买本书的读者，您的支持是我们最大的动力，我们将不断努力，为您奉献更多、更优秀的作品！

云飞

目　录

第1章　Premiere Pro 2020 基础

1.1　认识 Premiere Pro 2020 ………… 2

1.2　Premiere Pro 2020 的菜单命令 … 2

1.2.1　文件菜单 ………… 2

1.2.2　编辑菜单 ………… 6

1.2.3　剪辑菜单 ………… 8

1.2.4　序列菜单 ………… 10

1.2.5　标记菜单 ………… 12

1.2.6　图形菜单 ………… 14

1.2.7　窗口菜单 ………… 14

1.2.8　帮助菜单 ………… 18

1.3　掌握 Premiere Pro 2020 的基础操作 ………… 18

1.3.1　如何创建项目 ………… 18

1.3.2　认识“项目”窗口 …… 22

1.3.3　如何导入素材 ………… 23

1.3.4　如何解释素材 ………… 25

1.3.5　如何观察素材属性 …… 26

1.3.6　如何改变素材名称 …… 27

1.3.7　如何利用素材库组织素材 ………… 27

1.3.8　如何处理离线素材 …… 27

1.3.9　善用效果控制台面板中的Home/End 快捷键 ……… 29

1.3.10　如何更改序列进行设置 29

1.3.11　如何在 Premiere Pro 2020 中分别插入视频和音频… 30

第2章　视频过渡技术

2.1　视频过渡特技设置 ………… 32

2.1.1　关于过渡 ………… 32

2.1.2　调整过渡的过渡区域 … 32

2.1.3　过渡设置 ………… 34

2.1.4　设置默认过渡 ………… 35

2.1.5　关于余量 ………… 36

2.2　3 维运动特效技术详解 ………… 36

2.2.1　立方体旋转 ………… 36

2.2.2　翻转 ………… 37

2.3　划像特效技术详解 ………… 37

2.3.1　交叉划像 ………… 37

2.3.2　圆划像 ………… 38

2.3.3　盒形划像 ………… 38

2.3.4　菱形划像 ………… 39

2.4　页面剥落特效技术详解 ………… 39

2.4.1　翻页 ………… 39

2.4.2　页面剥落 ………… 40

2.5　擦除特效技术详解 ………… 40

2.5.1　双侧平推门 ………… 40

2.5.2　带状擦除 ………… 41

2.5.3　径向擦除 ………… 41

2.5.4　插入 ………… 42

2.5.5　划出 ………… 42

2.5.6　时钟式擦除 ………… 43

2.5.7　棋盘 ………… 43

2.5.8　棋盘擦除 ………… 44

2.5.9 楔形擦除 …………………… 44
2.5.10 水波块 …………………… 45
2.5.11 油漆飞溅 ………………… 45
2.5.12 渐变擦除 ………………… 46
2.5.13 百叶窗 …………………… 46
2.5.14 螺旋框 …………………… 47
2.5.15 随机块 …………………… 47
2.5.16 随机擦除 ………………… 48
2.5.17 风车 ……………………… 48
2.6 溶解特效技术详解 ………… 49
2.6.1 交叉溶解 ………………… 49
2.6.2 叠加溶解 ………………… 49
2.6.3 白场过渡 ………………… 50
2.6.4 黑场过渡 ………………… 50
2.6.5 非叠加溶解 ……………… 51
2.7 内滑特效技术详解 …………51
2.7.1 中心拆分 ………………… 51
2.7.2 内滑 ……………………… 52
2.7.3 带状内滑 ………………… 52
2.7.4 拆分 ……………………… 53
2.7.5 推 ………………………… 53
2.8 缩放特效——交叉缩放技术详解 …………………… 54
2.9 运动设置与动画实现 ……… 54
2.9.1 Premiere Pro 2020 运动窗口简介 ………………… 54
2.9.2 设置动画的基本原理：一个简单动画的实现 … 55
2.10 使用 Premiere Pro 2020 创建新元素 …………………… 56
2.10.1 通用倒计时片头 ……… 56
2.10.2 彩条与黑场视频 ……… 57
2.10.3 颜色蒙板 ……………… 58
2.10.4 透明视频 ……………… 59
2.11 过渡特效演练 …………… 59
2.11.1 创建项目文件和导入素材 ………………… 60
2.11.2 剪辑素材 ……………… 61
2.11.3 添加过渡 ……………… 62

第3章 视频特效技术

3.1 关于视频特效 ……………… 64
3.1.1 视频特效的添加 ……… 64
3.1.2 视频特效的移除 ……… 64
3.1.3 关键帧应用 …………… 65
3.1.4 使用“效果控件”面板控制特效 ………………… 65
3.2 变换特效技术详解 ………… 66
3.2.1 垂直翻转 ……………… 66
3.2.2 水平翻转 ……………… 66
3.2.3 羽化边缘 ……………… 66
3.2.4 裁剪 …………………… 67
3.2.5 自动重新构图 ………… 68
3.3 图像控制特效技术详解 …… 69
3.3.1 灰度系数校正 ………… 69
3.3.2 颜色过滤 ……………… 69
3.3.3 颜色平衡（RGB） …… 70
3.3.4 颜色替换 ……………… 71
3.3.5 黑白 …………………… 72
3.4 实用程序——Cineon 转换特效技术详解 …………………… 72
3.5 扭曲特效技术详解 ………… 73
3.5.1 偏移 …………………… 73
3.5.2 变形稳定器 …………… 74

3.5.3 变换 …… 76
3.5.4 放大 …… 77
3.5.5 旋转扭曲 …… 78
3.5.6 果冻效应修复 …… 79
3.5.7 波形变形 …… 80
3.5.8 湍流置换 …… 80
3.5.9 球面化 …… 82
3.5.10 边角定位 …… 82
3.5.11 镜像 …… 83
3.5.12 镜头扭曲 …… 84
3.6 时间特效技术详解 …… 85
3.6.1 残影 …… 85
3.6.2 色调分离时间 …… 86
3.7 杂色与颗粒特效技术详解 …… 86
3.7.1 中间值（旧版） …… 86
3.7.2 杂色 …… 87
3.7.3 杂色 Alpha …… 88
3.7.4 杂色 HLS …… 89
3.7.5 杂色 HLS 自动 …… 90
3.7.6 蒙尘与划痕 …… 91
3.8 模糊与锐化特效技术详解 …… 92
3.8.1 复合模糊 …… 92
3.8.2 方向模糊 …… 93
3.8.3 相机模糊 …… 93
3.8.4 通道模糊 …… 94
3.8.5 钝化蒙版 …… 95
3.8.6 锐化 …… 96
3.8.7 高斯模糊 …… 96
3.9 生成特效技术详解 …… 97
3.9.1 书写 …… 97
3.9.2 单元格图案 …… 98
3.9.3 吸管填充 …… 99
3.9.4 四色渐变 …… 100
3.9.5 圆形 …… 101
3.9.6 棋盘 …… 103
3.9.7 椭圆 …… 104
3.9.8 油漆桶 …… 105
3.9.9 渐变 …… 106
3.9.10 网格 …… 107
3.9.11 镜头光晕 …… 108
3.9.12 闪电 …… 109
3.10 视频特效技术详解 …… 111
3.10.1 SDR 遵从情况 …… 111
3.10.2 剪辑名称 …… 112
3.10.3 时间码 …… 113
3.11 调整特效技术详解 …… 114
3.11.1 ProcAmp …… 114
3.11.2 光照效果 …… 115
3.11.3 卷积内核 …… 117
3.11.4 提取 …… 118
3.11.5 色阶 …… 119
3.12 过时特效技术详解 …… 120
3.12.1 RGB 曲线 …… 120
3.12.2 RGB 颜色校正器 …… 121
3.12.3 三向颜色校正器 …… 123
3.12.4 亮度曲线 …… 126
3.12.5 亮度校正器 …… 127
3.12.6 快速模糊 …… 128
3.12.7 快速颜色校正器 …… 129
3.12.8 自动对比度 …… 130
3.12.9 自动色阶 …… 131
3.12.10 自动颜色 …… 132
3.12.11 视频限幅器（旧版）… 133
3.12.12 阴影 / 高光 …… 134

3.13 过渡特效技术详解 …………… 135
3.13.1 块溶解 ………………… 135
3.13.2 径向擦除 ……………… 136
3.13.3 渐变擦除 ……………… 137
3.13.4 百叶窗 ………………… 138
3.13.5 线性擦除 ……………… 138
3.14 透视特效技术详解 …………… 139
3.14.1 基本 3D ……………… 139
3.14.2 投影 …………………… 140
3.14.3 径向阴影 ……………… 141
3.14.4 边缘斜面 ……………… 143
3.14.5 斜面 Alpha …………… 143
3.15 通道特效技术详解 …………… 144
3.15.1 反转 …………………… 144
3.15.2 复合运算 ……………… 145
3.15.3 混合 …………………… 146
3.15.4 算术 …………………… 147
3.15.5 纯色合成 ……………… 148
3.15.6 计算 …………………… 149
3.15.7 设置遮罩 ……………… 151
3.16 颜色校正特效技术详解 ……… 152
3.16.1 ASC CDL ……………… 152
3.16.2 Lumetri 颜色 ………… 153
3.16.3 亮度与对比度 ………… 156
3.16.4 保留颜色 ……………… 156
3.16.5 均衡 …………………… 157
3.16.6 更改为颜色 …………… 158
3.16.7 更改颜色 ……………… 159
3.16.8 色彩 …………………… 160
3.16.9 视频限制器 …………… 161
3.16.10 通道混合器 ………… 161
3.16.11 颜色平衡 …………… 162
3.16.12 颜色平衡（HLS）…… 163
3.17 风格化特效技术详解 ………… 164
3.17.1 Alpha 发光 …………… 164
3.17.2 复制 …………………… 165
3.17.3 彩色浮雕 ……………… 166
3.17.4 曝光过度 ……………… 167
3.17.5 查找边缘 ……………… 167
3.17.6 浮雕 …………………… 168
3.17.7 画笔描边 ……………… 169
3.17.8 粗糙边缘 ……………… 170
3.17.9 纹理 …………………… 171
3.17.10 色调分离 …………… 172
3.17.11 闪光灯 ……………… 173
3.17.12 阈值 ………………… 174
3.17.13 马赛克 ……………… 174
3.18 视频特效演练 ………………… 175
3.18.1 新建项目与导入素材 … 176
3.18.2 剪辑素材 ……………… 178
3.18.3 添加视频特效与设置动画 ……………………… 178

第4章 抠像与叠加

4.1 认识抠像与视频叠加 ………… 185
4.1.1 认识抠像 ……………… 185
4.1.2 视频叠加 ……………… 185

4.1.3 一个简单的叠加特效案例 ······ 186

4.2 抠像特效技术详解 ······ 188

4.2.1 Alpha 调整 ······ 188

4.2.2 亮度键 ······ 189

4.2.3 图像遮罩键 ······ 189

4.2.4 差值遮罩 ······ 191

4.2.5 移除遮罩 ······ 192

4.2.6 超级键 ······ 192

4.2.7 轨道遮罩键 ······ 193

4.2.8 非红色键 ······ 194

4.2.9 颜色键 ······ 195

4.3 亮度键经典抠像特效演练 ······ 196

4.3.1 新建项目与导入素材 ······ 197

4.3.2 剪辑素材 ······ 199

4.3.3 抠像 ······ 200

第5章 字幕特效实战演练

5.1 Premiere Pro 2020 字幕窗口工具简介 ······ 202

5.2 插入图形作为LOGO ······ 203

5.3 路径文字字幕 ······ 204

5.4 带光晕效果的字幕 ······ 205

5.5 带阴影效果的字幕 ······ 206

5.6 颜色渐变的字幕 ······ 207

5.7 带材质效果的字幕 ······ 208

5.8 应用字幕样式 ······ 209

5.9 创建动态字幕 ······ 210

5.9.1 文字从远处飞来 ······ 210

5.9.2 流动文字效果 ······ 214

5.9.3 旋转文字效果 ······ 218

5.9.4 爬行字幕效果 ······ 223

5.9.5 飘浮的字幕效果 ······ 227

5.9.6 燃烧的字幕 ······ 231

5.10 关于字幕文本输入的特别说明 ······ 236

第6章 音频技术

6.1 关于音频处理 ······ 238

6.1.1 音频效果的处理方式 ··· 238

6.1.2 音频处理的顺序 ······ 238

6.2 使用音轨混合器调节音频 ······ 238

6.2.1 认识音轨混合器窗口 ··· 239

6.2.2 设置音轨混合器面板 ··· 241

6.3 调节音频 ······ 242

6.3.1 使用淡化器调节音频 ··· 242

6.3.2 实时调节音频 ······ 243

6.4 录音和子轨道 ······ 245

6.4.1 制作录音 ······ 245

6.4.2 添加与设置子轨道 ······ 246

6.5 使用时间轴窗口合成音频 ······ 246

6.5.1 调整音频持续时间和速度 246

6.5.2 增益音频 ······ 247

6.6 分离和链接视频与音频 ······ 248

6.7 添加音频特效 ······ 249

6.7.1 为素材添加特效 ······ 249

6.7.2 设置轨道特效 ······ 250

第 7 章 输出影片

7.1 导出的基本设置 ··················· 252

7.1.1 设置导出基本选项 ······ 252

7.1.2 裁剪导出媒体 ············ 254

7.1.3 设置音频 ···················· 255

7.2 导出视频文件 ······················ 256

7.3 导出影片到磁带 ·················· 257

7.4 其他的导出操作 ·················· 257

7.4.1 导出字幕 ···················· 257

7.4.2 导出序列文件 ············ 258

7.4.3 导出媒体发布到网上 ··· 259

7.4.4 导出素材时码记录表 ··· 259

第 1 章

Premiere Pro 2020 基础

本章主要内容与学习目的

本章对 Premiere Pro 2020 基础知识进行了讲解，并介绍了 Premiere Pro 2020 的菜单命令和基本操作。通过对 Premiere Pro 2020 的基本操作的学习，可以使读者对如何使用 Adobe Premiere Pro 2020 这个软件来创建节目、自定义设置、项目窗口以及如何对素材进行简单操作有一个初步的掌握。

1.1 认识 Premiere Pro 2020

Premiere Pro 2020 改进了可定制的用户界面，使用户查看、排序、编排媒体都更容易。图 1–1 所示为 Premiere Pro 2020 的启动初始界面。

图 1–1

1.2 Premiere Pro 2020 的菜单命令

在 Premiere Pro 2020 中共有 9 组菜单选项，其中包含的大部分命令都可以通过单击鼠标右键得到。

1.2.1 文件菜单

文件菜单中的命令主要负责打开、存储、导入及输出等操作，如图 1–2 所示。下拉菜单中左侧为命令名称，右侧为该命令的快捷键，选择带有 ▶ 的命令，可以弹出子菜单，选择带有“…”的命令可以弹出对话框。

1. 新建

选择“文件”|“新建”命令，弹出下拉菜单，如图 1–3 所示。

新建(N)
打开项目(O)... Ctrl+O
打开团队项目...
打开最近使用的内容(E)
转换 Premiere Clip 项目(C)...
关闭(C) Ctrl+W
关闭项目(P) Ctrl+Shift+W
关闭所有项目
刷新所有项目
保存(S) Ctrl+S
另存为(A)... Ctrl+Shift+S
保存副本(Y)... Ctrl+Alt+S
全部保存
还原(R)
同步设置
捕捉(T)... F5
批量捕捉(B)... F6
链接媒体(L)...
设为脱机(O)...
Adobe Dynamic Link(K)
从媒体浏览器导入(M) Ctrl+Alt+I
导入(I)... Ctrl+I
导入最近使用的文件(F)
导出(E)
获取属性(G)
项目设置(P)
项目管理(M)...
退出(X) Ctrl+Q

图 1-2

项目(P)... Ctrl+Alt+N
团队项目...
序列(S)... Ctrl+N
来自剪辑的序列
素材箱(B) Ctrl+/
搜索素材箱
已共享项目
链接的团队项目...
脱机文件(O)...
调整图层(A)...
旧版标题(T)...
Photoshop 文件(H)...
彩条...
黑场视频...
字幕...
颜色遮罩...
HD 彩条...
通用倒计时片头...
透明视频...

图 1-3

参数说明：

项目：创建节目用于组织、管理节目所使用的所有素材和合成时间轴。

序列：创建时间轴用于对素材进行编辑。

来自剪辑的序列：选中项目窗口中的素材，然后使用该命令，将会在时间轴窗口中新建一个以该素材名字命名的序列，素材会自动导入时间轴窗口中。

素材箱：包含“项目”窗口内部的文件夹，可以容纳各种类型的素材以及素材库文件夹。

调整图层：使用该命令，可以在打开的“调整图层”对话框中对素材进行重新设置。

脱机文件：在打开节目时，Premiere Pro 可自动为找不到的素材文件创建脱机文件；也可以在编辑节目的任一时刻，创建脱机文件。

旧版标题：创建字幕编辑窗口。

字幕：这是新版 Premiere 的简化字幕设计命令，如果只是在“节目”监视器窗口的图像上做简单文字添加，可以使用该命令。使用该命令，不能对文字格式做多样化设计。

Photoshop 文件：执行该命令，首先弹出“新建 PhotoShop 文件”对话框，如图 1-4 所示。在此对话框中设置好要创建的 Photoshop 文件的格式和文件夹后单击“确定”按钮，将会弹出“将 PhotoShop 文件另存为”

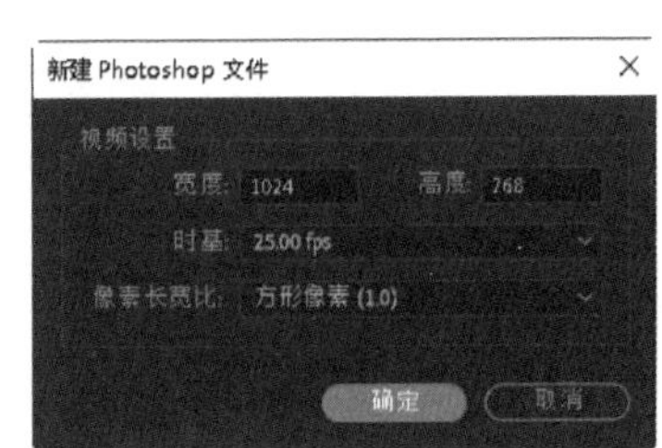

图 1-4

对话框，如图 1–5 所示。用户在该对话框中可以为文件命名，然后单击“保存”按钮，就新建了一个与 Premiere 文件相同大小的带 Alpha 通道的 Photoshop 文件。然后，就会自动启动 Photoshop 软件进行编辑。

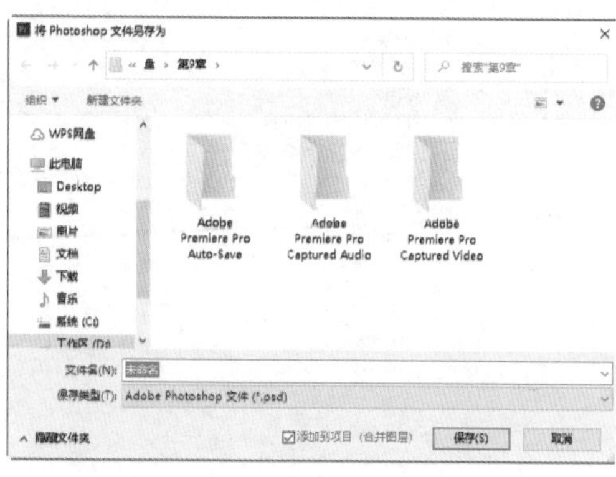

图 1–5

彩条：创建标准彩条图像文件。

黑场视频：创建一个黑色图像文件。

颜色遮罩：创建一个带颜色的图层蒙板。

通用倒计时片头：创建通用倒计时片头。

透明视频：创建一个与文件大小带 Alpha 通道的图像文件。

注意："透明视频"与"Photoshop 文件"这两个命令的功能都是创建一个与 Premiere 文件大小相同带 Alpha 通道的图像文件，但"透明视频"命令不需要将图像文件保存到本地磁盘。

2. 打开项目

执行该命令，将弹出“打开项目”对话框，选择需要打开的项目文件，单击“打开”按钮，就可将所选的 Premiere 项目文件打开。

3. 打开最近使用的内容

执行该命令，可以看到最近打开过的项目文件。然后选择需要打开的项目文件即可。

注意：Premiere 不能同时打开多个项目文件，在打开另一个项目文件时用户最好先将当前节目保存后，再打开或新建项目文件。

4. 关闭

关闭当前项目窗口。

5. 关闭项目

关闭当前编辑项目文件。

6 关闭所有项目

关闭在 Premiere Pro 2020 窗口中所打开的所有项目文件。

7. 保存

保存当前项目文件。

8. 另存为

把当前的正在编辑的项目文件保存为另外一个文件。

9. 保存副本

对当前项目文件进行复制，然后保存为另一个文件作为备份。

10. 全部保存

对当前所打开的所有项目文件进行保存操作。

11. 还原

把当前已经编辑过的项目文件恢复到最后一次保存的状态。

12. 捕捉

通过模拟或 DV 设备采集视频和音频。

13. 批量捕捉

自动在指定模拟或 DV 设备输入素材的入点和出点处，进行多段剪辑。

14. Adobe Dynamic Link

选择“文件”|“Adobe Dynamic Link”命令，弹出下拉菜单，如图 1-6 所示。

该功能可以让 Premiere 与 After Effects 更有机地结合起来。

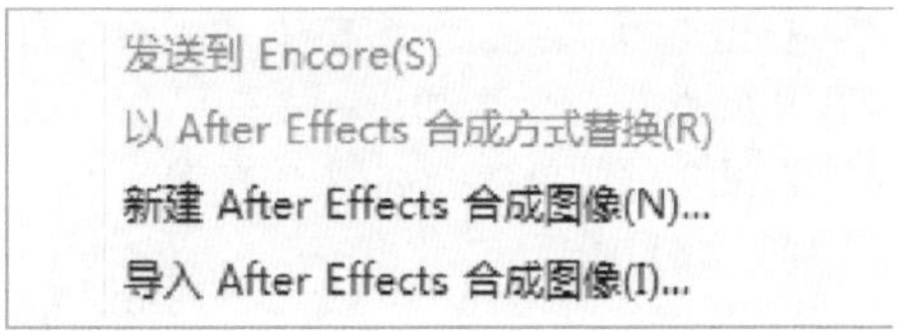

发送到 Encore(S)
以 After Effects 合成方式替换(R)
新建 After Effects 合成图像(N)...
导入 After Effects 合成图像(I)...

图 1-6

提示：若想使 Premiere Pro 2020 与 After Effects 结合起来，用户除了需在计算机上同时安装这两个软件之外，还须安装 Adobe Creative Suite 软件。如果计算机没有安装该软件，用户执行命令时将弹出一个对话框，提醒用户安装 Adobe Creative Suit 软件。Adobe Creative Suite 软件可为 Adobe Premiere Pro 提供优美、清新的编辑环境；为 Adobe After Effects 提供 3D 跟踪和挤出的文本和形状功能；为 Adobe Photoshop 提供新的内容识别工具，并为 Adobe Audition 提供快速编辑功能。新增内容是用于记录和采集的 Adobe Prelude 以及用于颜色分级和修整的 Adobe Speed Grade。

15. 从媒体浏览器导入

导入在“媒体资源管理器”窗口中选中的素材。

16. 导入

选择该命令，出现“导入”对话框，从中选择需要导入的素材文件，然后单击“打开”按钮，将所选的素材文件导入“项目”窗口中。

17. 导入最近使用的文件

选择该命令，可以看到最近导入的文件。

18. 导出

对编辑完成的时间轴进行输出，详细操作设置请参见第 8 章的内容。

19. 获取属性

选择“文件”|“获取属性”命令，弹出下拉菜单，如图 1-7 所示。

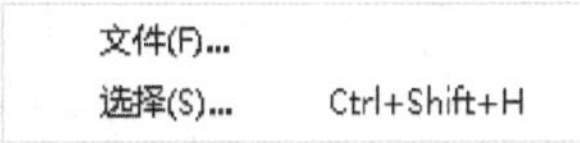

文件(F)...
选择(S)... Ctrl+Shift+H

图 1-7

文件：选择该命令，弹出一个“获取属性”对话框，选择需要查看属性的文件，如图 1-8 所示。单击“打开”按钮，会在 Premiere Pro 2020 中显示所选文件的属性，如图 1-9 所示。

图 1-8

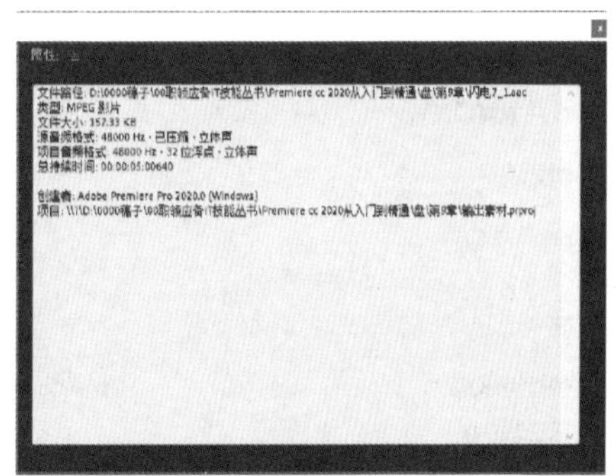

图 1-9

右击选择“项目”窗口中的素材文件，选择“属性”命令会弹出一个对话框，显示所选素材文件的属性，如图 1-10 所示。

20. 项目设置

选择“文件”|“项目设置”，将弹出一个下拉菜单，可对软件项目在“常规”“暂存盘”和“收录设置”三个方面进行通用的设置。

21. 退出

退出 Premiere Pro 2020 软件。

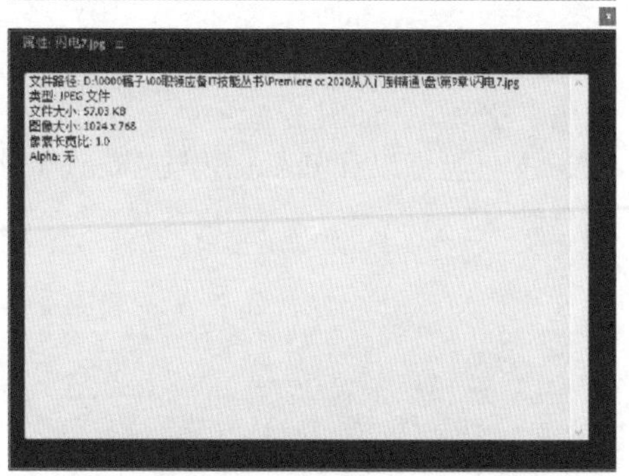

图 1-10

1.2.2 编辑菜单

撤消(U)	Ctrl+Z
重做(R)	Ctrl+Shift+Z
剪切(T)	Ctrl+X
复制(Y)	Ctrl+C
粘贴(P)	Ctrl+V
粘贴插入(I)	Ctrl+Shift+V
粘贴属性(B)...	Ctrl+Alt+V
删除属性(R)...	
清除(E)	删除
波纹删除(T)	Shift+删除
重复(C)	Ctrl+Shift+/
全选(A)	Ctrl+A
选择所有匹配项	
取消全选(D)	Ctrl+Shift+A
查找(F)...	Ctrl+F
查找下一个(N)	
标签(L)	>
移除未使用资源(R)	
合并重复项(C)	
团队项目	>
编辑原始(O)	Ctrl+E
在 Adobe Audition 中编辑	>
在 Adobe Photoshop 中编辑(H)	
快捷键(K)...	Ctrl+Alt+K
首选项(N)	>

图 1-11

编辑菜单中的命令用于制作节目时的编辑操作，如复制、粘贴等，如图 1-11 所示。

参数说明：

1. 撤消

恢复到上一步的步骤。恢复的次数可以说是无限制的，它的次数限制仅仅取决于电脑的内存。

2. 重做

重做恢复的操作。

3. 剪切

将选择的内容剪切掉并存在剪切板中，以供粘贴使用。

4. 复制

复制选取的内容并存到剪贴板中，对原有的内容不做任何的修改。

5. 粘贴

将剪贴板中保存的内容粘贴到指定的区域中，可以进行多次粘贴。

6. 粘贴插入

将复制到剪贴板上的剪辑插入到时间指示点。

7. 粘贴属性

通过复制和粘贴操作，把素材的效

果、透明度设置、淡化器设置、运动设置等属性传递给另外的素材。

8. 删除属性

把选中素材的效果、透明度设置、淡化器设置、运动设置等属性删除。

9. 清除

消除所选内容。

10. 波纹删除

可以删除两个剪辑之间的间距，所有未锁定的剪辑就会移动来填补这个空隙。

11. 重复

可以将选定的内容创建一个副本。

12. 全选

选择当前窗口中的所有素材。

13. 选择所有匹配项

基于轨道上的操作，在轨道中的一段媒体素材可能被多次重复使用，选择其中的一段，执行选择所有匹配项，可以快速把所有相同的媒体素材全部选中。

14. 取消全选

取消当前窗口中所有素材。

15. 查找

在节目“素材”窗口中寻找相对应的素材。

16. 标签

改变标签的颜色选项。选择“编辑”|“标签”（Label）命令，弹出下拉菜单，如图 1–12 所示。用户可以选择其中一种颜色。

17. 移除未使用资源

删除项目窗口中未使用的素材。

18. 在 Adobe Audition 中编辑

使用软件 Adobe Audition 编辑声音素材。

19. 在 Adobe Photoshop 中编辑

使用软件 Adobe Photoshop 编辑位图素材。

20. 编辑原始

打开产生素材的应用程序，对其进行编辑。

21. 快捷键

可以分别对应用程序、窗口、工具进行键盘快捷键设置，如图 1–13 所示。

22. 首选项

对计算机硬件和 Premiere Pro 系统进行设置。对常规参数、音频、音频硬件、自动存储、捕捉、设备控制、标签颜色、静止图像等进行设置。

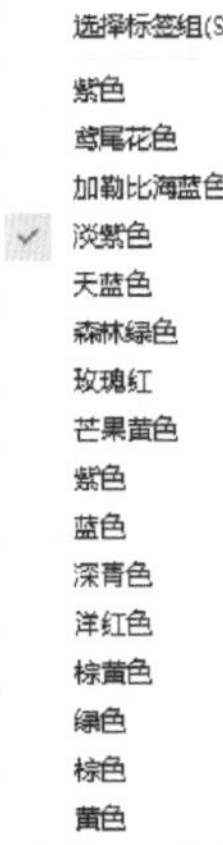

图 1–12

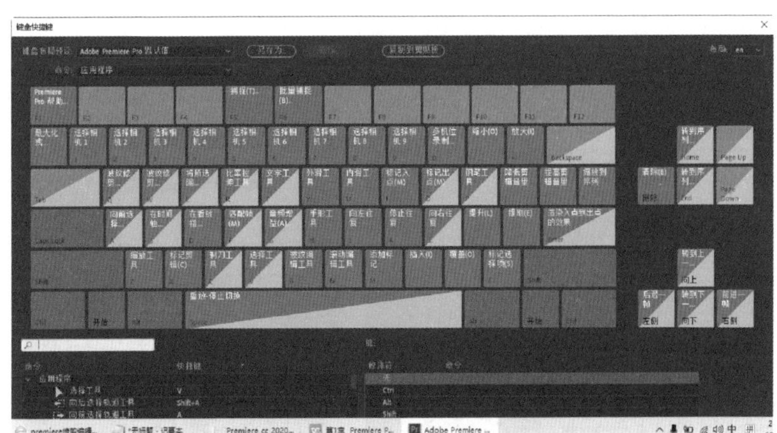

图 1–13

1.2.3 剪辑菜单

剪辑菜单中包括了大部分影片剪辑命令，如图 1–14 所示。

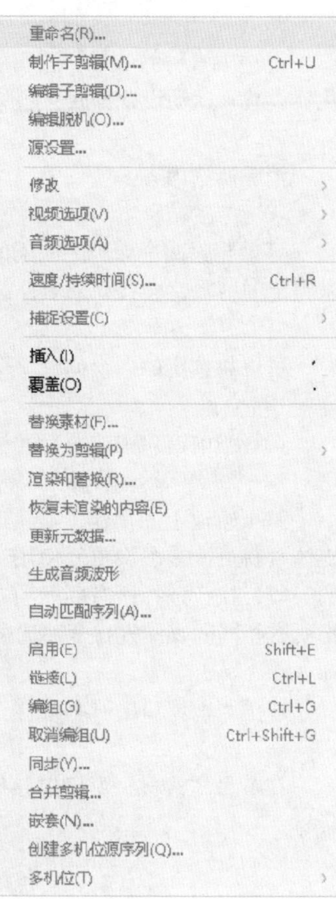

图 1–14

参数说明：

1. 重命名

在 Premiere Pro 中进行重命名，不影响源素材的名称。

2. 制作子剪辑

该命令可以在时间轴的音频轨道上的音频素材基础上，产生一个其他音频素材文件。

> **注意：** 顺序图片不能作为此素材显示。

3. 编辑子剪辑

选中“项目”窗口中的音频素材，再选择该命令，弹出如图 1–15 所示的对话框，可在该对话框中设置音频素材的开始和结束时间参数。

4. 编辑脱机

选择“项目”窗口中的脱机文件，使用该菜单命令，将弹出如图 1–16 所示的对话框，在该对话框中用户可以给脱机文件的属性进行编辑、注释。

5. 修改

使用该命令可以对素材进行“音频声道”“解释素材”和“时间码”的修改操作，如图 1–17 所示。

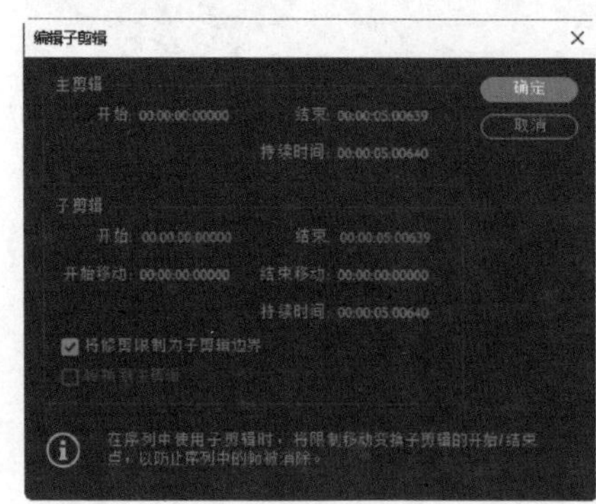

图 1–15

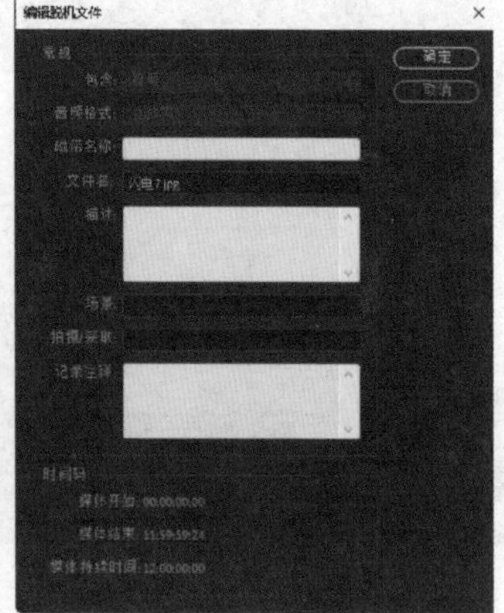

图 1–16

图 1–17

6. 视频选项

用于对时间轴中的素材属性进行设置，包括了帧定格、场设置、时间插值、缩放为帧大小等，如图 1-18 所示。

帧定格选项：使一个素材的入点、出点或 0 标记点的帧保持静止，如图 1-19 所示。

场选项：冻结帧时场的交互设置，如图 1-20 所示。

缩放为帧大小：在“时间轴”窗口中选中一段素材，选择该命令，所选素材在节目监视窗口中将自动满屏。

7. 音频选项

可以对音量、立体声等进行设置，如图 1-21 所示。

音频增益：在“项目”窗口或“时间轴”窗口中选中一段音频素材，选择该命令，弹出如图 1-22 所示的对话框。在该对话框中可以降低或增加音量。

8. 剪辑速度 | 持续时间

选择该命令可以对素材声音的速度、时长等进行调整，如图 1-23 所示。

9. 捕捉设置

该命令用于设置使用 Premiere Pro 2020 采集影片时的格式。

10. 插入

将在“项目”窗口中选中的素材插入到“时间轴”窗口之中，如果时间标记所在处有素材，那么将插入该素材之中，该素材后面的帧将向后移动。

11. 覆盖

将在“项目”窗口中选中的素材插入到“时间轴”窗口中，如果时间标记所在处有素材，那么将覆盖该素材的部分帧，不改变素材的长度。

12. 替换素材

在“项目”窗口中选中一个视频文件，使用该菜单命令，将弹出如图 1-24 所示的对话框，然后在该对话框中选择要替换的素材。

13. 替换为剪辑

该命令将时间轴窗口中的素材与源

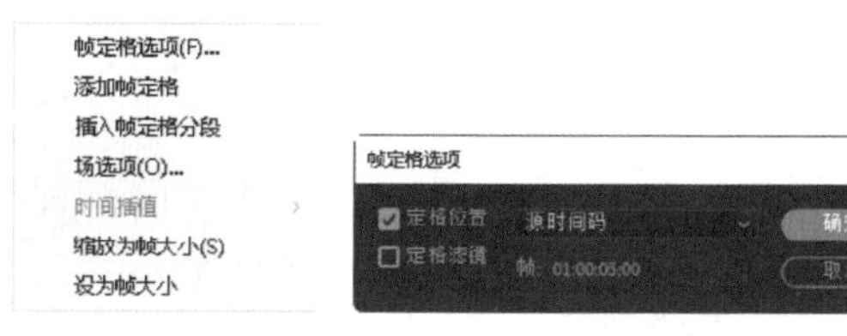

图 1-18　图 1-19

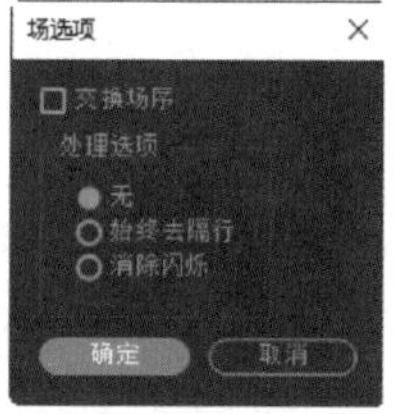

图 1-20

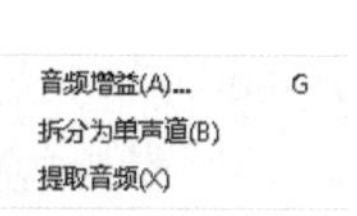

图 1-21

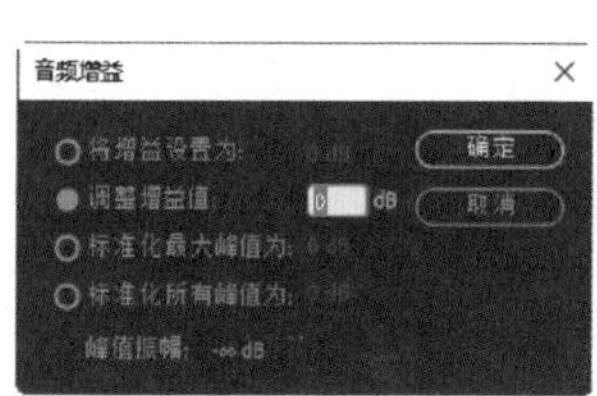

图 1-22

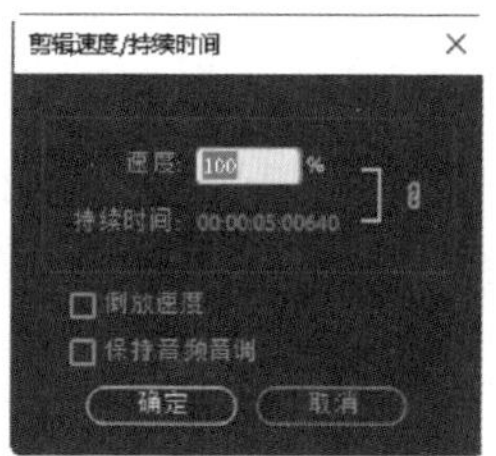

图 1-23

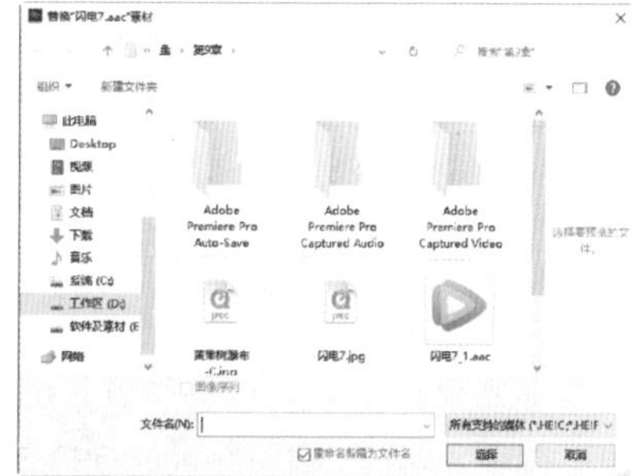

图 1-24

监视器窗口中或“项目”窗口中的素材相替换。

选择时间轴中要替换的剪辑素材，然后执行“素材”|“替换为剪辑”命令，弹出下拉菜单，如图 1-25 所示。

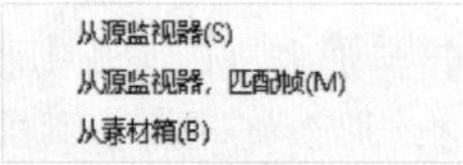

从源监视器(S)
从源监视器，匹配帧(M)
从素材箱(B)

图 1-25

14. “渲染和替换”与“恢复未渲染的内容”

Premiere Pro 尝试实时播放所有序列、剪辑、效果、过渡、标题和任何其他未渲染的元素，无须先渲染它们。但有时需要渲染媒体文件，特别是 VFX 大型序列，以启用平滑播放。此外，渲染时间轴的任何未渲染的媒体元素可降低对可用系统资源的依赖性。Premiere Pro 2020 中的“渲染并替换”功能使您能够拼合视频剪辑和 After Effects 合成，从而加快 VFX 大型序列的性能。我们可以随时使用“恢复未渲染的内容”功能恢复为原始剪辑。

15. 生成音频波形

在时间轴的音频轨道上生成音频波形并显示。

16. 自动匹配序列

该命令可以自动加入过渡效果，在添加中可以设置放置的位置。

17. 启用

该命令将决定所选“时间线”窗口中的剪辑素材，是否在“节目”监视器窗口中显示。通常该都是被选中的。

18. 链接

将选中的视频轨道中的素材和音频轨道中的声音素材组合在一起。

19. 编组

在“时间轴”窗口中选择多个素材，选择该命令，可以将所选中的素材组成在一起，以免在后面的剪辑操作中被打乱。

20. 取消编组

将编组中的文件进行解组。

21. 同步

在“时间轴”窗口中将不在同一轨道上的两段素材选中，然后选择“素材”|“同步”命令，在弹出的“同步素材”对话框中可以精确设定两段素材的同步点。

22. 合并剪辑

可以将项目窗口或“时间轴”窗口中的视频剪辑与音频剪辑合并成一个文件。

23. 嵌套

将“时间轴”窗口中的素材选中，使用该菜单命令后，在“项目”窗口中将自动生成一个序列文件。

24. 创建多机位源序列

选中项目窗口中的三个或以上的视频剪辑，然后执行该命令，可以创建一个多摄像机源序列。

1.2.4 序列菜单

序列菜单主要执行“时间轴”窗口中序列的相关操作，如图 1-26 所示。

参数说明：

1. 序列设置

选中“项目”窗口中的时间序列，然后使用该菜单命令，在弹出的如图 1-27 所示的对话框中，用户可以设置当前序列的属性。

图 1-26

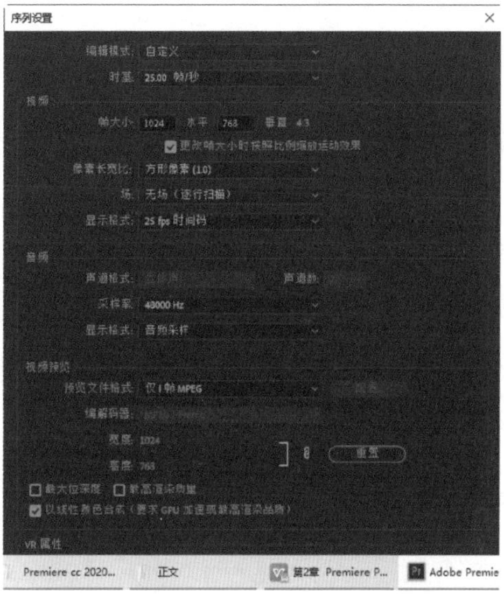

图 1-27

2. 渲染入点到出点的效果

用内存对“时间轴”窗口中添加特效的素材进行渲染。

3. 渲染入点到出点

用内存对整个“时间轴”窗口中的素材进行渲染。

4. 渲染选择项

用内存对所选择的“时间轴”窗口中的素材进行渲染。

5. 渲染音频

用内存对整个“时间轴”窗口中音频进行渲染。

6. 删除渲染文件

删除内存渲染的预览文件。

7. 删除入点到出点的渲染文件

删除内存对素材添加特效进行渲染预览的文件。

8. 添加编辑

在当前时间下，在当前时间标记点上的素材将被打断成为两段剪辑素材。

9. 修剪编辑

使用该命令，用户可以在“节目”监视器窗口对当前时间标记点上的素材进行修剪操作。

10. 应用视频过渡

当用手工拖动过渡特技到时间轴上时，使用这个命令可以立刻接受缺省的视频过渡特技。一般情况下应该是以“化入化出”作为系统缺省的过渡特技。

11. 应用音频过渡

使用方法与应用视频过渡命令相似。

12. 应用默认过渡效果到选择项

在两个素材之间添加过渡效果，该命令适用于音频素材和视频素材。

注意：两个素材必须在同一视、音频轨道上，并且前一个素材的末端要与后一个素材的前端相接。

13. 提升

从“时间轴”窗口素材中删除入点到出点的部分，而留下空隙。

14. 提取

从“时间轴”窗口素材中删除入点到出点的部分，而不留空隙。

15. 放大

时间显示间隔放大。

16. 缩小

时间显示间隔缩小。

17. 转到间隔

设置时间间隔跳转到序列中（轨道中）的下一段或前一段，如图 1–28 所示。

18. 在时间轴中对齐

在时间轴中靠近边缘的地方自动向边缘处对齐。

19. 标准化主轨道

该菜单命令用于调整音频轨道中声音音量的大小。选中音频轨道中的音频文件，然后使用该菜单命令，将弹出如图 1–29 所示对话框，用户在该对话框中可以对所选音频进行设置。

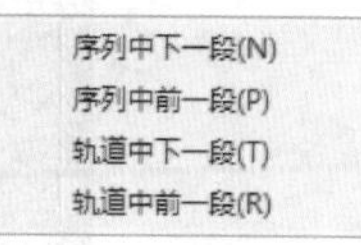

图 1–28

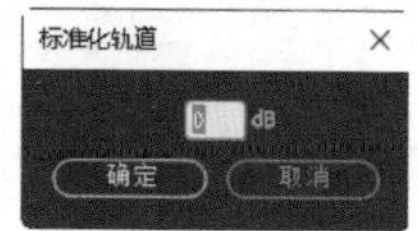

图 1–29

20. 添加轨道

添加视频和音频的编辑轨道，如图 1–30 所示。

21. 删除轨道

删除视频和音频的编辑轨道，如图 1–31 所示。

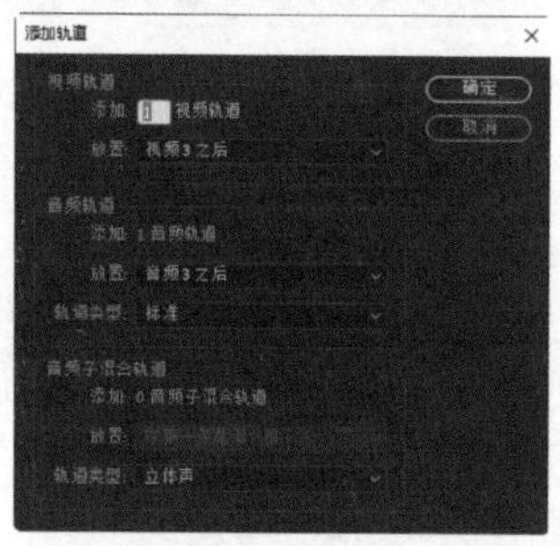

图 1–30

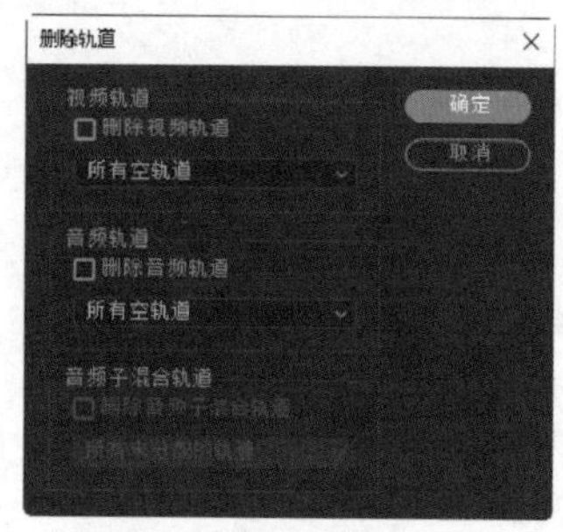

图 1–31

1.2.5 标记菜单

标记菜单包括了对剪辑和序列进行标记设置的所有命令，如图 1–32 所示。

图 1–32

参数说明：

1. 标记入点

设置视频和音频素材的入点。

2. 标记出点

设置视频和音频素材的出点。

3. 标记剪辑

为素材设置标记。

4. 标记选择项

选择所有被标记的剪辑素材。

5. 标记拆分

拆分被选择的所有被标记的素材。

6. 转到入点

设置时间标记跳到素材标记点的入点。

注意：本书以后所有章节所指"时间标记"都是指时间标尺上的这个图标。为了简化描述，将不再单独列出这个标记，仅以"时间标记"文字代替描述。

7. 转到出点

设置时间标记跳到素材标记点的出点。

8. 清除入点

清除时间标记所在位置的素材标记的入点。

9. 清除出点

清除时间标记所在位置的素材标记的出点。

10. 清除入点和出点

清除时间标记所在位置的时间轴标记的入点和出点。

11. 添加标记

在当前时间标记所在位置添加一个标记。

12. 转到上一标记

将时间标记移动到上一标记处。

13. 转到下一标记

将时间标记移动到下一标记处。

14. 清除所选标记

清除当前时间轴中所选标记。

15. 清除所有标记

清除时间标记所在位置的时间轴标记、所有标记点、时间轴标记入点和出点、时间轴标记点的入点、时间轴标记的出点以及指定序号的时间轴标记点。

16. 编辑标记

用于设置时间轴标记。选中一个标记，选择该命令，弹出如图1-33所示的对话框。

17. 添加章节标记

将一个标记选中，然后选择该命令，弹出如图1-34所示的对话框。在该对话框中可以确定标记的名称、标记类型和标记所在的时间等。

18. 添加Flash提示标记

将一个标记选中，然后选择该命令，弹出如图1-35所示的对话框。在该对话框中可以确定标记的名称、标记类型和标记所在的时间等。

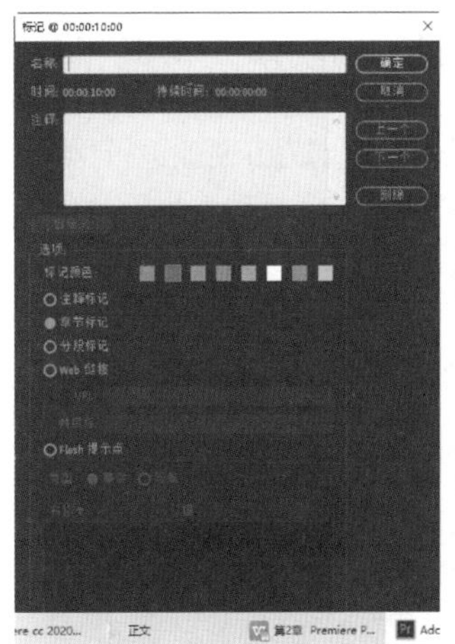

图1-33

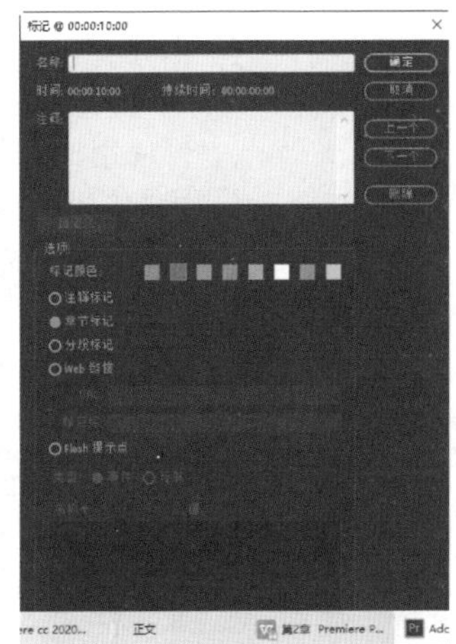

图1-34

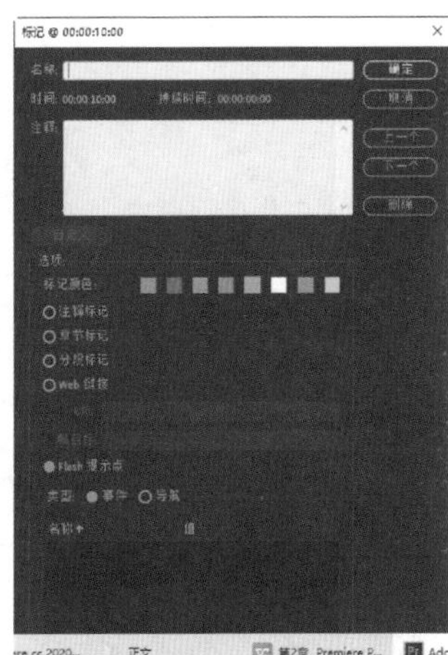

图1-35

1.2.6 图形菜单

借助图形菜单，可以直接在“节目”监视器窗口对图像添加文本、矩形、椭圆和来自其他文件的图形，并可以进行对齐等操作，如图 1–36 所示。

从 Adobe Fonts 添加字体...
安装动态图形模板...
新建图层(L)
对齐
排列
选择
升级为主图
导出为动态图形模板...
替换项目中的字体...
文本(T) Ctrl+T
直排文本(V)
矩形(R) Ctrl+Alt+R
椭圆(E) Ctrl+Alt+E
来自文件(F)...

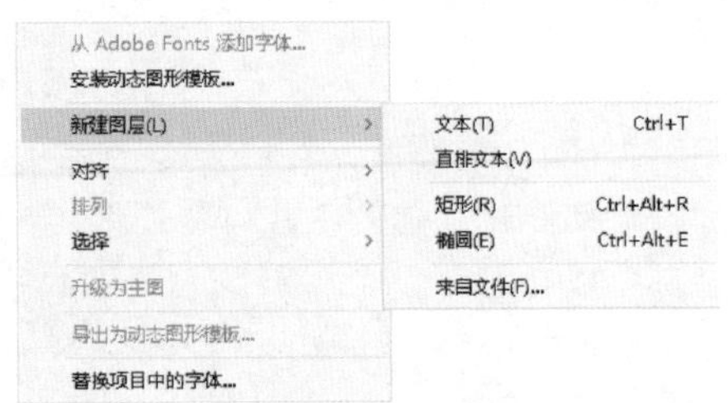

图 1–36

1.2.7 窗口菜单

窗口菜单用于显示或隐藏窗口、面板，如图 1–37 所示。

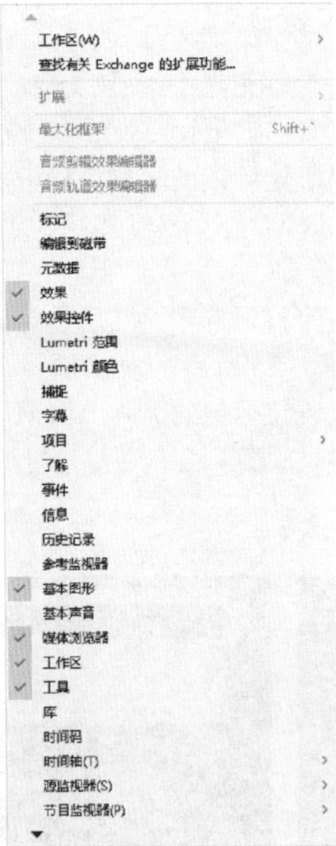

工作区(W)
查找有关 Exchange 的扩展功能...
扩展
最大化框架 Shift+`
音频剪辑效果编辑器
音频轨道效果编辑器
标记
编辑到磁带
元数据
效果
效果控件
Lumetri 范围
Lumetri 颜色
捕捉
字幕
项目
了解
事件
信息
历史记录
参考监视器
基本图形
基本声音
媒体浏览器
工作区
工具
库
时间码
时间轴(T)
源监视器(S)
节目监视器(P)

图 1–37

参数说明:

1. 工作区

工作区：定制工作空间设置，如图 1–38 所示。

编辑 Alt+Shift+1
所有面板 Alt+Shift+2
元数据记录 Alt+Shift+3
Editing Alt+Shift+4
学习 Alt+Shift+5
效果 Alt+Shift+6
图形 Alt+Shift+7
库 Alt+Shift+8
组件 Alt+Shift+9
音频
颜色
重置为保存的布局 Alt+Shift+0
保存对此工作区所做的更改
另存为新工作区...
编辑工作区...
导入项目中的工作区

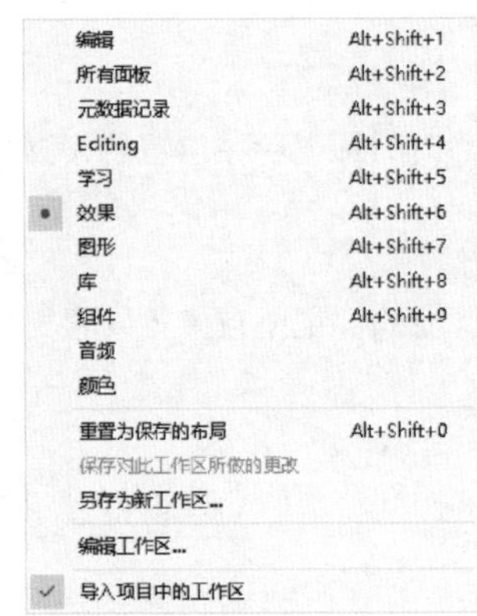

图 1–38

2. 最大化框架

选择该命令将使“时间轴”窗口以最大化显示，如图 1–39 所示。该命令适合在“时间轴”窗口中编辑的素材过多的时候使用，可以使用户更为方便地进行操作。再次使用“窗口”|“恢复帧大小”命令，窗口恢复正常显示。

3. 信息

选择该命令显示“信息查看”面板。在信息面板中集中反映了当前编辑对象的详细信息。信息面板如图 1–40 所示。

4. 源监视器

选择该命令显示“源监视器”面板。

5. 元数据

选择该命令显示“元数据”面板。通

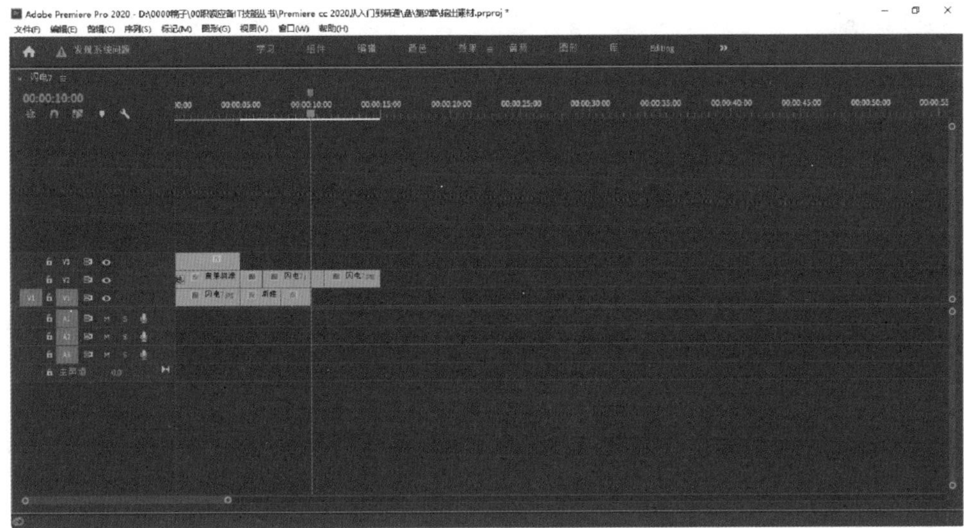

图 1-39

过“元数据”窗口可以查看和编辑选定素材的元数据。使用菜单命令“窗口”|“元数据”，将会弹出“元数据”窗口，如图 1-41 所示。

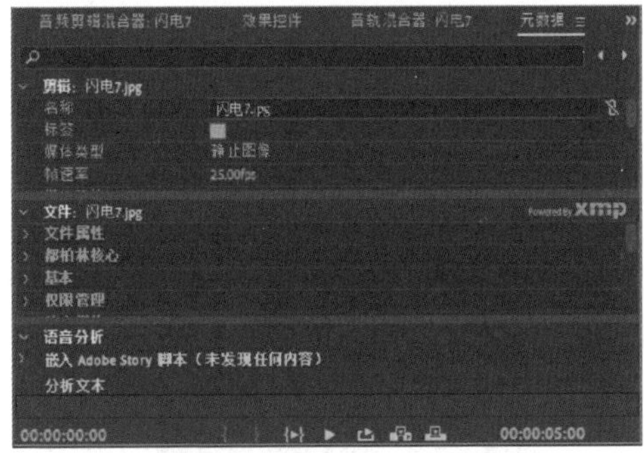

图 1-40

在“项目”窗口中选择需要编辑的素材，在“元数据”窗口中可以看到素材的一些基本信息，如图 1-42 所示。

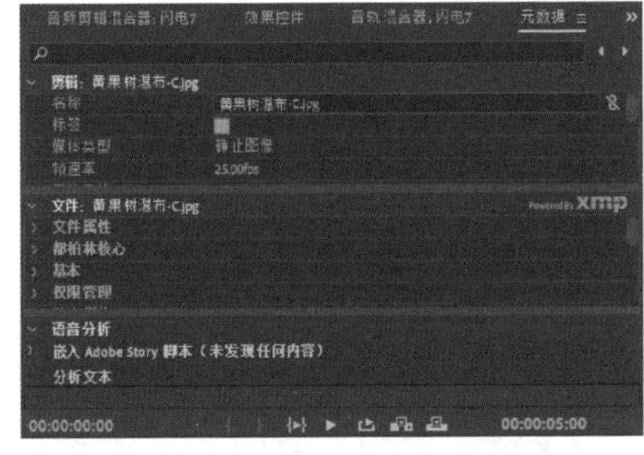

图 1-41

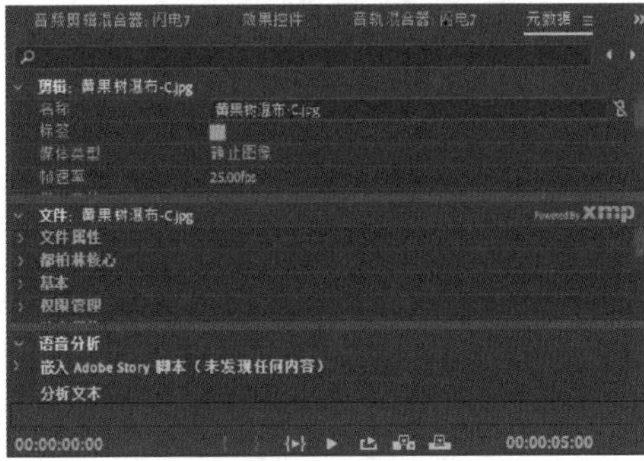

图 1-42

参数说明：

剪辑：显示媒体类型、媒体开始时间、媒体结束时间、视频的大小、视频的使用次数和文件存放的路径等，用户可以编辑素材的名称、磁带名称、对素材的描述、备注信息、记录日志、场景、拍摄和客户的信息，以及插入时素材的入点和出点。通过这些文字注释可以使编辑人员更清楚掌握素材的信息和编辑时需要实现的效果。

文件：在该栏中同样可以显示素材文件的一般性属性信息，这里也可以对视频的作者、范围、提供者、来源、主题、标题等信息进行编辑。

语音分析：可以控制视频素材在素材"源"监视器窗口中播放、播放语言和显示素材的品质。

6. 历史记录

选择该命令将显示"历史记录"面板。历史记录面板可以记录剪辑人员的每一步操作。在历史记录面板中单击要返回的操作，剪辑人员就可以随时恢复到若干步前的操作。历史记录面板如图 1-43 所示。

图 1-43

7. 参考监视器

选择该命令显示参考监视器面板。

8. 媒体浏览器

选择该命令显示"媒体浏览器"面板。"媒体浏览器"面板可以显示所有系统中加载的卷的内容。在无带化摄录机中寻找剪辑非常简单，因为媒体浏览器为你显示了剪辑，而屏蔽其他文件，并且拥有可定制的用于查看相应元数据的视窗。可以从媒体浏览器直接在源监视器中打开剪辑。"媒体浏览器"如图 1-44 所示。

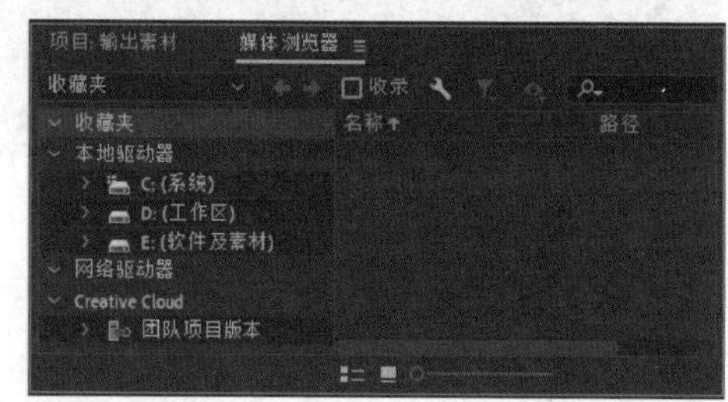

图 1-44

9. 字幕

选择该命令显示字幕制作窗口。

10. 工具

选择该命令显示"工具"面板。工具面板如图 1-45 所示，它提供了编辑影片的常用工具，通常紧靠时间轴左侧放置。

11. 效果

"效果"窗口用于存放 Premiere Pro 的视频、音频过渡效果和特技效果，如图 1-46 所示。

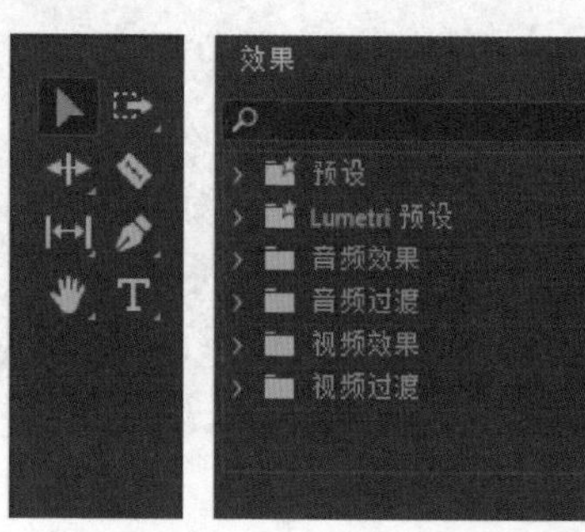

图 1-45　图 1-46

12. 效果控件

该命令用于显示 | 关闭“效果控件”面板。“效果控件”面板用于控制对象的运动、透明度、时间重置以及特效等设置。效果控件面板如图 1-47 所示。

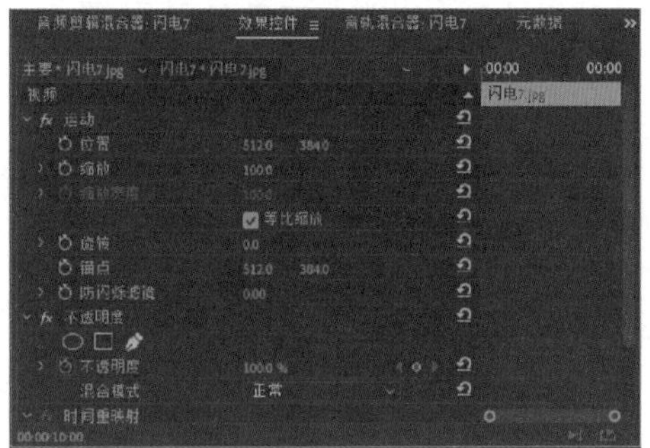

图 1-47

13. 时间轴

该命令用于显示“时间轴”窗口。剪辑人员可以在“时间轴”窗口中组装和编辑影像，“时间轴”窗口中包括一个编辑工具框。“时间轴”窗口水平地显示时间，时间靠前的片段出现在左边，靠后的片段出现在右边，作品时间由“时间轴”窗口顶部的时间标尺表示，如图 1-48 所示。

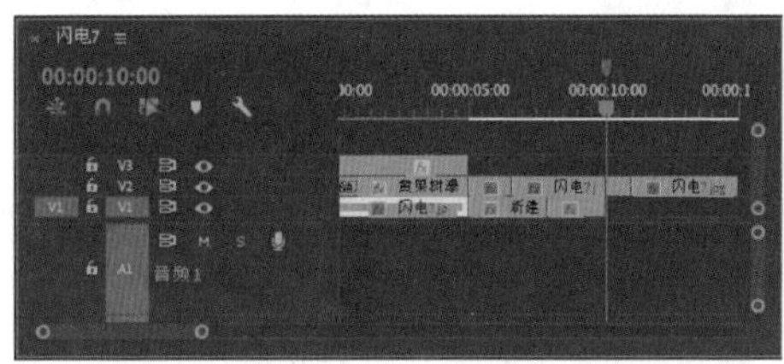

图 1-48

将“时间轴”窗口中的素材拖到“项目”窗口中，即可创建新的子剪辑，如图 1-49 所示。

在“时间轴”窗口中拖动素材时，在“节目”监视器窗口会即时显示素材所处的时码。

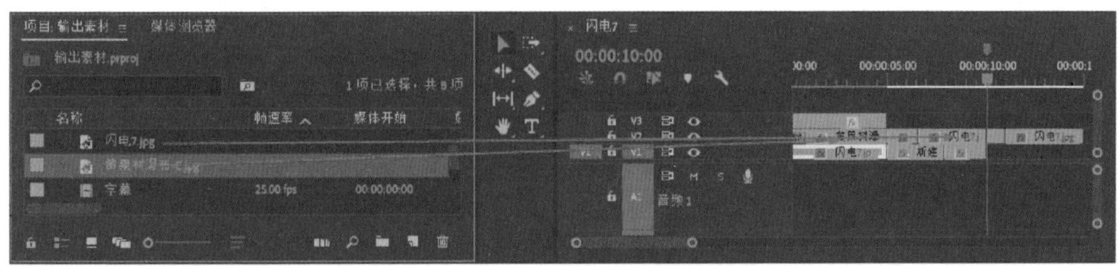

图 1-49

14. 源监视器

该命令用于显示“源素材”监视器窗口，“源”监视器窗口中可以垂直缩放波形。如果是双声道的声音素材，可以拖动两个声道之间的分线；还可以通过窗口右侧的移动条放大或缩小声音波形。

15. 节目监视器

该命令用于显示“节目”监视器窗口。在 Premiere Pro 2020 中，播放视频、音频素材和监控节目内容的工作是通过“节目”监视器窗口来完成的。可以在其中设置素材的入点、出点，改变静止图像的持续时间，设立标记等。“节目”监视器窗口如图 1-50 所示。

图 1-50

16. 音轨混合器

该命令用于显示 | 关闭“音轨混合器”面板。

17. 音频剪辑混合器

该命令用于显示 | 关闭“音频剪辑混合器”面板。

18. 音频仪表

选择该命令显示“音频仪表”面板。

19. 项目

该命令用于显示“项目”窗口。“项目”窗口是一个素材文件的管理器，进行编辑操作之前，要先将需要的素材导入其中。Premiere 利用“项目”窗口来存放素材。

1.2.8 帮助菜单

借助帮助菜单可以阅读 Premiere Pro 2020 的使用帮助，还可以连接 Adobe 网址、寻求在线帮助、享受在线服务等。如图 1-51 所示。

图 1-51

1.3 掌握 Premiere Pro 2020 的基础操作

1.3.1 如何创建项目

Premiere Pro 2020 在开始工作前，需要对项目进行设置，以确定在编辑影片时所使用的各项指标。在缺省情况下，Premiere Pro 2020 弹出预设项目供用户使用。

建立项目的操作步骤如下：

第一步：启动 Premiere Pro 2020 时，会弹出 Premiere Pro 2020 欢迎界面，在“最近使用项目”列表中有最近打开的项目显示，可以选择需要编辑的项目并打开工作，如图 1-52 所示。如果项目不在列表中，可以单击“打开项目”按钮，在弹出的对话框中找到项目并打开。

第二步：如果是新建立一个项目，那么在 Premiere Pro 2020 欢迎界面单击“新建项目”或在运行 Premiere Pro 2020 的过程中执行“文件” | “新建” | “项目”菜单命令后，可以在弹出的“新建项目”对话框中新建项目，如图 1-53、图 1-54 所示。在这里用户可以设置新建项目的名称、安

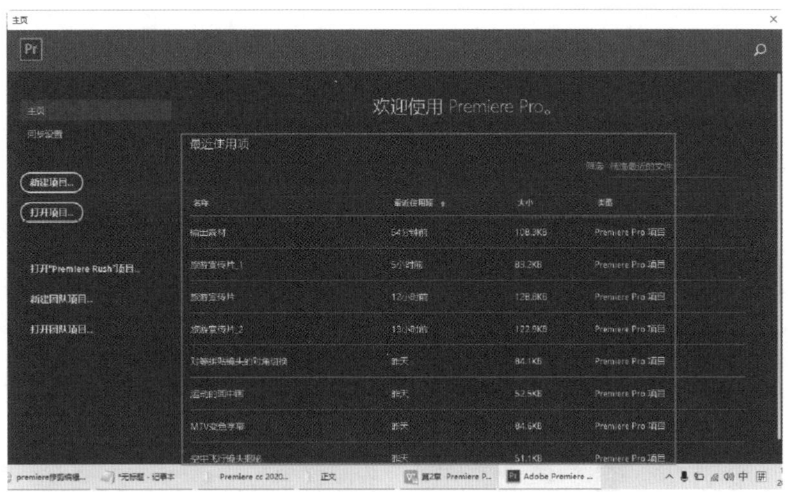

图 1-52

全区域、视频显示的方式、音频显示的方式、采集视频的设备和序列名称、视频渲染、保存的位置音频渲染保存的位置。

一、项目的常规设置

在项目的常规设置中用户可对项目的名称、位置、音频、视频、捕捉进行设置，如图 1-53 所示。

（1）视频、显示格式：指定视频素材在“时间轴”窗口中的显示方式。

（2）音频、显示格式：指定音频素材在“时间轴”窗口中的显示方式。

（3）捕捉、捕捉格式：主要是对视频采集设备的相关设置。

二、项目的暂存盘设置

设置音频、视频等保存的位置，如图 1-54 所示。

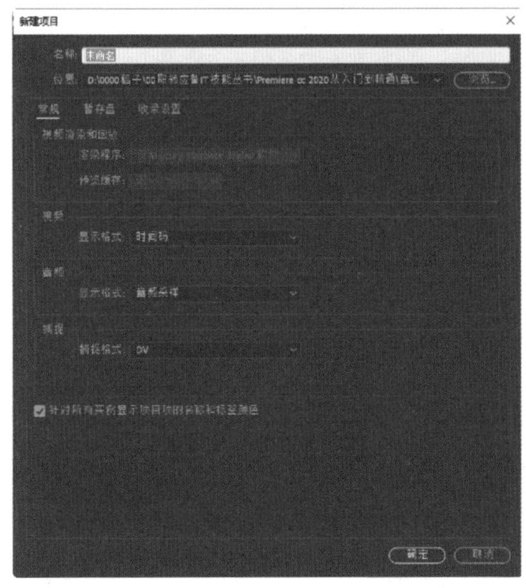

图 1-53

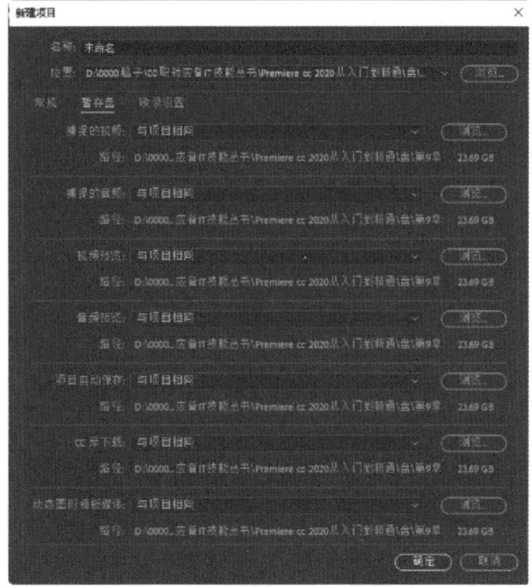

图 1-54

注意： 如果在运行 Premiere Pro 2020 的过程中需要改变项目设置，则需选择“项目”|“项目设置”菜单命令。

第三步：经过第二步操作之后，单击“新建项目”对话框中的“确定”按钮，就能进入 Premiere Pro 2020 的工作窗口进行剪辑操作了。

接下来对新建序列进行介绍。

执行“文件”|“新建”|“序列”菜单命令，将打开如图 1–55 所示的“新建序列”对话框。

1. 序列预设

在这里可以选择一种列表中的预设样式应用到新建的序列中。

2. 设置

在“新建序列”对话框的“设置”选项卡中，可以对影片的编辑模式、时间基数、视频、音频等基本指标进行自定义设置，如图 1–56 所示。

图 1–55

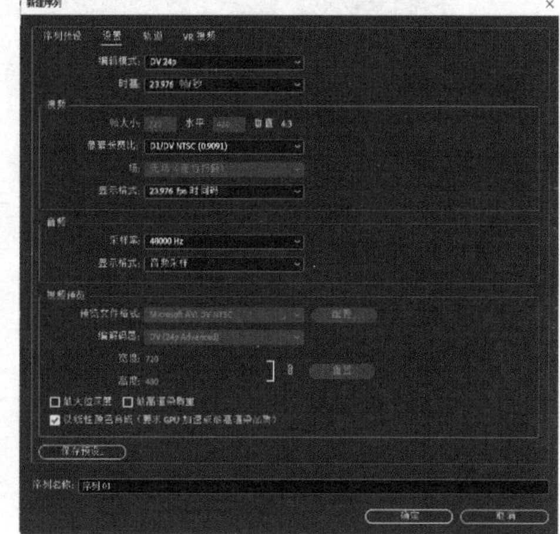

图 1–56

参数说明：

编辑模式： 决定在“时间轴”窗口中使用何种数字视频格式播放视频。在其右侧下拉列表中可以选择一种视频格式。如果安装了与 Premiere Pro 兼容的视频卡，还会出现第三方数字视频格式。

时基： 决定“时间轴”窗口片段中的时间位置的基准（以下简称时基）。一般情况下，电影胶片选 24，PAL 或 SECAM 制视频选 25，NTSC 制视频选 29.97，其他可选 30。每一个素材都有一个时基，时基决定了 Premiere 如何解释被输入的素材，并让软件知道一部影片的一秒是多少帧。时基虽然是用比率来表示，但是跟影片的实际回放率无关。时基影响素材在“源”监视器、“节目”监视器和“时间轴”等窗口的表示方式。例如：“时间轴”窗口中时间标尺上的刻度会反映出时基的值。

视频： 设置序列视频和显示的图像尺寸大小、宽高比、场方式和显示格式。

（1）帧大小：该选项指定“时间轴”窗口播放节目的图像尺寸，即节目的帧尺幅。较小的屏幕尺寸可以加快播放速度。

（2）像素长宽比：设置编辑节目的

像素的宽、高之比。

（3）场：该选项指定编辑影片所使用的场方式。No Fields 应用于非交错场影片。在编辑交错场影片时，要根据相关视频硬件显示奇偶场的顺序，来选择 Upper Field First 或者 Lower Field First。

（4）显示格式：该选择指定“时间轴”窗口中时间的显示方式，一般情况下，它与“时基”中的设置一致。

（5）音频：设置序列中音频采样率和显示格式。

· 采样速率：该选项决定在“时间轴”窗口中播放节目时所使用的采样速率。采样速率越高，播放质量越好，但需要较大的磁盘空间，并占用较多的处理时间。

· 显示格式：音频栏中的显示格式决定了“时间轴”窗口中如何显示音频素材。

（6）视频预览：主要是对编辑影片时所使用的压缩格式进行设置。

· 预览文件格式（File Format）：显示当前文件的文件格式。

· 编码（Compressor）：该选项指定节目编辑时所使用的编码解码器。在 Compressor 压缩项列表框中列出了当前计算机中安装的所有压缩格式。如果“配置”（Configure）按钮有效，则单击它后，可以在弹出的对话框中作进一步的设置。弹出的对话框会因选择的压缩格式不同而不同。

（7）最大位数深度：选择该复选框可以使输出影片的颜色位深达到最大。

注意： 如果在运行 Premiere Pro 2020 的过程中需要改变序列设置，则需运行“序列”|“序列设置”菜单命令。

3. 轨道

在“新建序列”对话框的“轨道”选项栏中可以对轨道的缺省参数进行设置，如图 1-57 所示。

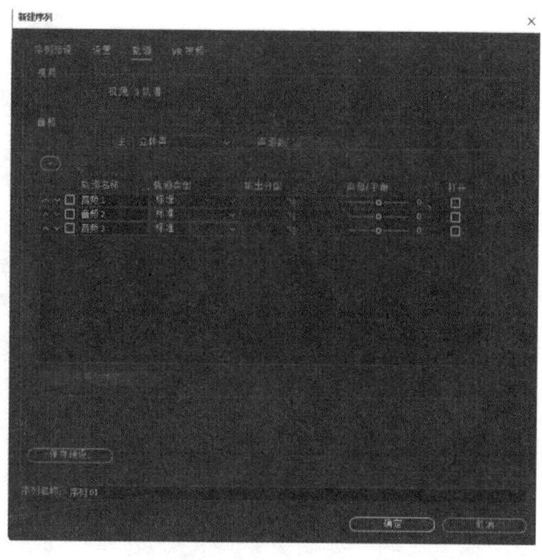

图 1-57

其中：

视频：该参数栏设置缺省的视频轨道数目。

音频：设置序列中在“时间轴”窗口中音频的属性。

主：在该下拉列表中可以设置音频总控器的方式。

· 单声道（Mono）：设置单声道模式的音频轨道数目。

· 立体声（Stereo）：设置立体声模式的音频轨道数目。

· 5.1：设置 5.1 声道模式的子音频轨道数目。

· 多声道：设置多声道模式的音频轨道数目。

设置完毕后，可以将序列设置保存到预设中，以便以后经常使用。在“新建序列”对话框的“设置”选项卡中单击“保存预设”按钮，弹出“保存序列预设”对话框，如图 1-58 所示。

在该对话框中输入名称和描述，当前设置就会被存储到“序列预设”选项卡的“自定义”栏中，如图 1-59 所示。

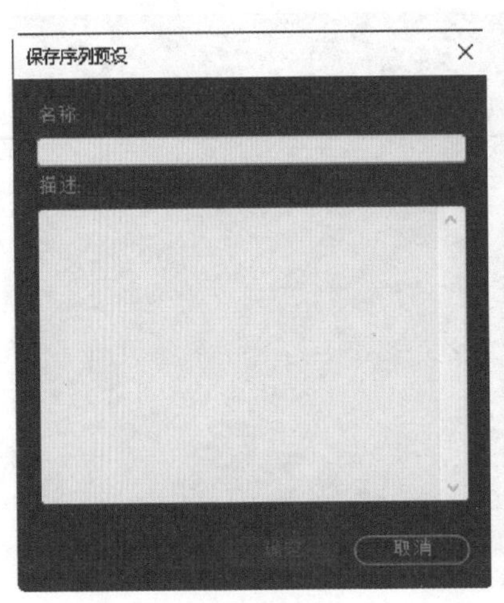

图 1-58

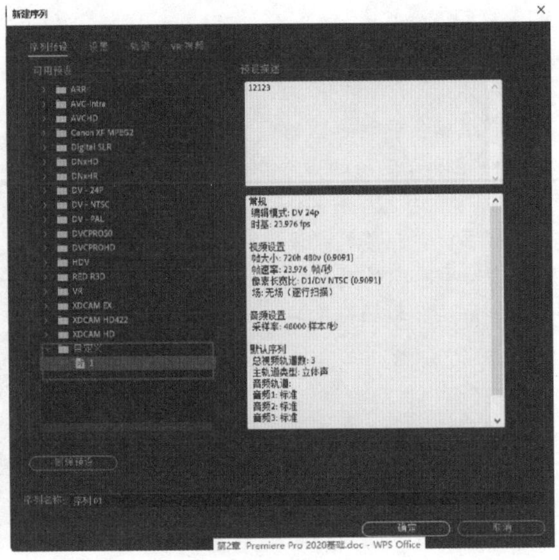

图 1-59

1.3.2 认识“项目”窗口

“项目”窗口是用来存放序列和素材的地方。根据显示方式的不同，用户看到的“项目”窗口会有不同。Premiere Pro 2020提供了两种“项目”窗口的显示方式，分别为列表显示和图标显示。

单击“项目”窗口下方的“列表视图”按钮，“项目”窗口以列表方式显示序列和素材的基本属性，如名称、媒体格式、视音频信息以及数据量等，如图1-60所示。

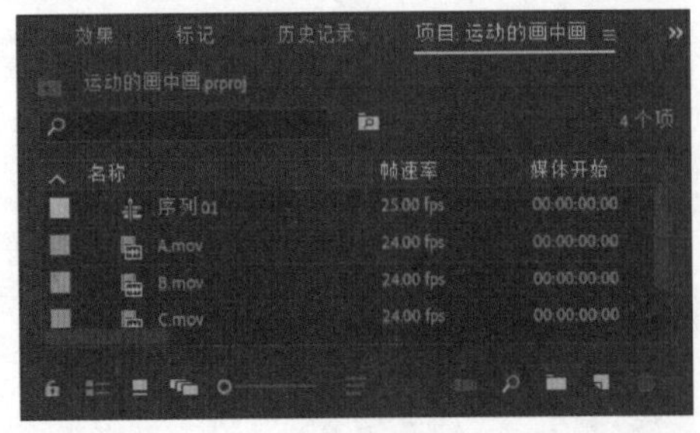

图 1-60

单击“项目”窗口下方的“图标视图”按钮，“项目”窗口以图标方式显示序列及素材状态，如图1-61所示。该模式下所显示的信息除图标外只有素材的名称、格式及长度，是一种最为简便直观的显示方式。

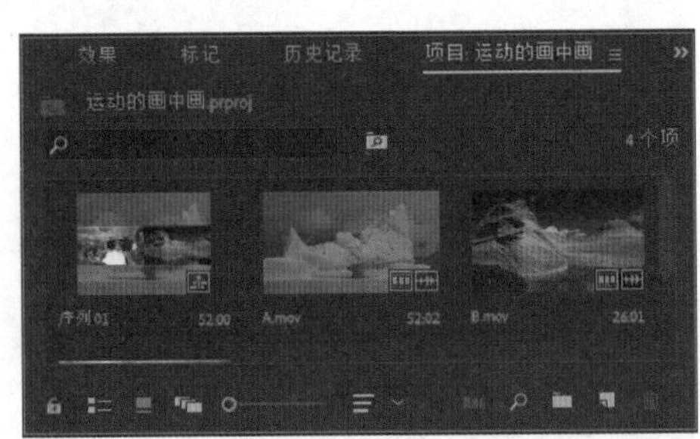

图 1-61

在列表显示模式下，单击“项目”窗口右上方的按钮，然后选择菜单命令“元数据显示”，在弹出的对话框中可以指定“项目”窗口中显示的素材信息，如图1-62所示。

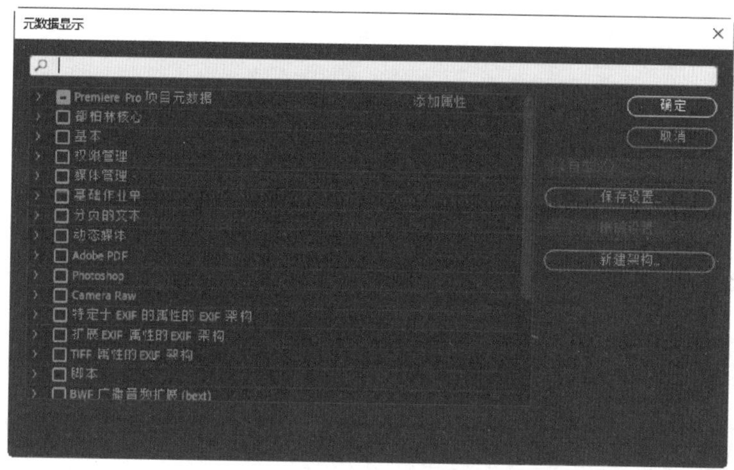

图 1-62

1.3.3 如何导入素材

Premiere Pro 2020 支持大部分主流的视频、音频以及图形图像文件格式，一般的导入方式为：使用“文件”|“导入”命令，在“导入”对话框中选择所需要的文件格式和文件即可，如图 1-63 所示。

图 1-63

下面介绍三种需要进行具体设置的导入方式。

1. 导入图层文件

Premiere Pro 2020 可以导入 Photoshop、Illustrator 等含有图层的文件。在导入该类型文件时，需要对导入图层进行设置。

（1）使用“文件”|“导入”命令，在“导入”对话框中选择 Photoshop、Illustrator 等含有图层的文件格式，选择需要导入的文件，单击“打开”按钮，会弹出类似如图 1-64 所示的对话框。

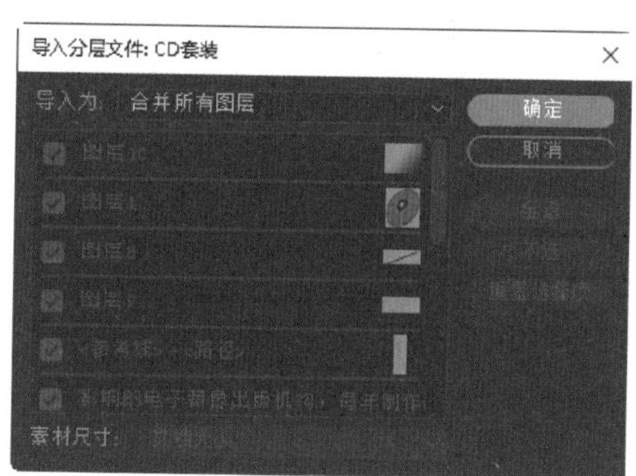

图 1-64

在“导入为”下拉列表中选择“合并所有图层”将整个文件作为一个文件导入；选择“合并的图层”可以将合并图层导入文件，可以有选择地导入合并图层；单击“各个图层”项，可以选择需要导入的图层导入；选择“序列”项，将以脚本方式导入图层文件的时候，可以选择导入某个图层或者合并图层导入。

（2）在“导入为”下拉列表中选择“序列”，即可以序列导入图层文件。

（3）单击“确定”按钮，在“项目”窗口中会自动产生一个文件，如图1-65所示。如果导入的是一个序列，那么就会生成一个文件夹，包括序列文件和图层素材，并自动创建一个序列。

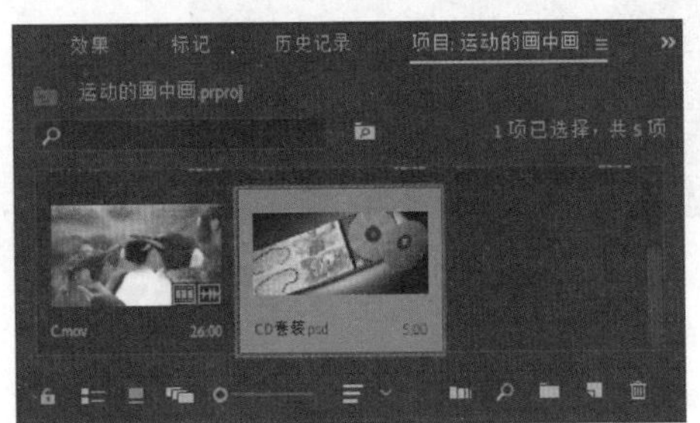

图 1-65

提示：以序列方式导入图层后，会按照图层的排列方式自动产生一个序列，可以打开该序列设置动画，进行编辑。

2. 导入序列图片

序列文件是一种非常重要的素材来源，它由若干幅按序排列的图片组成，记录活动影像，每幅图片代表一帧。通常可以在3DS MAX，After Effects，Combustion等软件中产生序列文件，然后再导入Premiere Pro 2020中使用。

序列文件以数字序号为序进行排列。当导入序列文件时，应在首选项对话框中设置图片的帧速率；也可以在导入序列文件后，在解释素材对话框中改变帧速率。

导入序列文件的方法如下。

（1）在“项目”窗口中的空白区域双击，弹出“导入”对话框，找到序列文件所在目录，选中序列中第一个文件，然后选中“图像序列”复选框，如图1-66所示。

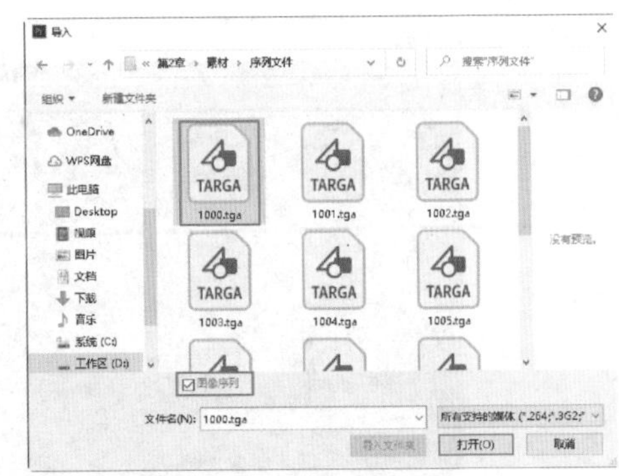

图 1-66

（2）单击“打开”按钮，导入素材。序列文件导入后的状态如图1-67所示，显示的名称为该序列中第一个文件的名称。

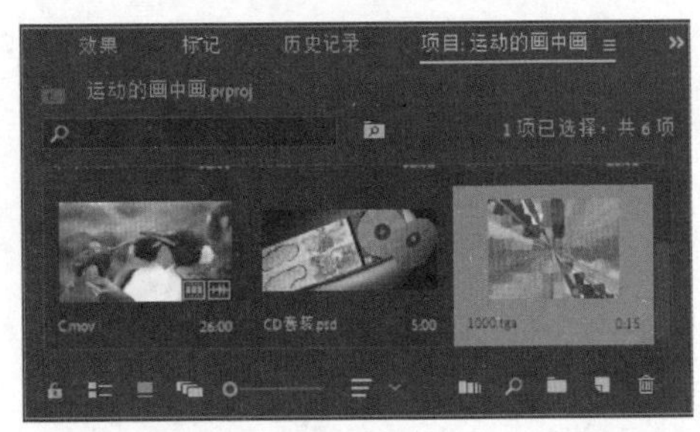

图 1-67

3. 使用“媒体浏览器”面板导入素材

Premiere Pro 2020有一个“媒体浏览器”面板，“媒体浏览器”面板可以显示所有系统中加载的卷的内容，如图1-68所示。

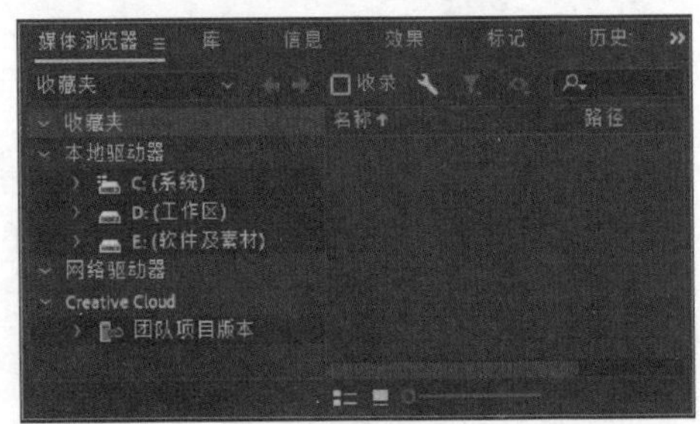

图 1-68

在无带化摄录机中寻找剪辑非常简单，因为媒体浏览器为用户显示了剪辑，而屏蔽其他文件，并且拥有可定制的用于查看相应元数据的视窗。可以从媒体浏览器中直接打开剪辑。

在“媒体浏览器”面板中可以选择需要显示哪一类型的文件，单击“媒体浏览器”右侧的☰按钮，在下拉菜单中选择“编辑列”，在弹出的菜单的“目录查看器”下拉列表中可以选择要显示文件的类型，如图 1–69 所示。

在“媒体浏览器”面板中导入文件，有两种方法：

方法 1：在“媒体浏览器”面板中，在需要导入的素材文件上单击鼠标右键，然后在弹出的快捷菜单中选择“导入”，如图 1–70 所示。

方法 2：在“媒体浏览器”面板中，单击选择需要导入的文件，使用菜单命令“文件”|“从媒体浏览器导入”。

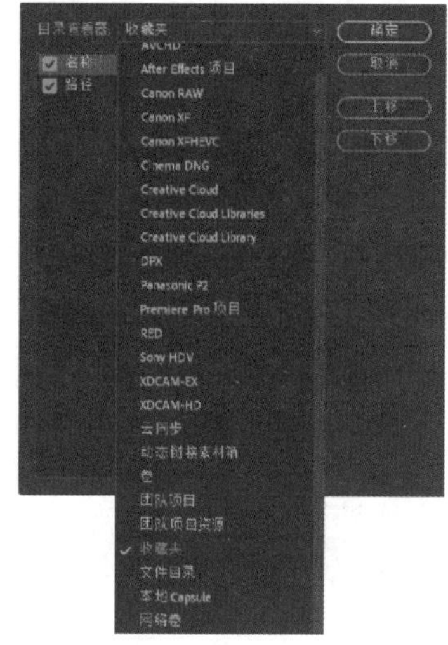

图 1–69

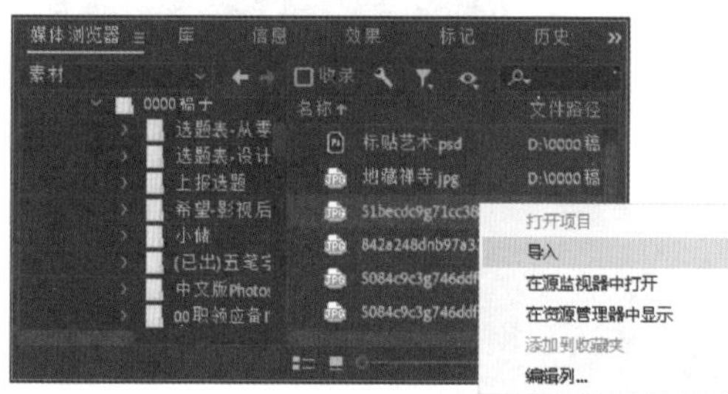

图 1–70

1.3.4 如何解释素材

对于导入节目的素材文件，可以通过解释素材修改其属性，方法为：在“项目”窗口中右击素材，在弹出的菜单中选择“修改”|“解释素材”，如图 1–71 所示。

此时打开如图 1–72 所示的“修改剪辑”对话框，在该对话框中可对素材的属性进行修改。

1. 设置帧速率

在“帧速率”栏中可以设置影片的帧速率。

使用文件中的帧速率：使用影片的原始帧速率。

采用此帧速率：在文本输入栏中输入新的帧速率。帧速率发生改变后，影片的长度也会发生改变。

持续时间：显示的是影片的长度。

2. 像素长宽比

使用文件中的像素长宽比：用于设置影片的像素宽高比。

一般情况下，选择“使用文件中的像素长宽比”，则使用影片素材的原像素宽高比。也可以在“符合”下拉列表中重新指定像素宽高比。

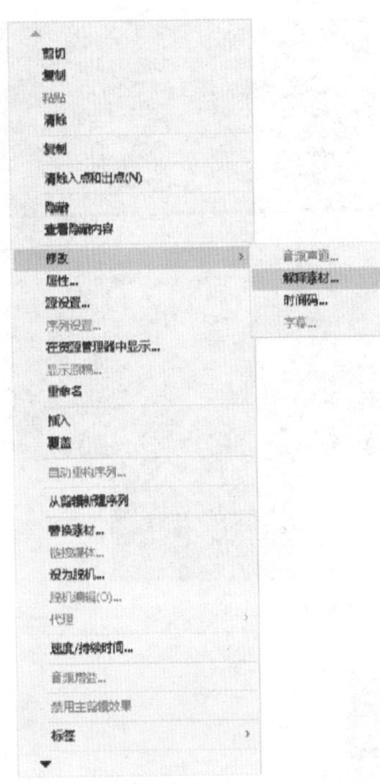

图 1-71

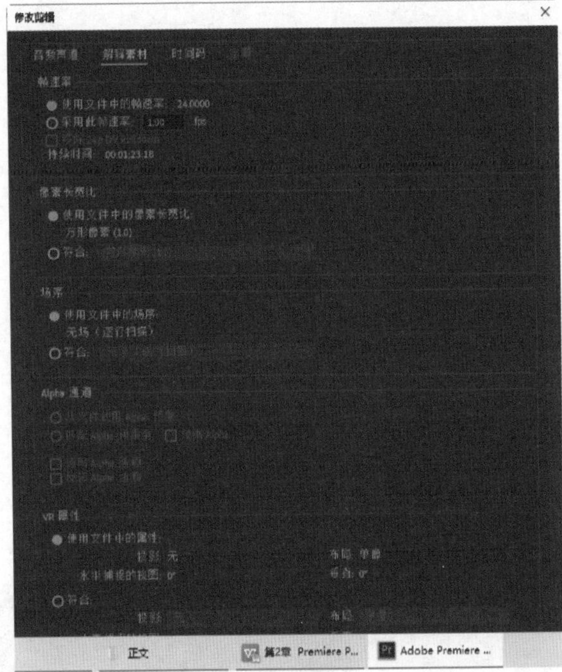

图 1-72

注意： 如果在一个显示方形像素的显示器上不做处理地显示矩形像素，则会出现变形现象。

3. 设置透明通道

可以在“Alpha 通道”栏中对素材的透明通道进行设置。在 Premiere 中导入带有透明通道的文件时，会自动识别该通道。

1.3.5 如何观察素材属性

Premiere Pro 2020 提供了属性分析功能，利用该功能，剪辑人员可以了解素材的详细信息，包括素材片段的延时、文件大小及平均速率等。在“项目”窗口或者序列中右击素材，从弹出的快捷菜单中选择“属性”，会弹出“属性”对话框，如图 1-73 所示。

在该对话框中详细列出了当前素材的各项属性，如源素材路径、文件数据量、媒体格式、帧尺幅、持续时间及使用状况等。数据图表中水平轴以帧为单位列出对象的持续时间，垂直轴显示对象每一个时间单位的数据率和采样率。

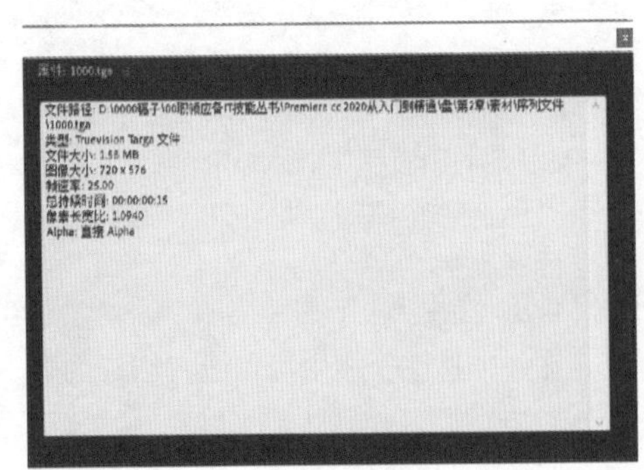

图 1-73

1.3.6 如何改变素材名称

在“项目”窗口中右击素材，从弹出的快捷菜单中选择“重命名”，素材名称会处于可编辑状态，然后直接输入新名称即可，如图1-74所示。

剪辑人员可以给素材起一个别名以改变它的名称。这在一部影片中重复使用一个素材或复制一个素材，并为之设定新的入点和出点时极为有用。给素材起一个别名有助于剪辑人员在“项目”窗口和序列中观看一个复制的素材时避免混淆。

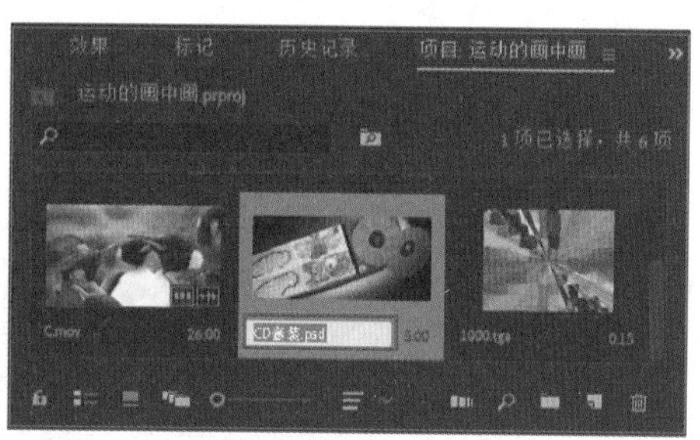

图1-74

1.3.7 如何利用素材库组织素材

可以在“项目”窗口中建立素材库——素材文件夹来管理素材。使用素材文件夹，可以将节目中的素材分门别类、有条不紊地组织起来，这在组织包含大量素材的复杂节目时特别有用。

单击“项目”窗口下方“新建素材箱”■图标，会自动建立新文件夹。可以将多个文件夹导入其他文件夹，作为其他文件夹的子文件夹使用。双击文件夹，可以将其单独展开显示，如图1-75所示。

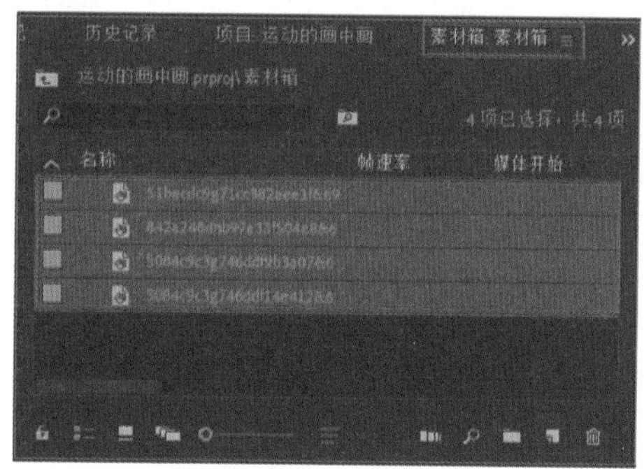

图1-75

1.3.8 如何处理离线素材

有时候在打开一个项目文件时，系统会提示找不到源素材。

这有可能是源文件被改名或在磁盘上的位置发生了变化造成的。

可以直接在磁盘上找到源素材，然后单击“选择”指定源素材；也可以单击“跳过”按钮选择略过素材；或单击“脱机”，建立离线文件代替源素材。

由于Premiere Pro 2020使用直接方式进行工作。因此如果磁盘上的源文件被删除或者移动，就会发生节目中的指针无法找到其磁盘源文件的情况。此时，可以建立一个离线文件代替该文件。离线文件具有和其所替换的源文件完全相同的属性，可以对其进行同普通素材完全相同的操作。找到所需文件后，可以用该文件替换离线文件，以进行正常编辑。离线文件实际上起到一个占位符的作用，它可以暂时占据丢失文件所处的位置。

注意：（1）离线文件的问题是非线性编辑中经常会碰到的问题。特别是如果计算机处于网络当中，而且又是以磁盘上的绝对路径导入素材，就会在每次打开项目文件时，系统提示指定素材的目标地址。这时，可以按照上面的方法指定素材位置。当然，如果在网络中编辑影片就要避免这种麻烦，此时就应该以网络上的绝对路径来导入素材，标准步骤是：打开网上邻居，找到工作组，找到素材所在的计算机目录，然后导入所需节目。

（2）在制作节目过程中，如果暂时缺少某些素材，也可以通过建立离线文件暂时占据该素材位置，先开始编辑节目。当找到素材后，再用实际素材替换离线文件，一样可以输出最终节目。离线文件必须具有将来要替换其的素材文件完全相同的属性，如时间编码、帧速率等。

在“项目”窗口中单击“新建分项”按钮后选择“脱机文件”，或单击鼠标右键，然后在弹出的菜单中选择菜单命令“脱机文件”，就可以弹出“新建脱机文件”对话框，如图1–76所示。

在“新建脱机文件”对话框中对脱机文件的视频和音频进行设置。用户可以自定义脱机文件显示大小、视频格式和音频格式。

在“新建脱机文件”对话框中设置完之后，单击“确定”按钮，弹出“脱机文件”对话框，如图1–77所示。

在“包含”下拉列表中可以选择建立含有影像和声音的离线素材，或者仅含有其中一项的离线素材；在“磁带名称”中可以填入磁带卷标；在“文件名”中可以指定离线素材的名称；在“描述”中的其他选项可以填入一些备注；在“时间码”中可以指定离线素材的时间。

如果要以实际素材替换离线素材，则可以在“项目”窗口中右击脱机素材，然后选择菜单命令“链接媒体”，在弹出的对话框中指定文件进行替换即可。

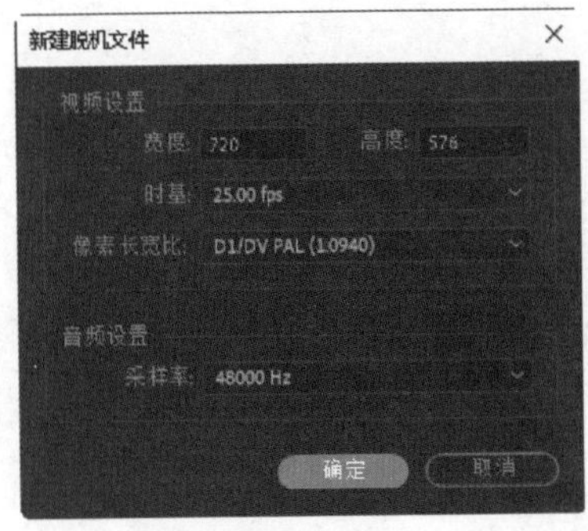

图1–76

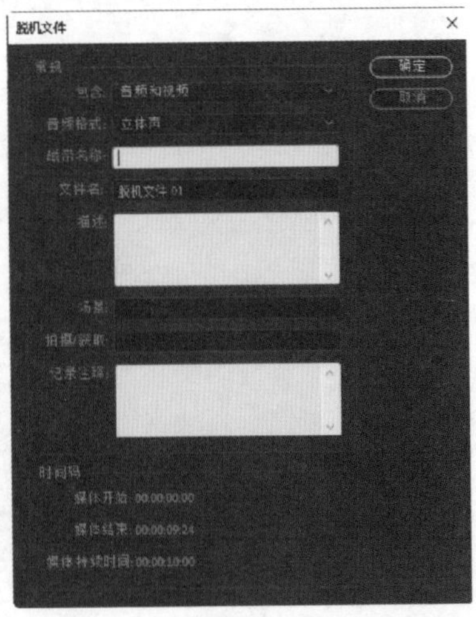

图1–77

1.3.9 善用效果控制台面板中的 Home/End 快捷键

可在“效果控制台”面板中将时间线快速移动到剪辑的开始或结尾。在“效果控制台”面板中，按 Home 键可以将时间标记移动到素材的开始处，如图 1-78 所示。按 End 键可以将时间标记移动到素材的末端处，如图 1-79 所示。

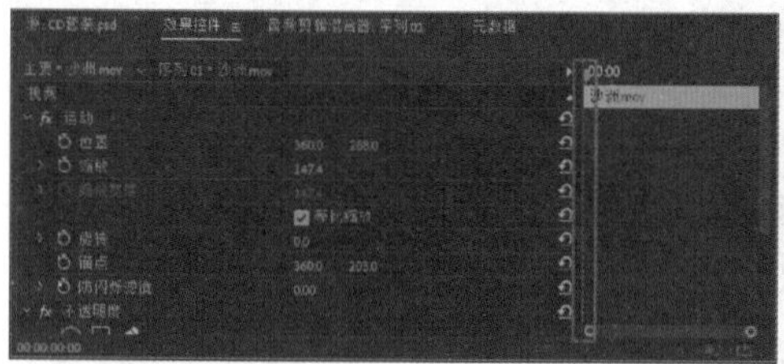

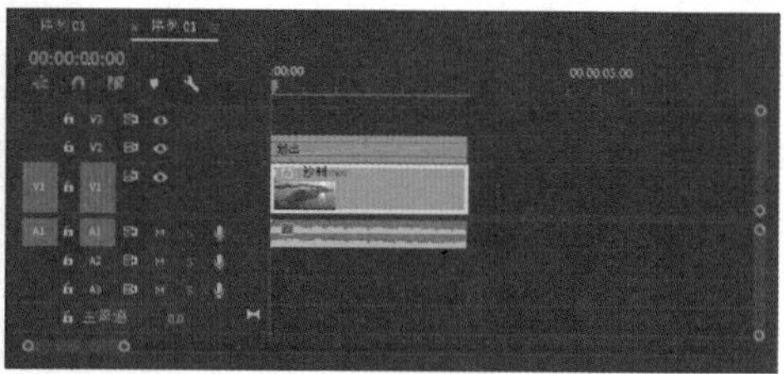

图 1-78

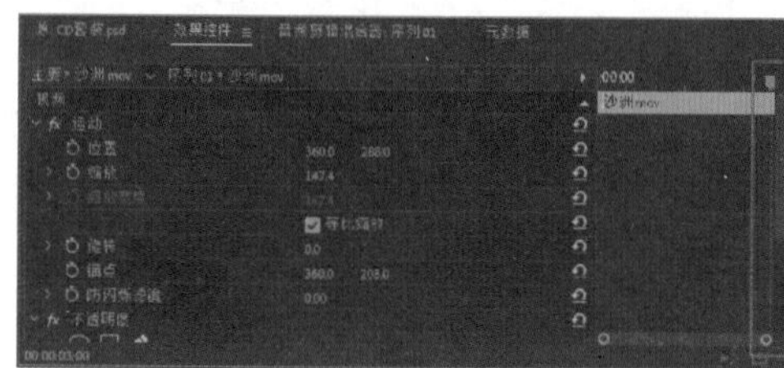

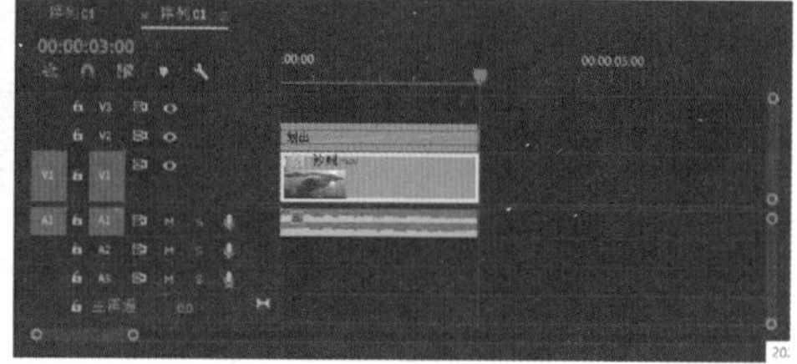

图 1-79

1.3.10 如何更改序列进行设置

在 Premiere Pro 2020 中，可以单独对已有序列的视频和音频格式进行更改，以便用户更加自由地在项目中对每个序列应用不同的编辑和渲染设置。

在“项目”窗口中，在需要更改设置的序列上单击鼠标右键，在弹出的快捷菜单中选择“序列设置”，在弹出的对话框中可以更改序列的设置，如图 1-80 所示。

在 Premiere Pro 2020 中对渲染范围做了一些更改，更具针对性和选择性，用户可以渲染工作区内的效果、渲染整段工作区和渲染音频，这样可以节省用户时间，不用为了一小段编辑内容而去对整个编辑内容工作区进行渲染。

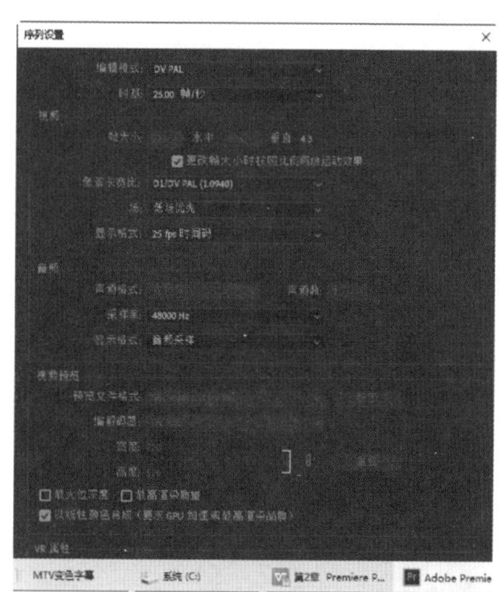

图 1-80

1.3.11 如何在 Premiere Pro 2020 中分别插入视频和音频

在 Premier Pro 2020 中导入一个视频和音频文件后，在“素材源”监视器窗口可以看到视频和音频的图标，如图 1-81 所示。

这时如果用户想单独插入视频或音频，就将鼠标指针拖动到视频或音频的图标上，按下鼠标右键，然后将其拖动到“时间轴”窗口的视频或音频轨道中。

图 1-81

第 2 章

视频过渡技术

本章主要内容与学习目的

本章将学习如何使用 Premiere Pro 2020 在影片素材或静止图像素材之间建立丰富多彩的视频过渡（也就是视频切换）。每一个过渡对于图像被过渡的控制方式具有很多可调的选项。本章内容对于影视剪辑中的镜头过渡有着非常实用的意义，它可以使你剪辑的画面更加富于变化，更加生动多姿。请对比阅读各种过渡的前后对比效果，及设置方法的异同，这样可以让你以最快的方式获取所需要的知识，且印象更加直观、深刻。

2.1 视频过渡特技设置

2.1.1 关于过渡

过渡可以在同一轨道的两个相邻素材间使用，如图 2–1 所示。

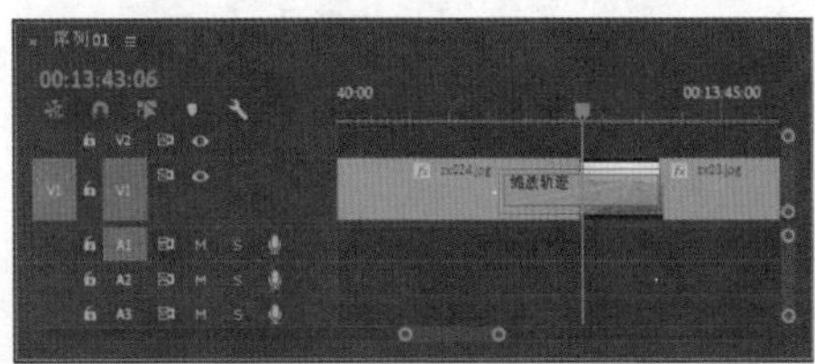

图 2–1

当然也可以只对一个素材施加过渡，这时候素材与其下方的轨道进行过渡，下方轨道中的素材只是作为背景使用，不被过渡所控制。如图 2–2 所示。

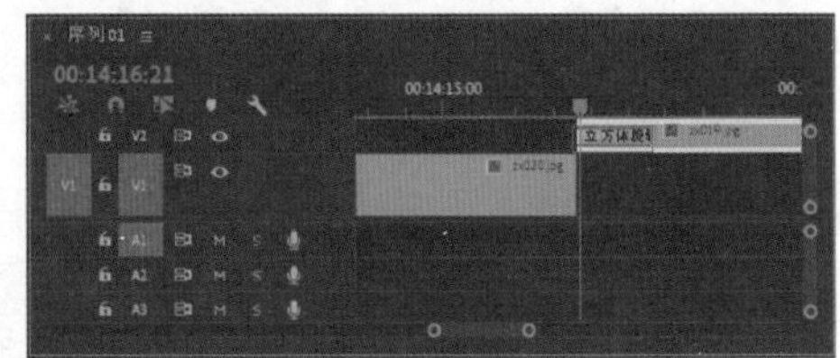

图 2–2

为影片添加过渡后，可以使用两种方法来改变过渡的长度。第一种方法是在“时间轴”中选中过渡，拖动过渡的边缘即可。第二种方法是在其“效果控件”面板中对过渡进行进一步的调整，双击素材中所添加的过渡特效就可以打开“效果控件”，如图 2–3 所示。

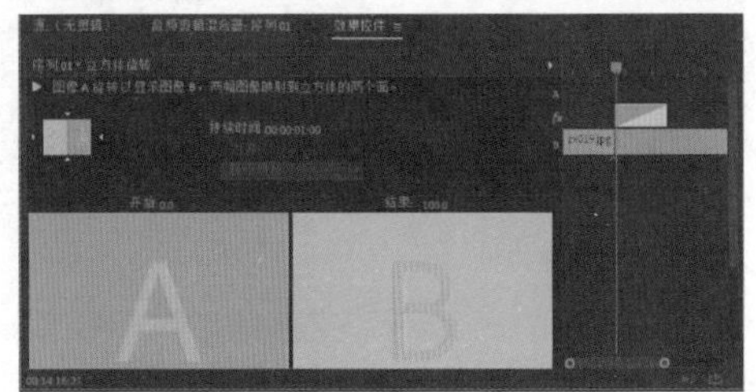

图 2–3

2.1.2 调整过渡的过渡区域

我们在过渡特效的“效果控件”面板中右侧的时间轴区域可以设置过渡的长度和位置。在图 2–4 中可以看到，在两段影片间加入过渡后，时间轴上会有一个重叠区域，这个重叠区域就是发生过渡的范围。同“时间轴”窗口中只显示入点和出点间的影片不同，在“效果控件”面板的时间轴中，会显示影片的完全长度。边角带有小三角即表示影片到头。这样设置的好处是可以随时修改影片参与过渡的位置。

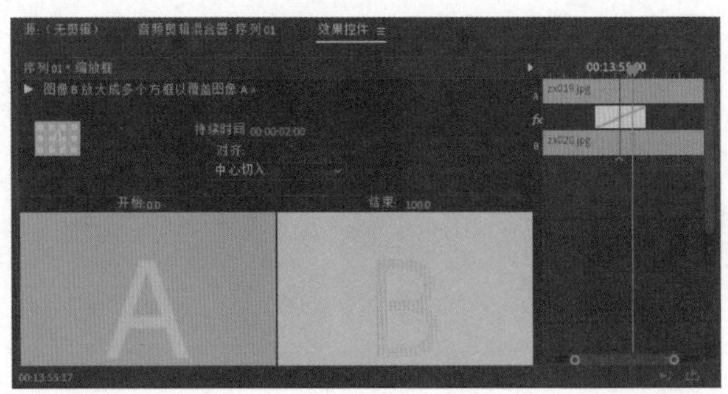

图 2–4

将鼠标指针移动到影片上，按住鼠标左键拖动，即可移动影片的位置，改变过渡的影响区域，如图 2-5 所示。

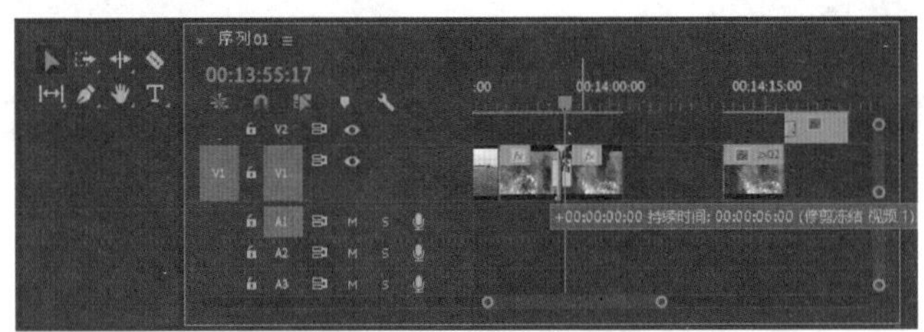

图 2-5

将鼠标指针移动到过渡中线上拖动，可以改变过渡位置，如图 2-6 所示。还可以将鼠标指针移动到过渡上拖动改变位置，如图 2-7 所示。将鼠标指针移动到过渡边缘，可以拖动改变过渡的长度，如图 2-8 所示。

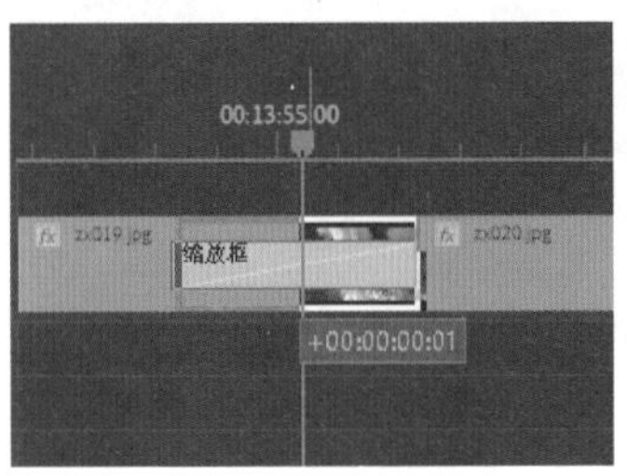

图 2-6

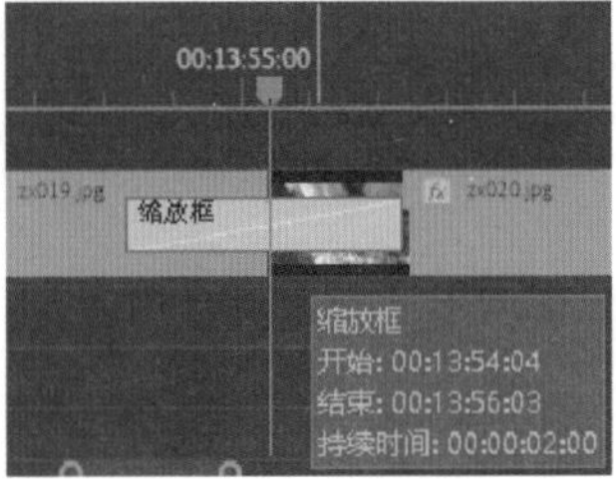

图 2-7

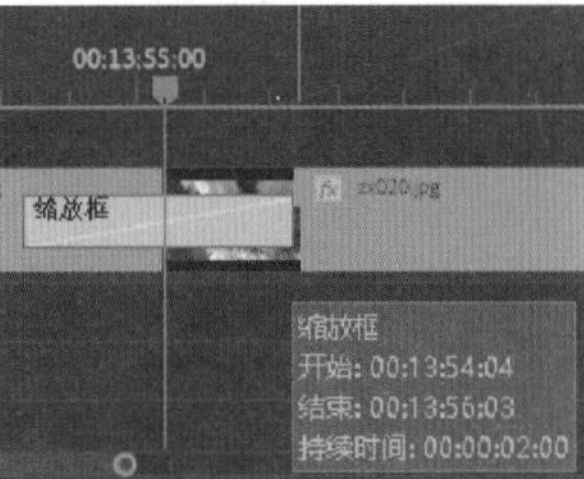

图 2-8

在进行上述三种操作时，在“节目”监视器窗口中可以查看前、后两个素材，如图 2-9 所示。

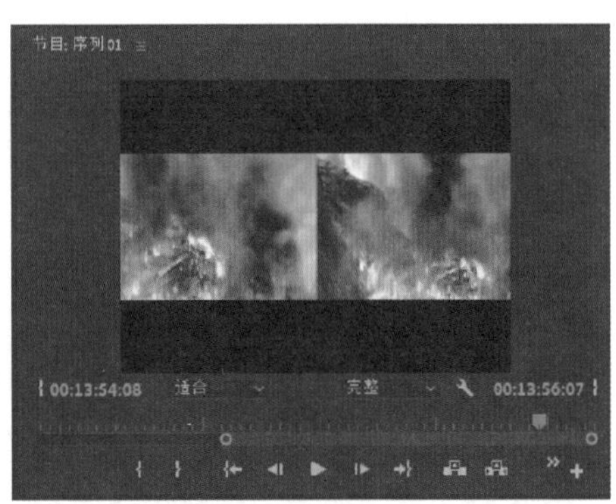

图 2-9

在“效果控件”面板左边的“对齐”下拉列表中提供了几种过渡对齐方式：中心切入、起点切入和终点切入，如图 2-10 所示。

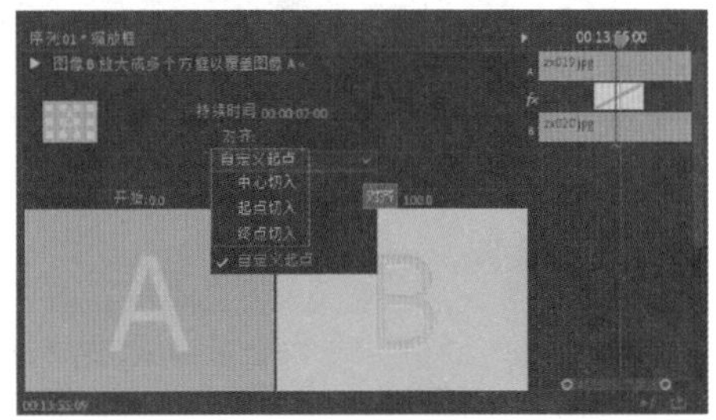

图 2-10

中心切入：在两段影片之间加入过渡，如图 2-11 所示。

起点切入：以片段 B 的入点位置为准建立过渡，如图 2-12 所示。加入过渡时，直接将过渡拖动到片段 B 的入点即为“起点切入”模式。

终点切入：以片段 A 的出点位置为准建立过渡，如图 2-13 所示。加入过渡时，直接将过渡拖动到片段 A 的出点为“终点切入”模式。

如果加入过渡的影片的出点和入点没有可扩展区域，加入过渡时会提出警告。并且系统会自动在出点和入点处，根据过渡的时间加

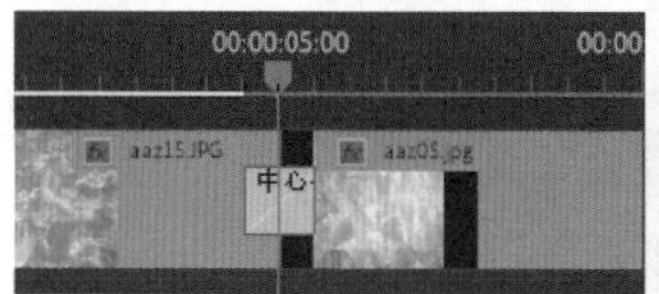
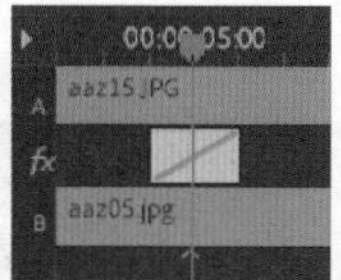

图 2-11

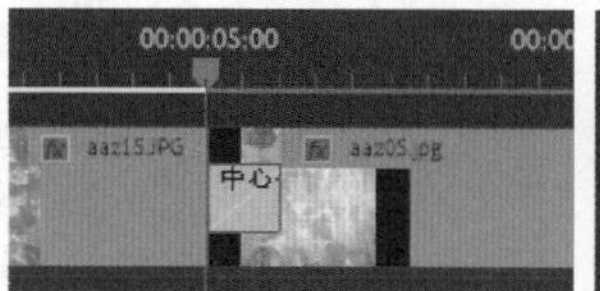
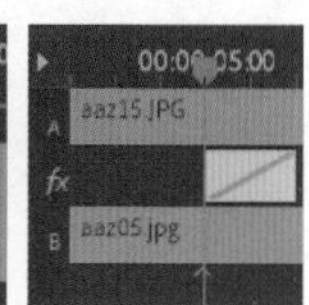

图 2-12

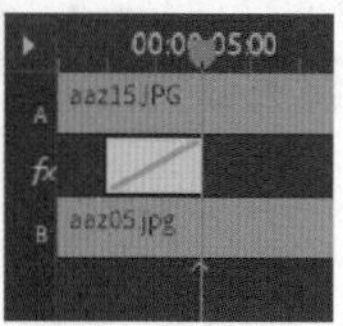

图 2-13

入一段静止画面来过渡。

还有，在调整过渡区域的时候，节目监视器中会分别显示过渡影片的出点和入点画面，以观察调节效果。

2.1.3 过渡设置

在左边的过渡设置栏中，可以对过渡做进一步的设置，如图 2-14 所示。

缺省情况下，过渡都是从A到B完成的。要改变过渡的开始和结束状态，可拖动“开始”和“结束”滑块。按住Shift键并拖动滑块可以使开始和结束滑块以相同数值变化。如图 2-15 所示。

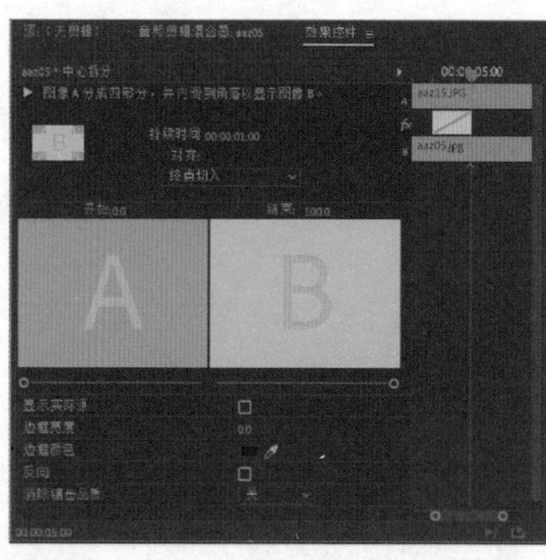

图 2-14

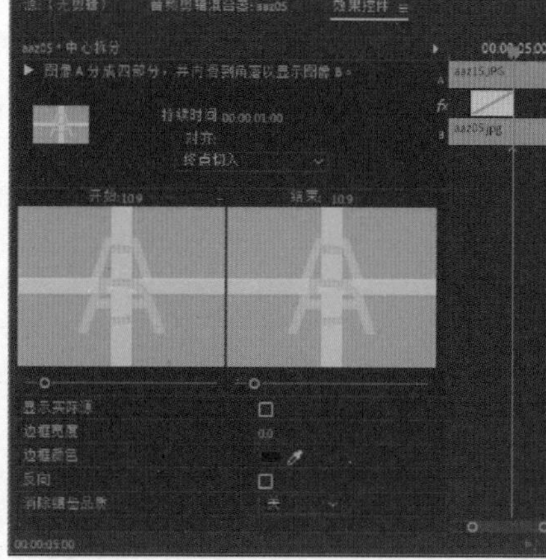

图 2-15

参数说明：

显示实际来源：可以在过渡设置对话框上方的“开始”和“结束”窗口中显示过渡的开始和结束帧，如图 2-16 所示。

反向：可以设置过渡顺序，由 A 至 B 的过渡会变为由 B 至 A 的过渡。如图 2-17 所示。

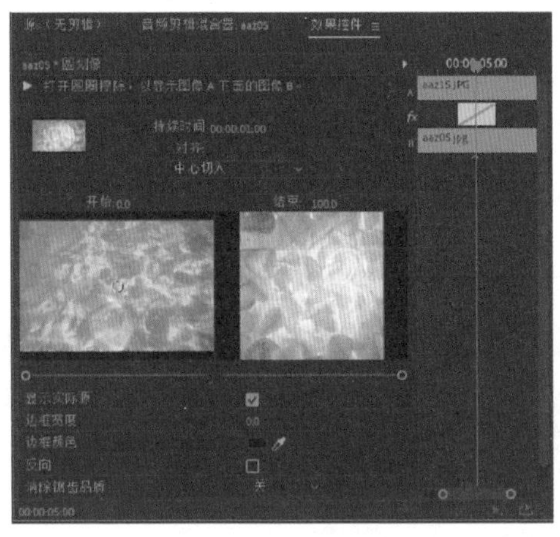

图 2-16

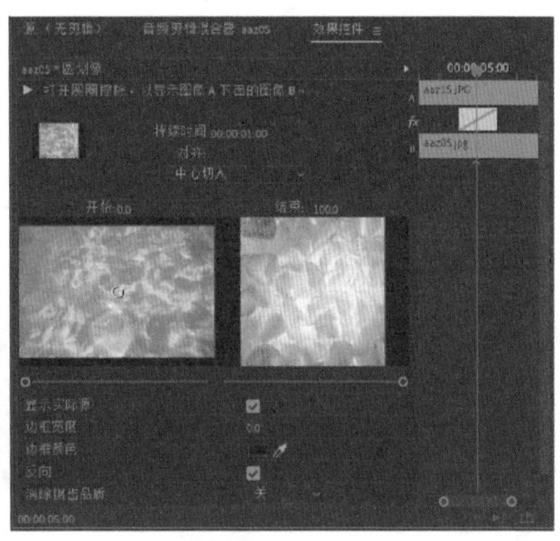

图 2-17

播放过渡：单击面板左上方的“播放过渡”▶按钮，可以在小视窗中预览过渡效果。对于某些有方向性的过渡来说，可以在左上方小视窗中单击箭头改变过渡方向。

持续时间：在面板右上方的“持续时间”栏中可以输入过渡的持续时间，这和拖动过渡边缘改变过渡长度是相同的。

对于某些过渡来说，具有位置的属性，即出入屏的时候，需指定画面从屏幕的哪个位置开始。这时候可以在过渡的开始和结束显示框中调整位置。

相对于不同的过渡，可能还有不同的参数设置，这些参数将在下面根据过渡方式具体讲解。

2.1.4　设置默认过渡

选择“编辑”|“首选项”|“时间轴”菜单命令，可以在弹出的对话框中进行过渡的缺省设置。

可以将当前选定的过渡设为缺省过渡。这样，在使用如自动导入这样的功能时，所建立的都是该过渡。并可以分别设定视频和音频过渡的缺省时间，如图 2-18 所示。

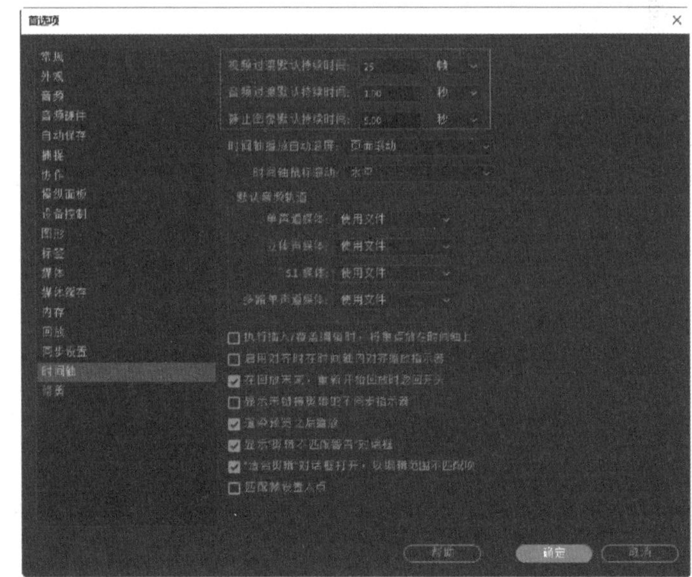

图 2-18

Premiere Pro 将各种过渡特效根据类型的不同，分别放在“效果”窗口中的“视频过渡”

特效组下的不同子特效中，用户可以根据使用的过渡类型，方便地进行查找。

2.1.5 关于余量

添加视频过渡特效时，在 A|B 段素材衔接的情况下也可以进行视频过渡设置，但需要指出的是在两个影片片段或者素材间添加视频过渡特效的时候，一定要注意影片或素材有足够的余量可以用来进行视频过渡特效的应用。所谓余量，就是余出的片段量，只有两个片段有余量才能进行视频过渡。如果在要进行视频过渡的片段里没有余量，则会弹出类似“媒体不足。此过渡将包含重复的帧”的提示对话框，如图 2-19 所示。

图 2-19

2.2 3 维运动特效技术详解

本节为读者介绍“三维运动”特效组下的 2 个特效的功能、效果演示与详细的参数介绍。

位置：位于“效果”窗口中的“视频过渡”下面。

2.2.1 立方体旋转

功能：两个相邻片段的过渡是以立方体相邻的两个面，以图像 A 旋转到图像 B 的形式来实现的。

效果：如图 2-20 所示。

图 2-20

2.2.2　翻转

功能：两个相邻片段的过渡是以图像 A 翻转到图像 B，效果就像一页画册的两面翻转了面一样。

在过渡“效果控件”面板中单击“自定义”按钮，在打开的“翻转设置”对话框可以设置“带”和“填充颜色”，如图 2-21 所示。

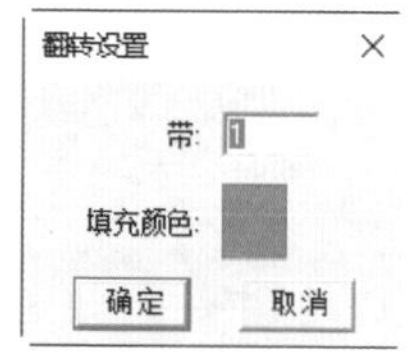

图 2-21

参数说明：

带：输入翻转的图像数量。

填充颜色：设置空白区域颜色。

注意：在“带”文本框中输入的最大值为 8。

效果：如图 2-22 所示。

图 2-22

2.3　划像特效技术详解

本节为读者介绍“光圈”特效组下的 4 个特效的功能、效果演示与详细的参数介绍。

位置：位于“效果”窗口中的“视频过渡”下面。

2.3.1　交叉划像

功能：使图像 B 呈十字形从图像 A 中展开，最后将图像 A 覆盖。

效果：如图 2-23 所示。

图 2-23

2.3.2　圆划像

功能：使图像 B 呈圆形从图像 A 中展开，最后将图像 A 覆盖。

效果：如图 2-24 所示。

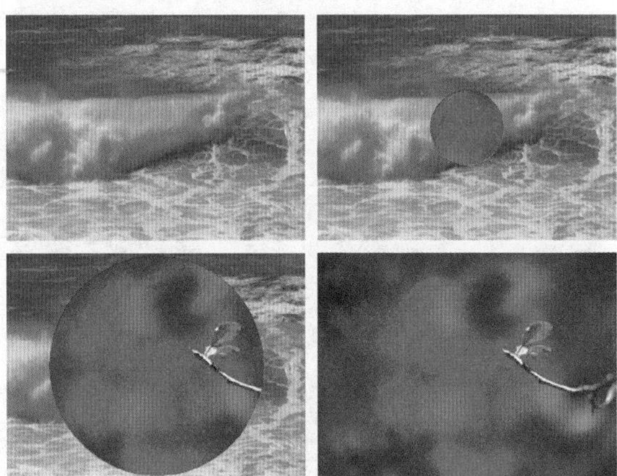

图 2-24

2.3.3　盒形划像

功能：使图像 B 呈矩形从图像 A 中展开。

效果：如图 2-25 所示。

图 2-25

2.3.4　菱形划像

功能：使图像B呈菱形从图像A中展开。

效果：如图2-26所示。

图2-26

2.4 页面剥落特效技术详解

本节为读者介绍“卷页”特效组下的2个特效的功能、效果演示与详细的参数介绍。

位置：位于“效果”窗口中的“视频过渡”下面。

2.4.1　翻页

功能：使图像A从左上角向右下角卷动，露出图像B。

效果：如图2-27所示。

图2-27

2.4.2 页面剥落

功能：使图像 A 像纸张一样被翻面卷起，露出图像 B。
效果：如图 2–28 所示。

图 2–28

2.5 擦除特效技术详解

本节为读者介绍“擦除”特效组下的 17 个特效的功能、效果演示与详细的参数介绍。
位置：位于“效果”窗口中的“视频过渡”下面。

2.5.1 双侧平推门

功能：使图像 A 以开、关门的方式过渡到图像 B。
效果：如图 2–29 所示。

图 2–29

2.5.2　带状擦除

功能：使图像 B 从水平方向以条状介入并覆盖图像 A。

效果：如图 2-30 所示。

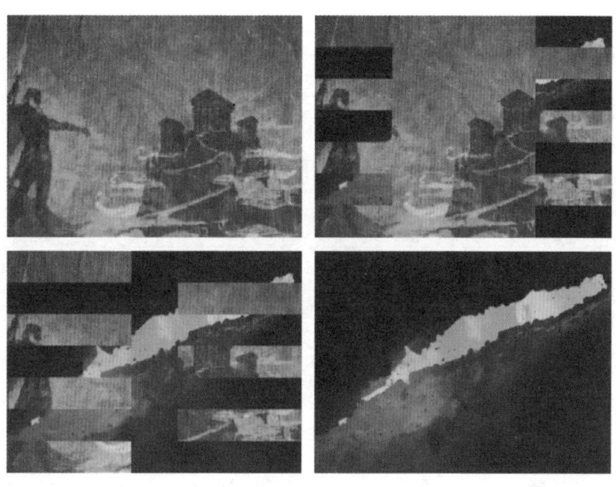

图 2-30

2.5.3　径向擦除

功能：使图像 B 从图像 A 的一角扫入画面。

效果：如图 2-31 所示。

图 2-31

2.5.4 插入

功能：使图像 B 从图像 A 的左上角斜插进入画面。

效果：如图 2-32 所示。

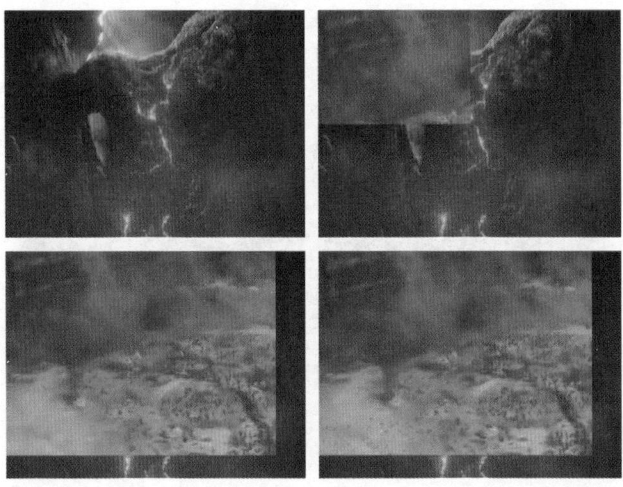

图 2-32

2.5.5 划出

功能：使图像 B 逐渐扫过图像 A。

效果：如图 2-33 所示。

图 2-33

2.5.6　时钟式擦除

功能：使图像 A 以时钟放置方式过渡到图像 B。

效果：如图 2–34 所示。

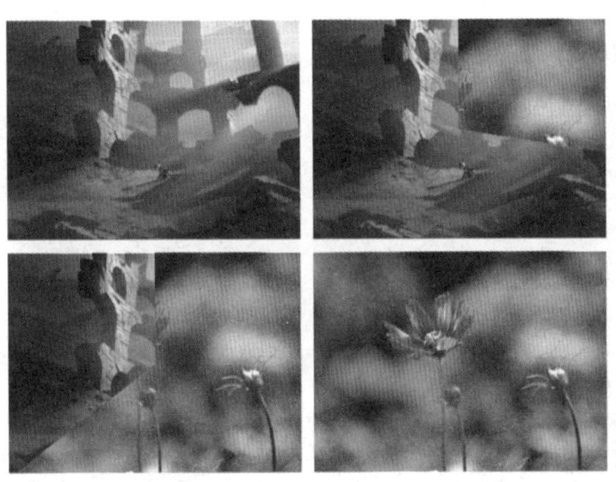

图 2–34

2.5.7　棋盘

功能：使图像 A 以棋盘消失方式过渡到图像 B。

双击效果，在“效果控件”面板中单击“自定义”按钮，打开“棋盘设置”对话框，如图 2–35 所示。

图 2–35

参数说明：

水平切片 | 垂直切片：图像水平和垂直的切片数量。

效果：如图 2–36 所示。

图 2–36

2.5.8 棋盘擦除

功能：使图像B以方格形逐行出现覆盖图像A。
效果：如图2-37所示。

图 2-37

2.5.9 楔形擦除

功能：使图像B呈扇形打开扫入。
效果：如图2-38所示。

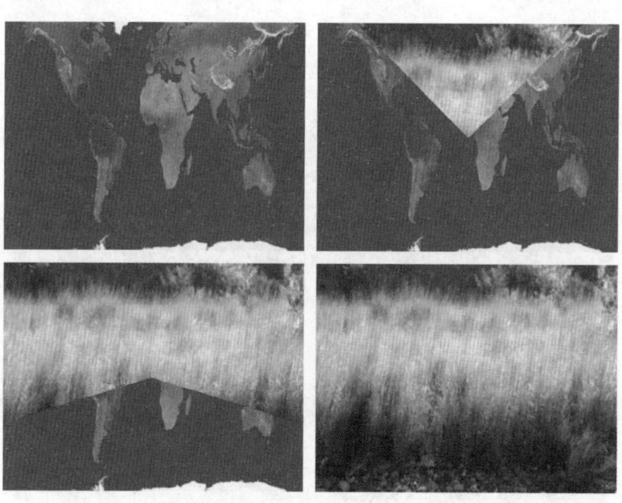

图 2-38

2.5.10　水波块

功能：使图像 B 沿“Z”形交错扫过图像 A。

在其设置对话框中单击“自定义”按钮，弹出“水波块设置”对话框，可进一步设置，如图 2-39 所示。

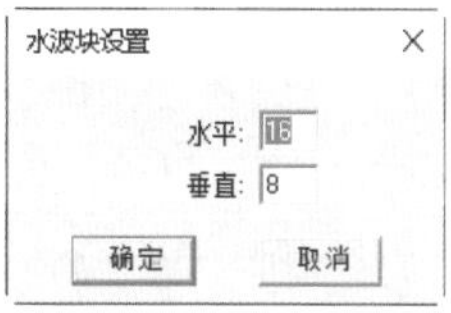

水波块设置

水平：16

垂直：8

确定　取消

图 2-39

参数说明：

水平 | 垂直：图像沿水平和垂直方向的扫描长度。

效果：如图 2-40 所示。

图 2-40

2.5.11　油漆飞溅

功能：使图像 B 以墨点状覆盖图像 A。

效果：如图 2-41 所示。

图 2-41

2.5.12 渐变擦除

功能：使用一张灰度图像制作渐变过渡，在渐变过渡中，图像 B 充满灰度图像的黑色区域，然后通过每一个灰度级开始显现进行过渡，直到白色区域完全透明。

图 2-42

应用该特效后，弹出“渐变擦除设置”对话框，如图 2-42 所示。单击“选择图像”按钮，可以选择要作为灰度图的图像。

效果：如图 2-43 所示。

图 2-43

2.5.13 百叶窗

功能：使图像 B 在逐渐加粗的线条中逐渐显示，类似于百叶窗。

效果：如图 2-44 所示。

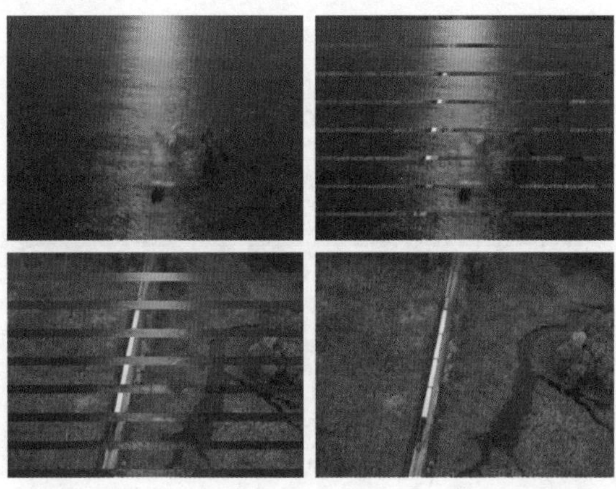

图 2-44

2.5.14　螺旋框

功能：使图像 B 以螺纹块状旋转出现。

在“效果控件”面板中单击“自定义”按钮弹出“螺旋框设置”对话框，可进行进一步设置。

效果：如图 2-45 所示。

图 2-45

2.5.15　随机块

功能：使图像 B 以方块随机出现覆盖图像 A。

效果：如图 2-46 所示。

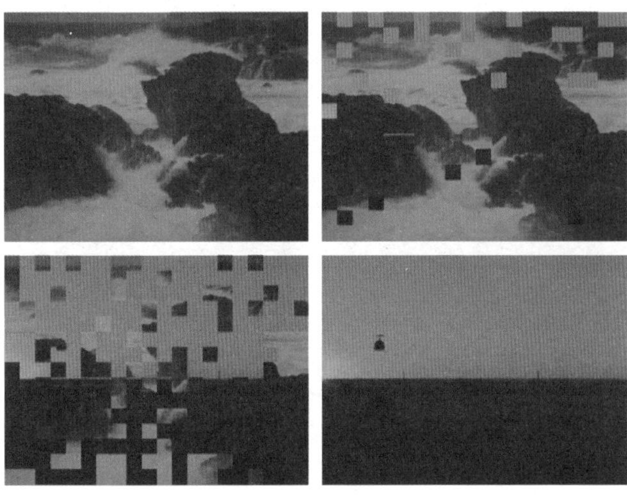

图 2-46

2.5.16 随机擦除

功能：使图像 B 从图像 A 一边随机出现扫走图像 A。

效果：如图 2-47 所示。

图 2-47

2.5.17 风车

功能：使图像 B 以风轮状旋转覆盖图像 A。

效果：如图 2-48 所示。

图 2-48

2.6 溶解特效技术详解

本节为读者介绍“叠化”特效组下的 7 个特效的功能、效果演示与详细的参数介绍。

位置：位于“效果”窗口中的“视频过渡”下面。

2.6.1 交叉溶解

功能：使图像 A 以加亮模式淡化为图像 B。这是典型的淡出淡入特效。

效果：如图 2-49 所示。

图 2-49

2.6.2 叠加溶解

功能：使图像 A 淡化为图像 B。该过渡为标准的淡入淡出过渡。在支持 Premiere Pro 的双通道视频卡上，该过渡可以实现实时播放。

效果：如图 2-50 所示。

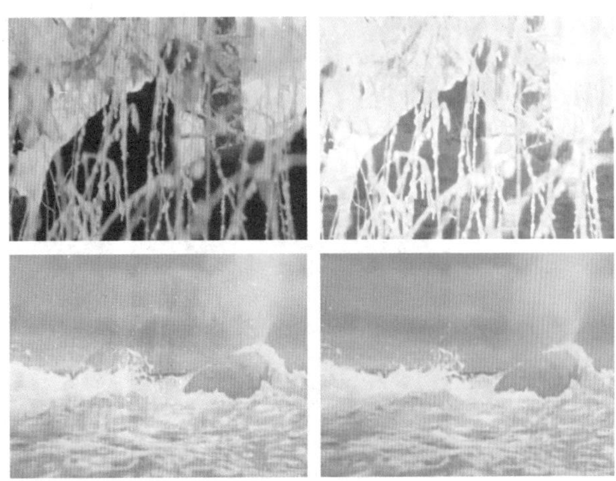

图 2-50

2.6.3 白场过渡

功能：使图像 A 以白色变暗模式淡化为图像 B。
效果：如图 2-51 所示。

图 2-51

2.6.4 黑场过渡

功能：使图像 A 以黑色变暗模式淡化为图像 B。
效果：如图 2-52 所示。

图 2-52

2.6.5　非叠加溶解

功能：使图像 A 与图像 B 的亮度叠加消溶。

效果：如图 2-53 所示。

图 2-53

2.7 内滑特效技术详解

本节为读者介绍“影像”特效组下的 5 个特效的功能、效果演示与详细的参数介绍。

位置：位于“效果”窗口中的“视频过渡”下面。

2.7.1　中心拆分

功能：使影像 A 从中心分裂为四块，向四角滑出，显现出影像 B。

效果：如图 2-54 所示。

图 2-54

2.7.2 内滑

功能：使图像 B 内滑到图像 A 上面并将图像 A 覆盖。

效果：如图 2–55 所示。

图 2–55

2.7.3 带状内滑

功能：使影像 B 以条状介入，并逐渐覆盖影像 A。

在“效果控件”面板单击“自定义”按钮，弹出“带状内滑设置”对话框，如图 2–56 所示。

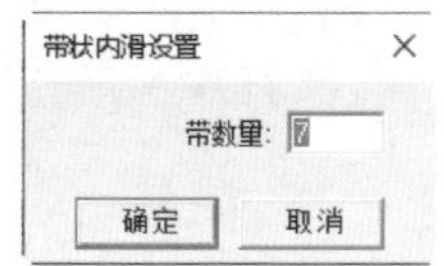

图 2–56

参数说明：

带数量：输入过渡条数目。

效果：如图 2–57 所示。

图 2–57

2.7.4 拆分

功能：使影像 A 像自动门一样打开露出影像 B。
效果：如图 2–58 所示。

图 2–58

2.7.5 推

功能：使图像 B 将图像 A 推出屏幕。
效果：如图 2–59 所示。

图 2–59

2.8 缩放特效——交叉缩放技术详解

本节为读者介绍“缩放”特效组下的“交叉缩放”特效的功能、效果演示与详细的参数介绍。

位置：位于“效果”窗口中的“视频过渡”下面。

功能：使图像 A 放大冲出，图像 B 缩小进入。

效果：如图 2-60 所示。

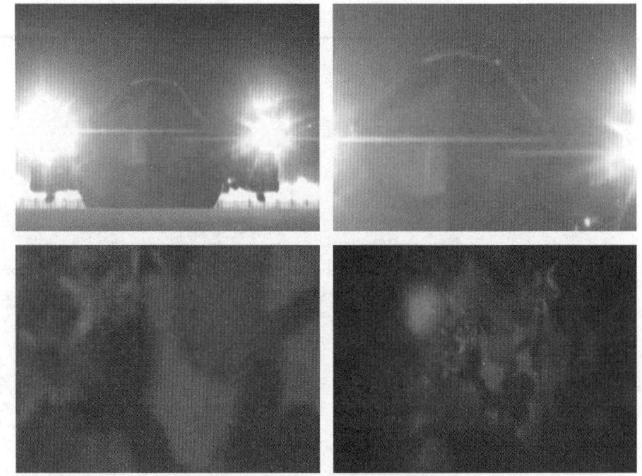

图 2-60

2.9 运动设置与动画实现

本节为读者介绍在 Premiere Pro 2020 中如何使用“效果控制”面板来实现动画效果。在 Premiere Pro 2020 中通过运动和透明的设置可以实现 After Effects 中的“变换”效果。

2.9.1 Premiere Pro 2020 运动窗口简介

将素材拖入轨道后，在其“效果控制”窗口中可以看到 Premiere Pro 2020 的运动过渡动画，如图 2-61 所示。

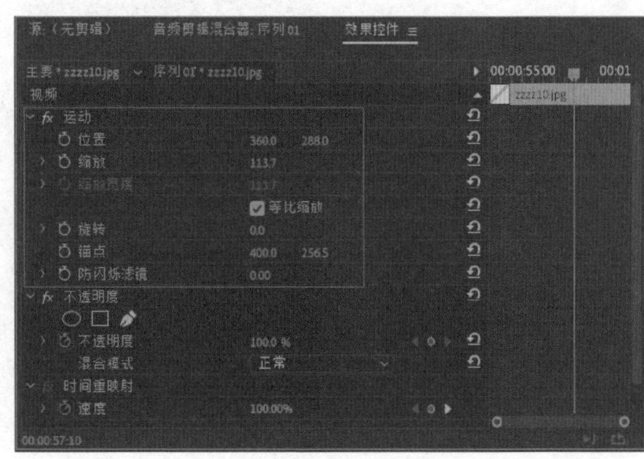

图 2-61

参数说明：

位置：可以设置被设置对象在屏幕中的位置坐标。

缩放：可调节被设置对象的缩放度。

缩放宽度：在不选择“等比缩放”的情况下。

等比缩放：将该复选项选中后，在调整素材大小时素材将成比例缩放。

旋转：可以设置被设置对象在屏幕中旋转角度的度数。

锚点：可以设置被设置对象的旋转或移动控制点。

防闪烁滤镜：可以设置被设置对象的闪光点。

2.9.2 设置动画的基本原理：一个简单动画的实现

Premiere Pro 2020 中设置动画的基本原理就是：基于关键帧的概念，对目标的运动、缩放、旋转以及特效等属性进行动画设定。

所谓关键帧的概念，就是在不同的时间点对操作的对象属性进行变化，而时间点之间的变化则由计算机自动完成。

下面举例说明，要制作一个图像从左上飞入视频中央的简单动画。

操作详解：

（1）首先调整图像在节目监视器窗口中的最初位置，并在“效果控制”面板的“位置”处单击过渡动画按钮插入关键帧，如图 2-62 所示。

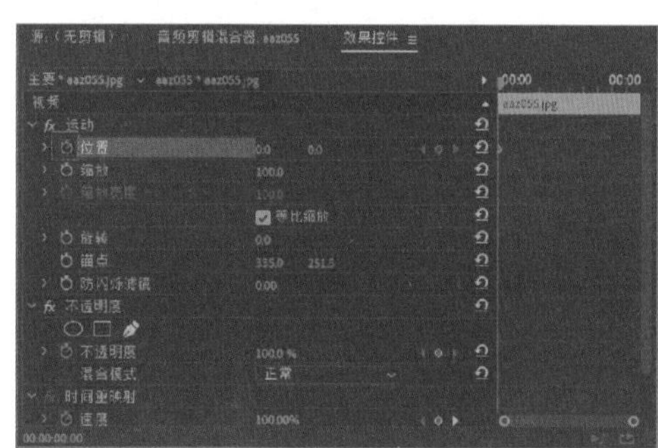

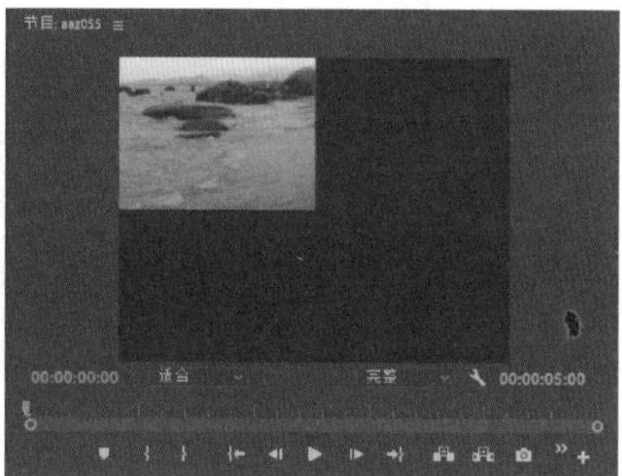

图 2-62

（2）移动时间标记，在下一帧处调整图像在节目监视器窗口中的位置，如图 2-63 所示。

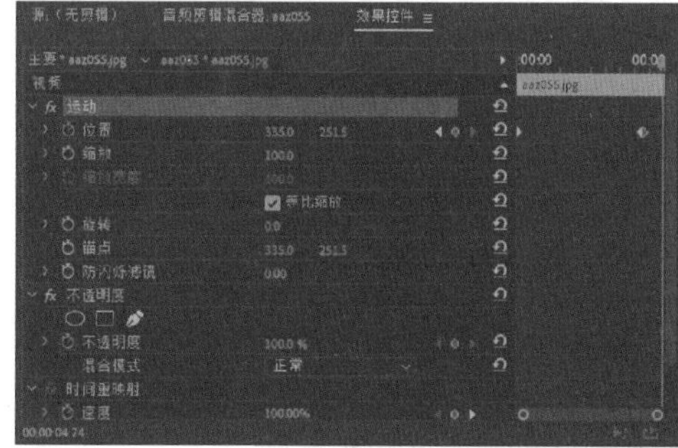

图 2-63

此时将时间标记移动到素材起点，然后按 Ctrl+ 空格键就可以观看动画了。

注意： 设置参数时，当前面有了插入的关键帧后，移动时间标记后再调整对象时，将在时间标记所在的位置自动插入关键帧。

2.10 使用 Premiere Pro 2020 创建新元素

Premiere Pro 2020 除了使用导入的素材制作动画外，还可以建立一些新素材元素。这些元素同样可以作为动画制作的素材。下面就对如何在 Premiere Pro 2020 中创建新元素进行详细的讲解。

2.10.1 通用倒计时片头

“通用倒计时片头”通常用于影片开始前的倒计时准备。Premiere Pro 2020 为用户提供了现成的“通用倒计时片头”，用户可以非常简便地创建一个标准的倒计时素材，并可以在 Premiere Pro 2020 中随时对其进行修改，如图 2-64 所示。

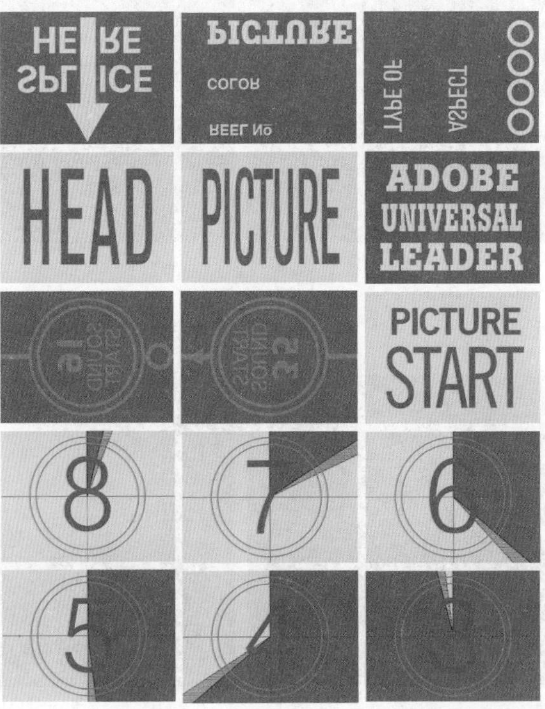

图 2-64

创建倒计时素材的方法如下：

（1）在“项目”窗口中单击“新建分项”按钮或在空白处单击鼠标右键，在弹出的菜单中选择菜单命令“新建分项”|“通用倒计时片头”，弹出“新建通用倒计时片头”对话框，如图 2-65 所示。在该对话框中设置“通用倒计时片头”的大小、时间基准、像素纵横比和音频采样。

在“新建通用倒计时片头”对话框中设置完之后，单击对话框中的“确定”按钮，将弹出“通用倒计时设置”对话框，如图 2-66 所示。

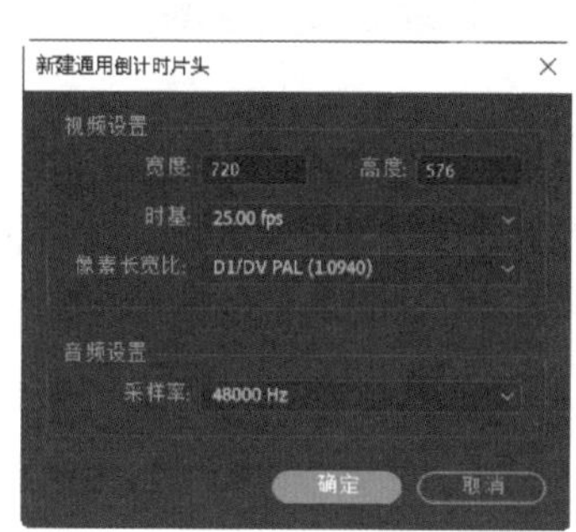

图 2-65

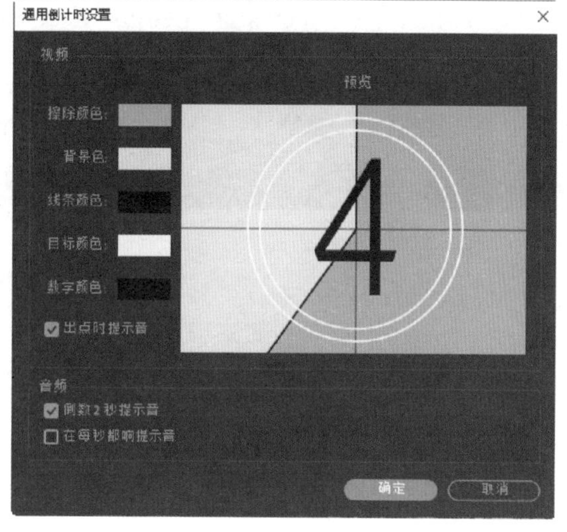

图 2-66

参数说明：

擦除颜色：播放倒计时影片的时候，指示线会不停地围绕圆心转动，在指示线转动方向之后的颜色为我们指定的擦除颜色。

背景色：指示线过渡方向之前的颜色为我们指定的背景颜色。

线条颜色：指示线颜色，固定十字及转动的指示线的颜色由该项设定。

目标颜色：指定圆形的准星颜色。

数字颜色：计时影片 8、7、6、5、4 等数字的颜色。

出点时提示音：在倒计时结束时发声。

倒数 2 秒提示音：在显示 2 的时候发声。

在每秒都响提示音：每秒提示标志，在每一秒钟开始的时候发声。

（2）设置完毕后，单击“确定”按钮，Premiere Pro 2020 自动将该段倒计时影片加入项目窗口。

用户可在“项目”窗口或“时间轴”窗口中双击倒计时素材，可以随时打开“通用倒计时”窗口进行修改。

2.10.2　彩条与黑场视频

1. 彩条

Premiere Pro 2020 可以为影片在开始前加入一段彩条，如图 2-67 所示。

在项目窗口中单击“新建分项”按钮或在空白处单击鼠标右键，在弹出的菜单中选择菜单命令“彩条”，类似创建“通用倒计时片头”一样，将弹出一个“新建彩条”对话框，在该对话框中对彩条的大小、时基、像素长宽比和音频采样率进行设置，如图 2-68 所示。

图 2-67

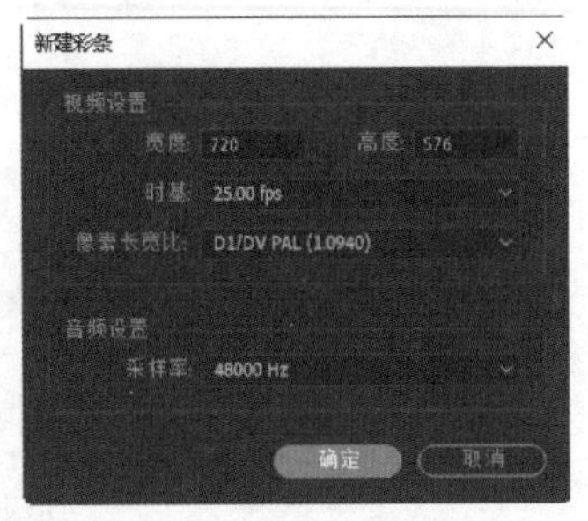

图 2-68

设置完毕之后，单击“确定”按钮，Premiere Pro 2020 自动将该段彩条影片加入项目窗口中。

用户可在“项目”窗口或“时间轴”窗口中双击彩条素材，在其“效果控件”面板中对素材做进一步的修改调整。

2. 黑场视频

在 Premiere Pro 2020 中还可以为影片创建一段黑场视频，如图 2-69 所示。

在项目窗口中单击“新建分项”按钮或在空白处单击鼠标右键，在弹出的菜单中选择菜单命令“黑场视频”，将弹出“新建黑场视频”对话框，如图 2-70 所示。

设置完毕之后单击“确定”按钮，Premiere Pro 2020 自动将该段黑场视频加入项目窗口中。

图 2-69

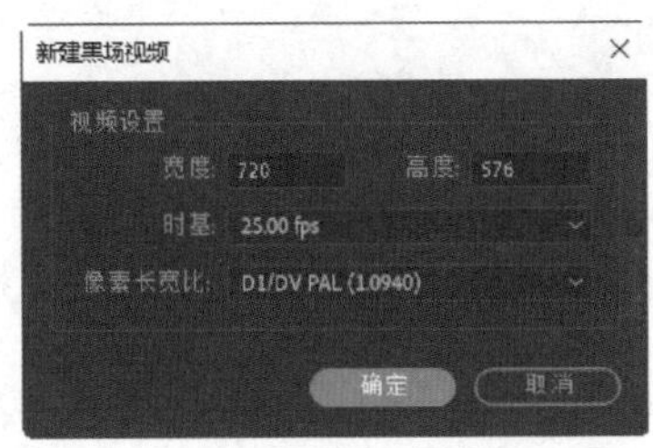

图 2-70

2.10.3 颜色蒙板

Premiere Pro 2020 还可以为影片创建一个颜色蒙板，如图 2-71 所示。用户可以将颜色蒙板当作背景，也可以利用“效果控件”面板中的“透明度”来设定与它相关的色彩的透明性。

创建颜色蒙板的方法如下：

（1）在项目窗口中单击“新建分项”按钮或在空白处单击鼠标右键，在弹出的菜单中选择菜单命令“颜色遮罩”，弹出“新建颜色遮罩”对话框，如图 2-72 所示。

（2）设置完毕，单击“确定”按钮，

弹出“拾色器”窗口，如图 2–73 所示。

（3）在“拾色器”窗口中选取颜色蒙板所要使用的颜色，单击“确定”按钮，在弹出的“选择名称”对话框中可以为建立的颜色蒙板取一个名字，如图 2–74 所示。然后单击“确定”按钮，Premiere Pro 2020 自动将该段颜色蒙板加入项目窗口中。

用户可在“项目”窗口或“时间轴”窗口双击颜色蒙板，随时打开“拾色器”对话框进行修改。

图 2–71

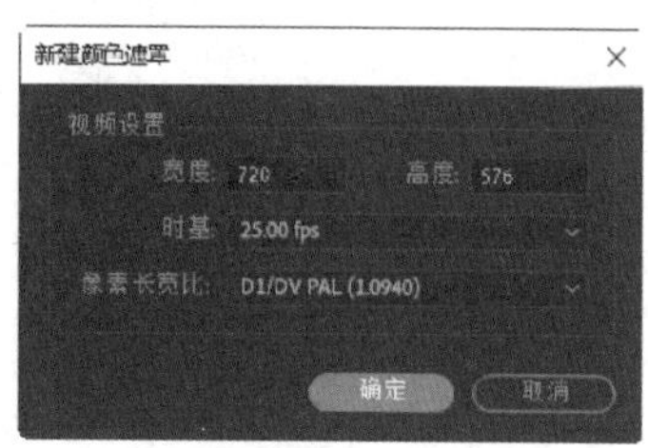

图 2–72

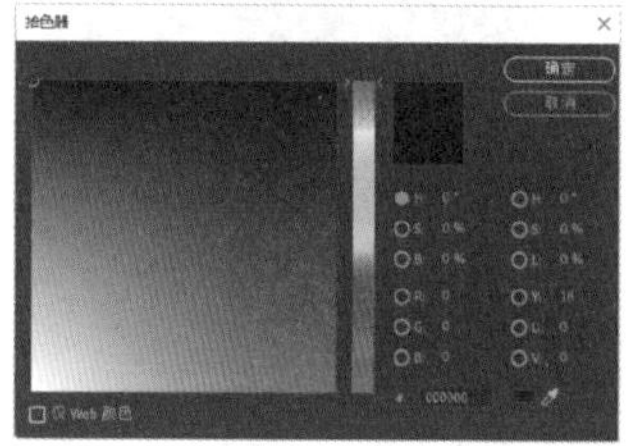

图 2–73

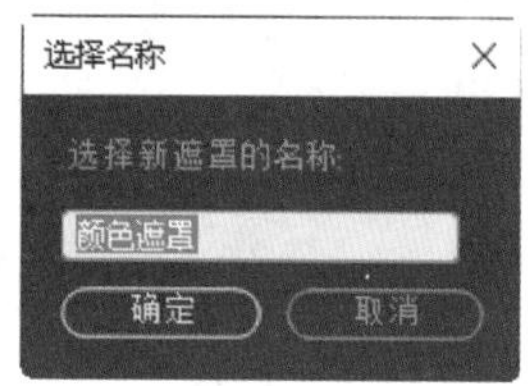

图 2–74

2.10.4 透明视频

在 Premiere Pro 2020 中，用户可以创建一个透明的视频层，它能够被用于应用特效到一系列的影片剪辑中而无需重复的复制和粘贴属性。只要应用一个特效到透明视频轨道上，特效结果将自动地出现在下面的所有视频轨道中。

创建透明视频的方法如下：

（1）在项目窗口中单击“新建分项”按钮或在空白处单击鼠标右键，在弹出的菜单中选择菜单命令“透明视频”，弹出“新建透明视频”对话框，如图 2–75 所示。

（2）设置完毕，单击“确定”按钮，Premiere Pro 2020 自动将该段透明视频加入项目窗口中。

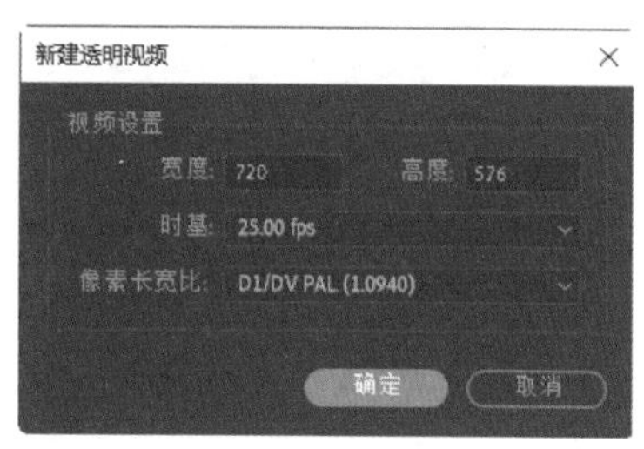

图 2–75

2.11 过渡特效演练

本章详细介绍了 Premiere Pro 2020 的各个过渡特效的功能及参数说明，接下来通过一个具体的实例使读者进一步了解 Premiere Pro 2020 中过渡特效的实际应用。本案例效果如图 2-76 所示。

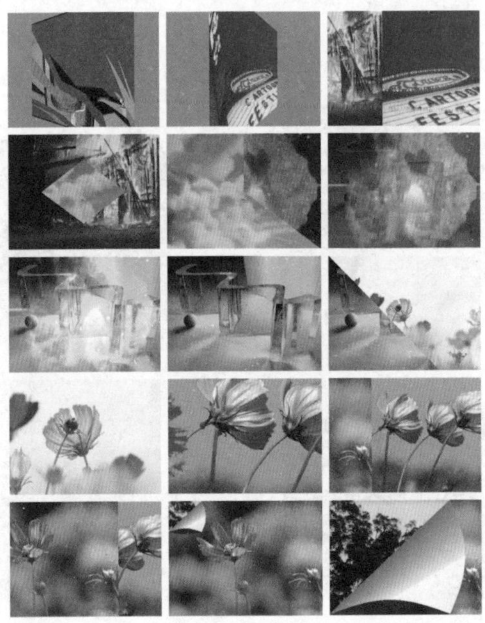

图 2-76

为了解析方便和清晰，接下来引入一些静态图像素材作为讲解的基础。

2.11.1 创建项目文件和导入素材

操作详解:

（1）在 Premiere Pro 2020 欢迎界面中单击“新建项目”或在运行 Premiere Pro 2020 的过程中执行“文件”|“新建”|“项目”菜单命令后，可以在弹出的“新建项目”对话框中新建项目，选择保存文件路径，输入保存文件名“过渡演练”，如图 2-77 所示。然后单击“确定”按钮。

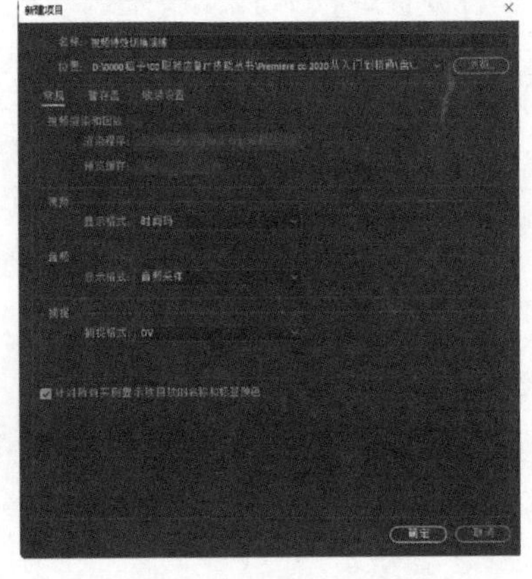

图 2-77

（2）在“新建项目”对话框中设置完毕后，单击“确定”按钮。

（3）执行“文件”|“导入”命令，在弹出的“导入”对话框中选择“第 3 章”文件夹中的图片素材“zzzz01.jpg”“zzzz02.jpg”“zzzz03.jpg”“zzzz04.jpg”“zzzz05.jpg”“zzzz06.jpg”“zzzz07.jpg”“zzzz08.jpg”“zzzz09.jpg”“zzzz10.jpg”这 10 个文件，然后

单击“确定”按钮。图片素材效果如图 2–78 所示。

（4）拖动后所有的图像素材被陈列于项目列表，如图 2–79 所示。

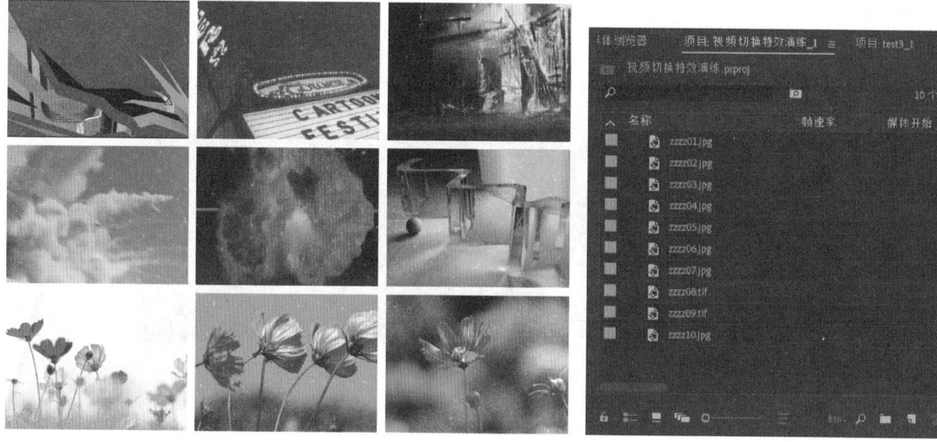

图 2–78　　图 2–79

2.11.2　剪辑素材

操作详解：

（1）选中“项目”窗口中所有的素材，将其直接拖入“时间轴”窗口中，此时将自动创建序列并自动放置于 V1 轨道，如图 2–80 所示。

（2）在“节目”监视器窗口中依次调整素材在窗口中的显示大小，方法为双击监视器窗口中的素材，然后拉动控制点进行调节，使其布满监视器窗口，如图 2–81 所示（这里仅列出一个，其他素材效果类似）。

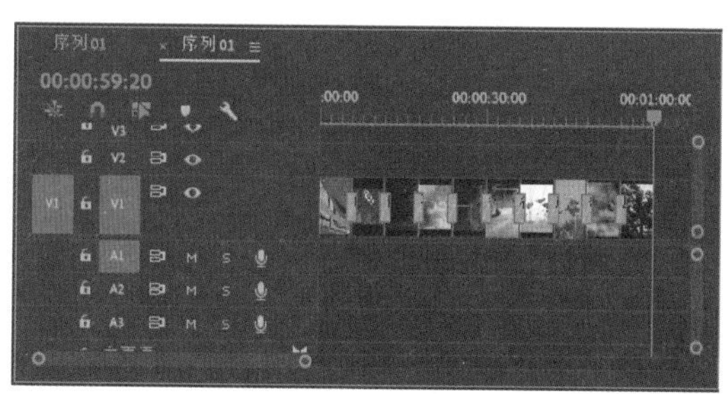

图 2–80

图 2–81

2.11.3 添加过渡

操作详解:

（1）在"效果"窗口中，将"视频过渡"下的"3D运动"特效组下的"翻转"拖入V1轨道的"zzzz01.ipg"和"zzzz02.ipg"素材之间，如图2-82所示。

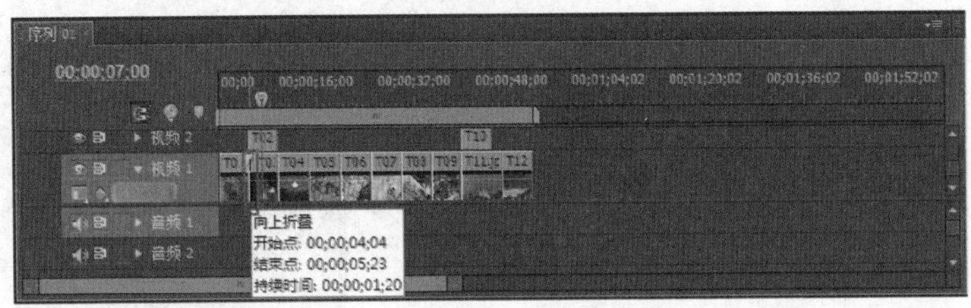

图 2-82

提示：拖动过渡的边缘可以改变过渡长度，以适合镜头过渡的实际需要。

（2）在"效果"窗口中，将"视频过渡"下面的"内滑"特效组下的"内滑"拖入V1轨道的"zzzz02.ipg"和"zzzz03.ipg"素材之间。

（3）在"效果"窗口中，将"视频过渡"下面的"划像"特效组下的"菱形划像"拖入V1轨道的"zzzz03.ipg"和"zzzz04.ipg"素材之间。

（4）在"效果"窗口中，将"视频过渡"下面的"擦除"特效组下的"时钟式擦除"拖入V1轨道的"zzzz04.ipg"和"zzzz05.ipg"素材之间。

（5）在"效果"窗口中，将"视频过渡"下面的"溶解"特效组下的"叠加溶解"（Dither Dissolve）拖入V1轨道的"zzzz05.ipg"和"zzzz06.ipg"素材之间。

（6）在"效果"窗口中，将"视频过渡"下面的"擦除"特效组下的"径向擦除"拖入V1轨道的"zzzz06.ipg"和"zzzz07.ipg"素材之间。

（7）在"效果"窗口中，将"视频过渡"下面的"缩放"特效组下的"交叉缩放"拖入V1轨道的"zzzz07.ipg"和"zzzz08.ipg"素材之间。

（8）在"效果"窗口中，将"视频过渡"下面的"内滑"特效组下的"带状滑动"拖入V1轨道的"zzzz08.ipg"和"zzzz09.jpg"素材之间。

（9）在"效果"窗口中，将"视频过渡"下面的"滑动"特效组下的"页面剥落"拖入V1轨道的"zzzz09.ipg"和"zzzz10.jpg"素材之间。

（10）将"时间轴"窗口中的时间标记移动到00:00:00:00处，按空格键，就可以在"节目"监视器窗口中预览最终的效果了。

（11）最后执行"文件"|"保存"命令或按Ctrl+S快捷键保存项目。

如果要输出影片，其详细操作请参照本书第8章进行。

第 3 章
视频特效技术

本章主要内容与学习目的

本章以大量的实例为读者讲解了如何在影片中添加视频特效的方法和技巧。对于一个剪辑人员来说，视频特效的掌握是非常必要的。本章通过大量的实战练习，以期读者能熟练掌握 Premiere Pro 2020 各种视频特效的设置方法和技能。

3.1 关于视频特效

3.1.1 视频特效的添加

为素材赋予一个效果很简单，只需从“效果”窗口中拖出一个特效到“时间轴”窗口中的素材片段上。

需注意的是，要在节目窗口实时观察素材应用效果后的变化，那么一定要将时间指示器移动到该素材上。

> 技巧：如果素材片段处于选择状态，也可以拖出特效到该片段的“效果控件”面板中。

3.1.2 视频特效的移除

1. 移除所有特效

在 Premiere Pro 2020 中只需一个命令即可对选定的剪辑清除所有效果。

（1）在“时间轴”窗口中，在需要移除效果的素材上单击鼠标右键，从弹出的菜单中选择“删除属性”命令，如图 3-1 所示。

（2）打开如图 3-2 所示的对话框，选择需要移除的之前所设置的效果，然后单击“确定”按钮即可。

2. 移除单个特效

在需要移除效果的素材对应的“效果控件”中，右击要删除的效果，然后从弹出菜单中选择“清除”命令即可，如图 3-3 所示。

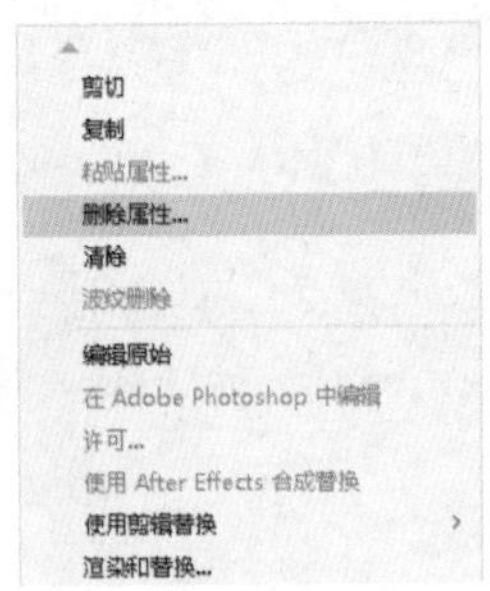

图 3-1

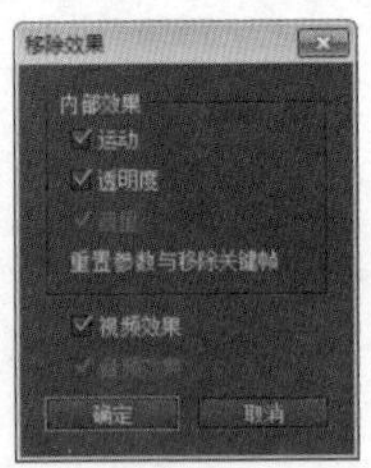

图 3-2

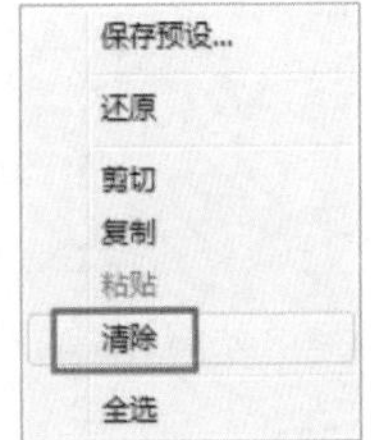

图 3-3

> 技巧：单击选中要删除的效果，然后按 Del 键，也可以将效果删除。

3.1.3　关键帧应用

1. 关于关键帧

要想使效果随时间而改变，可以使用关键帧技术。当创建了一个关键帧后，就可以指定一个效果属性在确切的时间点上的值。当为多个关键帧赋予不同的值时，Premiere Pro 2020 会自动计算关键帧之间的值，这个处理过程称为“插补”。对于大多数标准效果，都可以在素材的整个时间长度中设置关键帧。

2. 插入关键帧

为了设置动画效果属性，必须激活属性的关键帧，任何支持关键帧的效果属性都包括“切换动画”按钮，单击该按钮可插入一个关键帧。插入关键帧（即激活关键帧）后，就可以添加和调整素材所需要的参数，如图 3-4 所示。

3. 删除关键帧

如果要重新设置一个关键帧，或者要直接删除一个存在的关键帧，那么单击激活的关键帧的“切换动画”按钮，就会弹出一个如图 3-5 所示的对话框。单击“确定”按钮，就可以将该关键帧删除掉。

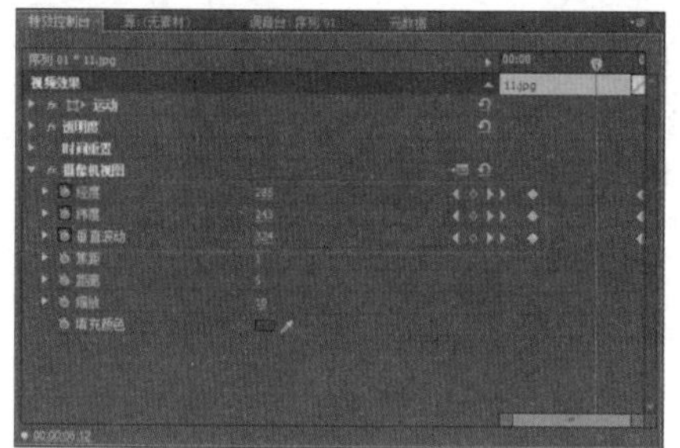

图 3-4

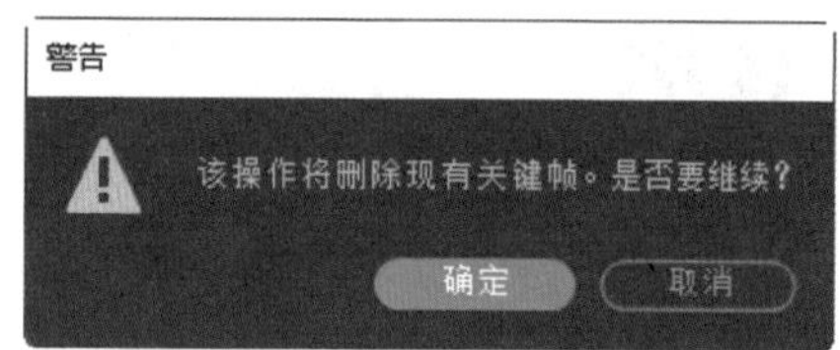

图 3-5

3.1.4　使用“效果控件”面板控制特效

给时间轴窗口中的素材增加特效后，可以通过“效果控件”面板来设置特效的参数。

方法为：给素材添加特效后，单击时间轴窗口中的素材，在“效果控件”面板中就可以看到所添加的特效，如图 3-6 所示。在这里就可以对特效参数进行设置，来达到想要的效果。

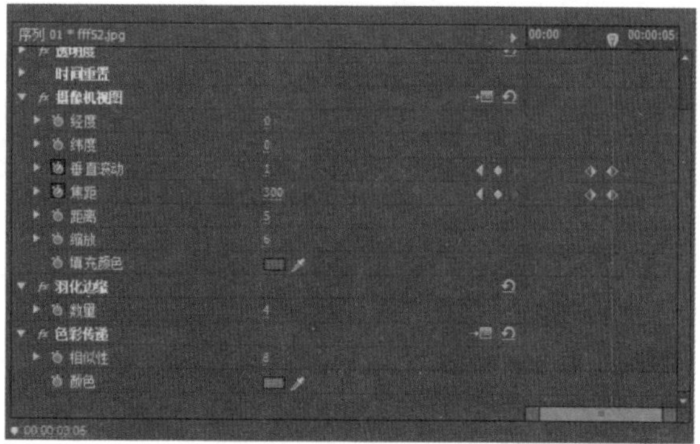

图 3-6

注意：有部分特效没有设置参数，如“水平翻转”。

3.2 变换特效技术详解

本节为读者介绍“变换”特效组下的 5 个特效的功能、效果演示与详细的参数介绍。

位置：位于“效果”窗口中的“视频效果”下面。

3.2.1 垂直翻转

功能：使素材垂直上下翻转。

效果：如图 3-7 所示。

图 3-7

3.2.2 水平翻转

功能：使素材水平翻转。

效果：如图 3-8 所示。

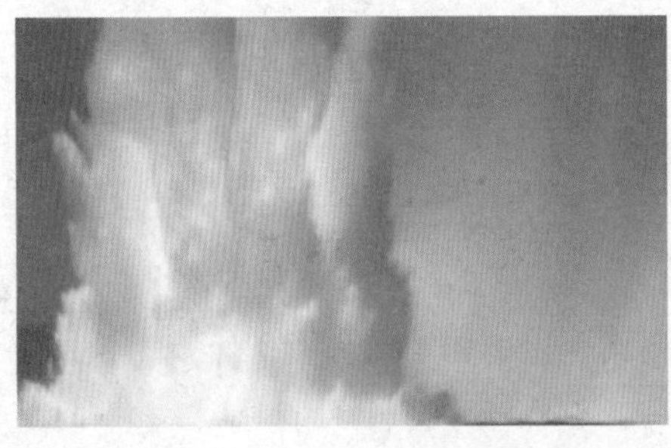

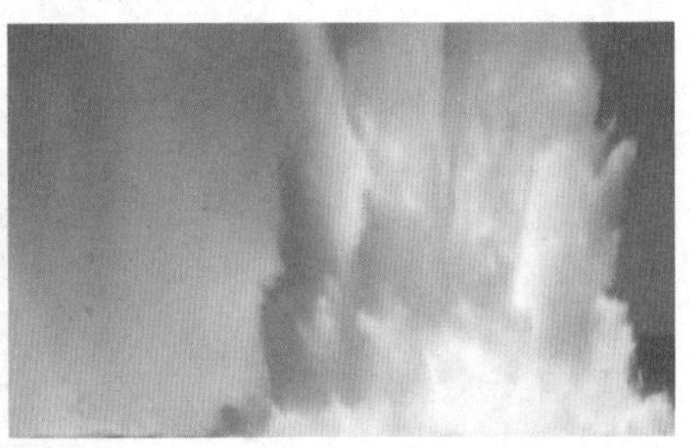

图 3-8

3.2.3 羽化边缘

功能：用于对素材片段的边缘进行羽化。

效果：如图 3-9 所示。

图 3-9

其“效果控件”面板如图 3-10 所示。

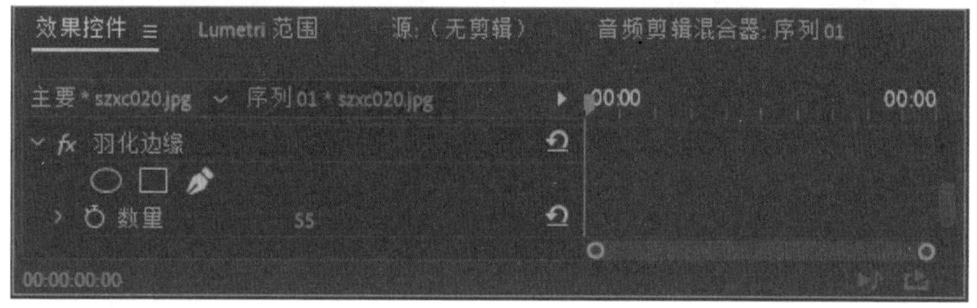

图 3-10

参数说明：

数量：设置边缘羽化的程度。

3.2.4　裁剪

功能：将素材边缘的像素剪掉，并可以自动将修剪过的素材尺寸变到原始尺寸。使用滑块控制可以修剪素材的个别边缘。可以采用像素或图像百分比两种方式计算。

效果：如图 3-11 所示。

图 3-11

其“效果控件”面板如图 3-12 所示。

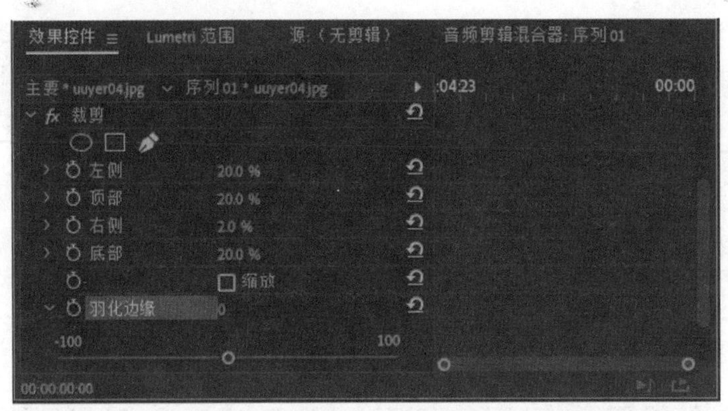

图 3-12

参数说明：

左侧、顶部、右侧和底部：分别指图像左、上、右、下 4 个边界，用来设置 4 个边界的裁剪程度。

缩放：如果选择该复选框，在裁剪时将同时对图像进行缩放处理。框越小素材放大比例越大。

羽化边缘：设置边缘羽化的程度。

3.2.5 自动重新构图

功能：帮助用户按照 1 : 1 到 9 : 16 或 16 : 9 等不同平台的转换需求，来优化影片内容。此外，该功能可应用于单个画面或是整个序列的重新构图。

其“效果控件”面板如图 3-13 所示。

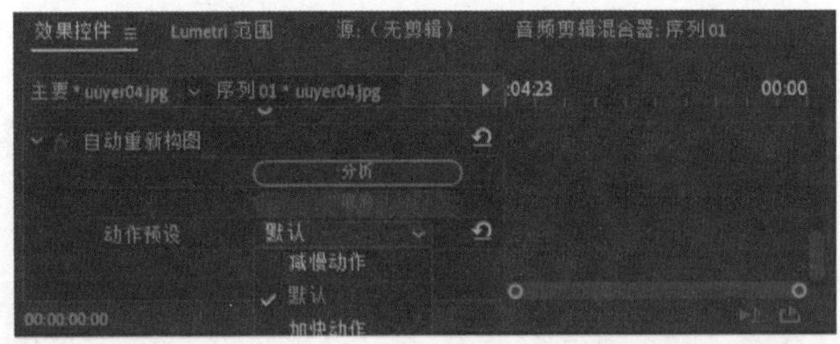

图 3-13

参数说明：

动作预设：在下拉列表中可以设置“减慢动作”、“加快动作”或“默认”（保持不变）。

3.3 图像控制特效技术详解

本节为读者介绍“图像控制”视频特效组下的 5 个特效的功能、效果演示与详细的参数介绍。

位置：位于“效果”窗口中的“视频效果”下面。

3.3.1 灰度系数校正

功能：轻微地调节片段的明暗度。此效果在保持影像的黑色和高亮区域不变的情况下，改变中间色调的亮度。

效果：如图 3–14 所示。

图 3–14

其“效果控件”面板如图 3–15 所示。

序列 01 * uuyer05.jpg　00:00　00:00:05

视频效果　uuyer05.jpg

运动

透明度

时间重置

灰度系数（Gamma）校正

灰度系数（Gamma）　28

图 3–15

参数说明：

灰度系数：通过拖动滑块调节图像的灰度系数值，可调节数值范围为 1~28 。

3.3.2 颜色过滤

功能：使素材片段影像中的某种指定颜色保持不变，而把影像中其他部分转换为灰色显示。

效果：如图 3–16 所示。

图 3–16

其"效果控件"面板如图 3–17 所示。

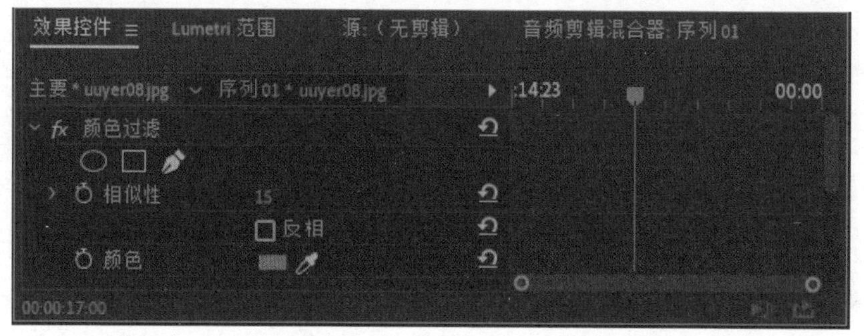

图 3–17

3.3.3 颜色平衡（RGB）

功能：通过调节影像中红、绿和蓝颜色的贡献值来改变影像的颜色。
效果：如图 3–18 所示。

图 3–18

其"效果控件"面板如图 3–19 所示。

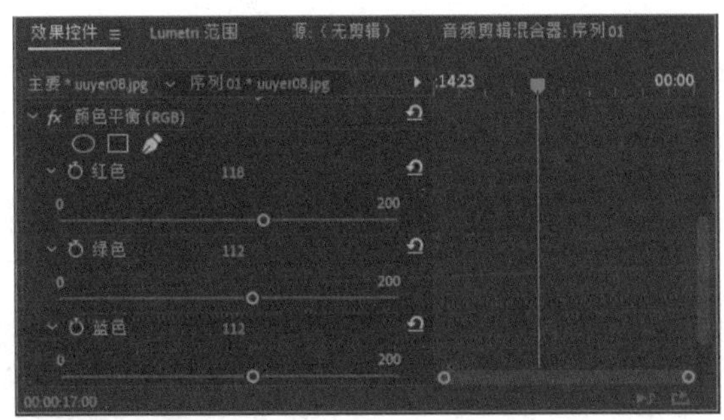

图 3-19

参数说明:

红色：拖动滑块调整图像中的红色通道贡献值。

绿色：拖动滑块调整图像中的绿色通道贡献值。

蓝色：拖动滑块调整图像中的蓝色通道贡献值。

3.3.4　颜色替换

功能：指定某种颜色，然后使用一种新的颜色替换指定的颜色。

效果：如图 3-20 所示。

图 3-20

其“效果控件”面板如图 3-21 所示。

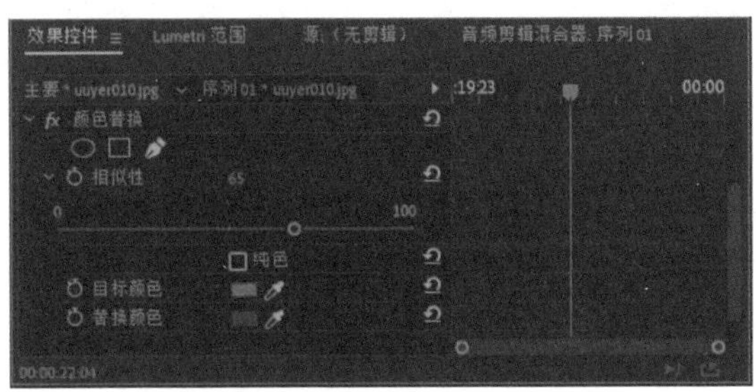

图 3-21

参数说明:

相似性：可以增加或减少被替换颜色的范围。当滑块在最左边时，不进行颜色替换；当滑块在最右边时，整个画面都将被替换颜色。

目标颜色：在弹出的如图 3-22 所示的“拾色器”对话框中调配一种颜色，作为被替换的目标色，或者直接用目标色吸管，在节目视窗中单击选取需要的被替换的目标色。

替换颜色：在弹出的“拾色器”对话框中调配一种颜色，作为替换色，或者直接用替换色吸管，在节目视窗中单击选取需要的替换色。

在“颜色替换设置”对话框中，若选中“纯色”选项，在进行颜色替换时将不保留被替换颜色中的灰度颜色，替换颜色可以在效果中完全显示出来。

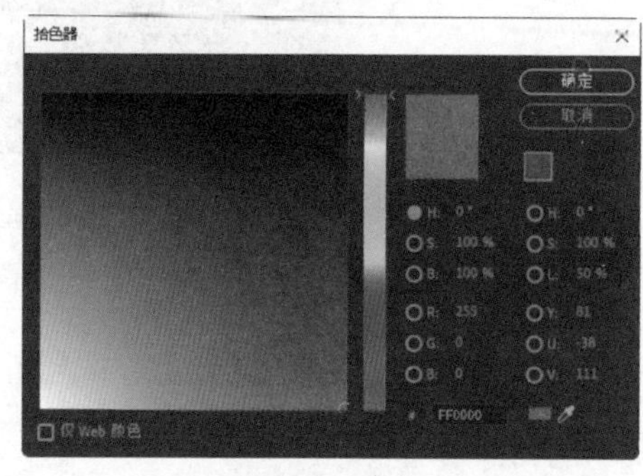

图 3-22

3.3.5 黑白

功能：将彩色影像转换为黑白影像。

效果：如图 3-23 所示。

图 3-23

3.4 实用程序——Cineon 转换特效技术详解

位置：位于“效果”窗口中的“视频效果”下的“实用程序”特效组中。

功能：限制素材（视频）的高光。这个可以让制作的输出视频在广播级限定范围内。

效果：如图 3-24 所示。

图 3-24

其“效果控件”面板如图 3-25 所示。

效果控件 ≡　Lumetri 范围　源：（无剪辑）　音频剪辑混合器：序列 01
主要 * wzgv01.jpg　序列 01 * wzgv01.jpg　24:23　00:00
fx Cineon 转换器
转换类型　对数到线性
10 位黑场　95
内部黑场　0
10 位白场　685
内部白场　1
灰度系数　1.70
高光滤除　20
00:00:27:09

图 3-25

参数说明：

转换类型：可在右侧下拉列表中选择素材（视频）的转换类型。

10 位黑场：调整图像中黑色的比例。值越大，黑色区域所占比重越大。

内部黑场：调整整个素材（视频）的黑色比例。值越小，黑色区域所占比重越大。

10 位白场：调整图像中白色的比例。值越小，白色区域所占比重越大。

内部白场：调整整个素材（视频）的白色比例。值越小，白色区域所占比重越大。

灰度系数：通过拖动滑块调节图像的灰度系数值，可调节数值范围为 0.1~5.0 。

高光滤除：调整该项可降低素材（视频）的亮度。值越小，高光所占比重越小。

3.5　扭曲特效技术详解

本节为读者介绍“扭曲”特效组下的 12 个特效的功能、效果演示与详细的参数介绍。

位置：位于“效果”窗口中的“视频效果”下面。

3.5.1　偏移

功能：产生半透明图像，然后与原图像产一错位效果。

效果：如图 3–26 所示。

图 3–26

其“效果控件”面板如图 3–27 所示。

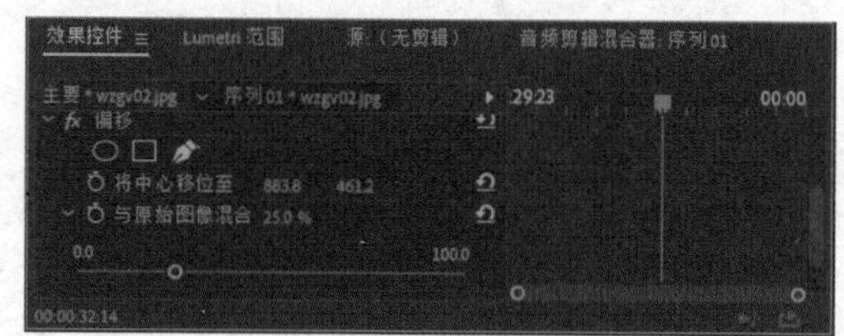

图 3–27

参数说明：

将中心移位至：设置偏移的位置。

与原始图像混合：设置偏移的程度，值越大效果越明显。

3.5.2 变形稳定器

功能：消除因摄像机移动造成的抖动，从而可将摇晃的手持素材转变为稳定、流畅的拍摄内容。

其“效果控件”面板如图 3–28 所示。

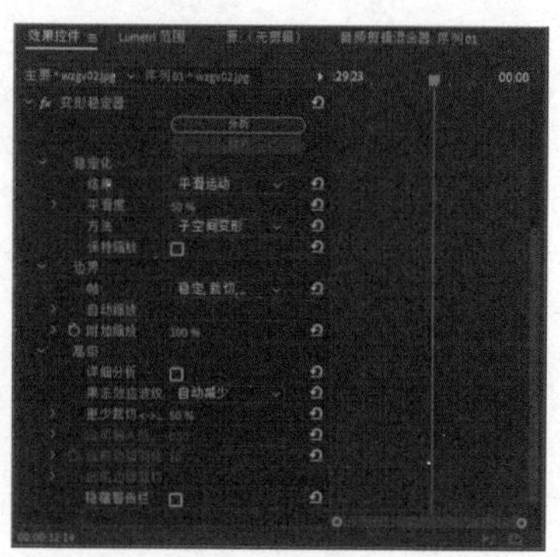

图 3–28

参数说明:

（1）分析：在首次应用变形稳定器时无须按下该按钮，系统会自动为您按下该按钮。在发生某些更改之前，“分析”按钮将保持灰暗状态。例如，调整图层的入点，或出点或者对图层源进行上游更改时，可单击按钮重新分析素材。

> **提示：** 分析不会考虑直接应用至同一剪辑的任何效果。

（2）取消：取消正在进行的分析。在分析期间，状态信息显示在“取消”按钮旁边。

（3）稳定化：利用“稳定化”设置，可调整稳定过程。

结果：控制素材的预期效果（“平滑运动”或“不运动”）。

· 平滑运动（默认）：保持原始摄像机的移动，但使其更平滑。在选中后，会启用“平滑度”来控制摄像机移动的平滑程度。

· 不运动：尝试消除拍摄中的所有摄像机运动。在选中后，将在“高级”部分中禁用“更少裁切更多平滑”功能。该设置用于主要拍摄对象至少有一部分保持在正在分析的整个范围的帧中的素材。

平滑度：选择稳定摄像机原运动的程度。值越低越接近摄像机原来的运动，值越高越平滑。如果值在 100 以上，则需要对图像进行更多裁切。在“结果”设置为“平滑运动”时启用。

方法：指定变形稳定器为稳定素材而对其执行的最复杂的操作：

· 位置：稳定仅基于位置数据，且这是稳定素材的最基本方式。

· 位置，缩放，旋转：稳定基于位置、缩放以及旋转数据。如果没有足够的区域用于跟踪，变形稳定器将选择上个类型（位置）。

· 透视：适用将整个帧边角有效固定的稳定类型。如果没有足够的区域用于跟踪，变形稳定器将选择上个类型（位置、缩放、旋转）。

· 子空间变形（默认）：尝试以不同的方式将帧的各个部分变形以稳定整个帧。如果没有足够的区域用于跟踪，变形稳定器将选择上个类型（透视）。在任何给定帧上使用该方法时，根据跟踪的精度，剪辑中会发生一系列相应的变化。

> **提示：** 在某些情况下，“子空间变形”可能引起不必要的变形，而“透视”可能引起不必要的梯形失真。可以通过选择更简单的方法来防止异常。

保持缩放：在进行稳定化设置过程中，保持素材整体的缩放比例一致。

（4）边界：边界设置调整为被稳定的素材处理边界（移动的边缘）的方式。

帧：控制边缘在稳定结果中如何显示。可将取景设置为以下内容之一：

· 仅稳定：显示整个帧，包括运动的边缘。“仅稳定”显示为稳定图像而需要完成的工作量。使用“仅稳定化”将允许您使用其他方法裁剪素材。选择此选项后，“自动缩放”部分和“更少裁切更多平滑”属性将处于禁用状态。

· 稳定、裁剪：裁剪运动的边缘而不缩放。“稳定、裁剪”等同于使用“稳定、裁剪、自动缩放”并将“最大缩放”设置为 100%。启用此选项后，“自动缩放”部分将处于禁用状态，但“更少裁切更多平滑”属性仍处于启用状态。

· 稳定、裁剪、自动缩放（默认）：裁剪运动的边缘，并扩大图像以重新填充帧。自动缩放由“自动缩放”部分的各个属性控制。

· 稳定、合成边缘：使用时间上稍早或稍晚的帧中的内容填充由运动边缘创建的空白区域（通过“高级”部分的“合成输入范围”进行控制）。选择此选项后，“自动缩放”部分和“更少裁切更多平滑”将处于禁用状态。

附注：当在帧的边缘存在与摄像机移动无关的移动时，可能会出现伪像。

自动缩放：显示当前的自动缩放量，并允许您对自动缩放量设置限制。通过将取景设为“稳定、裁剪、自动缩放”可启用自动缩放。

· 最大缩放：限制为实现稳定而按比例增加剪辑的最大量。

· 活动安全边距：如果为非零值，则会在您预计不可见的图像的边缘周围指定边界。因此，自动缩放不会试图填充它。

附加缩放：使用与在“变换”下使用“缩放”属性相同的结果放大剪辑，但是避免对图像进行额外的重新采样。

（5）高级：

· 详细分析：当设置为开启时，会让下一个分析阶段执行额外的工作来查找要跟踪的元素。启用该选项时，生成的数据（作为效果的一部分存储在项目中）会更大且速度慢。

· 果冻效应波纹：稳定器会自动消除与被稳定的果冻效应素材相关的波纹。“自动减小”是默认值。如果素材包含更大的波纹，请使用“增强减小”。要使用任一方法，请将“方法”设置为“子空间变形”或“透明”。

· 更少裁切更多平滑：在裁切时，控制当裁切矩形在被稳定的图像上方移动时该裁切矩形的平滑度与缩放之间的折中。但是，较低值可实现平滑，并且可以查看图像的更多区域。设置为 100% 时，结果与用于手动裁剪的“仅稳定”选项相同。

· 合成输入范围（秒）：由“稳定、人工合成边缘”取景使用，控制合成进程在时间上向后或向前走多远来填充任何缺少的像素。

· 合成边缘羽化：为合成的片段选择羽化量。仅在使用“稳定、人工合成边缘”取景时，才会启用该选项。使用羽化控制可平滑合成像素与原始帧连接在一起的边缘。

· 合成边缘裁切：当使用“稳定、人工合成边缘”取景选项时，在将每个帧用来与其他帧进行组合之前对其边缘进行修剪。使用裁剪控制可剪掉在模拟视频捕获或低质量光学镜头中常见的多余边缘。默认情况下，所有边缘均设为零像素。

· 隐藏警告栏：如果即使有警告横幅指出必须对素材进行重新分析，您也不希望对其进行重新分析，则使用此选项。

3.5.3 变换

功能：对素材应用二维几何转换效果，使用转换特效可以沿任何轴向使素材歪斜。

效果：如图 3-29 所示。

图 3-29

其“效果控件”面板如图 3–30 所示。

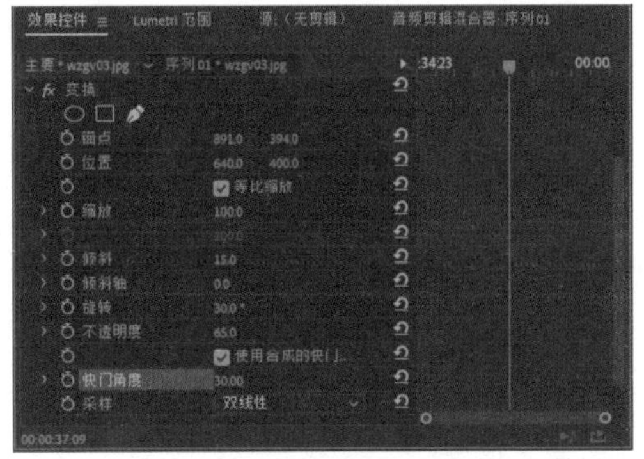

图 3–30

参数说明：

锚点：设置锚点值，素材将向反方向或倾斜方向移动。

位置：设置素材在界面中的位置。

等比缩放：将该复选项选中，“缩放宽度”将不能进行设置，“缩放高度”也变成“比例”设置项，这样设置“比例”设置项时将只能成比例缩放整个素材。

缩放高度：设置素材高度。

缩放宽度：设置素材宽度。

倾斜：设置素材倾斜值。

倾斜轴：设置素材倾斜的角度。

旋转：设置素材旋转角度。

不透明度：设置素材的不透明度值。

使用合成的快门角度：将该复选项选中，不透明度将以百分率显示。

快门角度：设置素材的快门角度。

采样：设置素材的采样方式，有“双线性”和“双立方”两种选择方式。

3.5.4　放大

功能：将素材的某一部分放大，并可以调整部分的不透明度，羽化放大区域边缘。

效果：如图 3–31 所示。

图 3–31

其“效果控件”面板如图 3–32 所示。

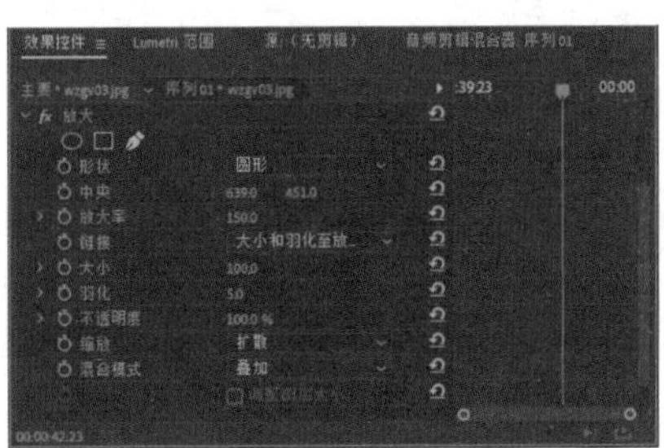

图 3–32

参数说明：

形状：选择被放大区域的形状。

中央：设定放大区域的中心点。

放大率：设定放大区域的大小。

链接：选择放大区域的模式。

·无：选择该选项后，放大区域的大小设置与放大区域中放大为原素材的倍数将没有连动性。

·达到放大率的大小：将该选项选中，在设置“调整图层大小”的同时将成比例地缩放大的区域大小（“大小”参数）。

·达到放大率的大小和羽化：将该选项选中，在设置“调整图层大小”和“羽化”的同时将成比例地缩放大的区域大小（“大小”参数），并羽化图像。

大小：调整放大区的大小。

羽化：羽化放大区域边缘。

不透明度：设置放大区域的不透明度。

缩放：选择缩放放大区域时放大区域的图像样式。

混合模式：选择放大区域与原图颜色混合的模式。

调整图层大小：只有在“链接”选项中选择了“无”，才能选中该复选框。

3.5.5 旋转扭曲

功能：使素材围绕它的中心旋转，形成一个旋涡。

效果：如图 3-33 所示。

图 3-33

其“效果控件”面板如图 3-34 所示。

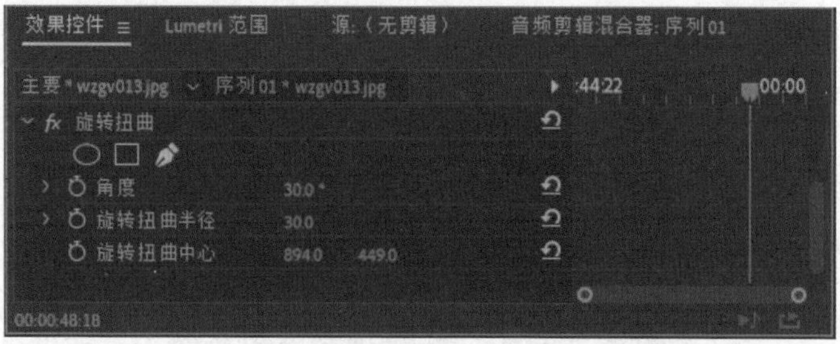

图 3-34

参数说明：

角度：设置旋涡的旋转度数。

旋转扭曲半径：设置素材旋转面积。

旋转扭曲中心：设置素材旋涡中心点位置。

3.5.6　果冻效应修复

功能：DSLR 及其他基于 CMOS 传感器的摄像机都有一个常见问题：在视频的扫描线之间通常有一个延迟时间。由于扫描之间的时间延迟，使得无法准确地同时记录图像的所有部分，导致果冻效应扭曲。如果摄像机或拍摄对象移动就会发生这些扭曲。利用 Premiere Pro 中的果冻效应修复效果可以去除这些扭曲伪像。

其"效果控件"面板如图 3–35 所示。

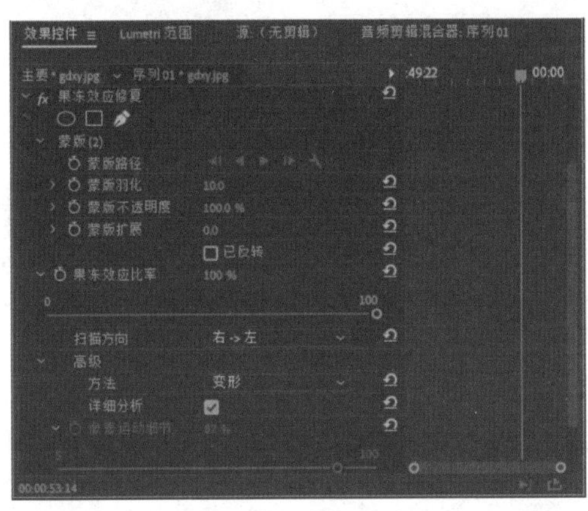

图 3–35

参数说明：

果冻效应比率：指定帧速率（扫描时间）的百分比。DSLR 在 50% ~ 70% 范围内，而 iPhone 接近 100%。调整"果冻效应比率"，直至扭曲的线变为竖直。

扫描方向：指定发生果冻效应扫描的方向。大多数摄像机从顶部到底部扫描传感器。对于智能手机，可颠倒或旋转式操作摄像机，这样可能需要不同的扫描方向。

高级：

· 方法：指示是否使用光流分析和像素运动重定时来生成变形的帧（像素运动），或者是否应该使用稀疏点跟踪以及变形方法（变形）。

· 详细分析：在变形中执行更为详细的点分析。在使用"变形"方法时可用。

· 像素运动细节：指定光流矢量场计算的详细程度。在使用"像素移动"方法时可用。

提示： 尽管"变形稳定器效果"中具有果冻效应修复效果，但独立的版本拥有更多控件。也存在这种情况，您需要修复果冻效应问题，但无须稳定拍摄。

3.5.7 波形变形

功能：使素材变形为波浪的形状。

效果：如图 3–36 所示。

图 3–36

其“效果控件”面板如图 3–37 所示。

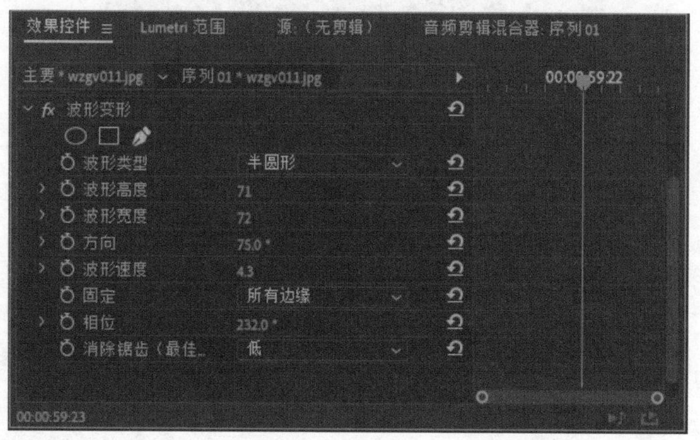

图 3–37

参数说明：

波形类型：选择显示波形的类型模式。

波形高度：设置波形的高度。

波形宽度：设置波形的宽度。

方向：设置波形的旋转角度。

波形速度：调整该项，波形将根据时间范围自动调整速率。

固定：选择波形面积模式。

相位：设置波形角度。

消除锯齿（最佳品质）：选择波形特效的质量。

3.5.8 湍流置换

功能：使素材变成不规则形状的畸形变化。

效果：如图 3–38 所示。

图 3-38

其“效果控件”面板如图 3-39 所示。

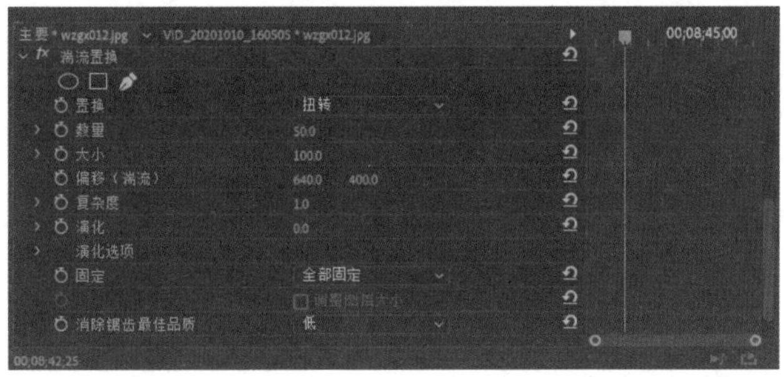

图 3-39

参数说明：

置换：选择素材变形的模式。

·湍流、凸起和扭转。

·湍流较平滑、凸起较平滑和扭转较平滑。

·垂直置换、水平置换在水平或垂直方向改化素材。

·交叉置换将水平置换和垂直置换同时运用到素材上。

数量：设置素材畸变的程度。

大小：设置素材产生畸变的面积大小。

偏移（湍流）：调整素材畸变的中心位置。

复杂度：增加数值将增加素材的畸变复合。

演化：继续调整畸变的变化。

演化选项：设置效果的畸变进化值。

·循环演化：选择该复选框激活“循环演进”参数设置项。

·循环（旋转次数）：设定圆周运动的数目，在素材重复之前，不规则碎片形成循环。在被允许的时间内，确定碎片数量的圆周运动时间或速度。

·随机植入：设置参数产生素材的随机畸变。

固定：在其下拉选项框中选择一个模式，设置图像的边缘。

调整图层大小：将该复选框选中，允许被扭曲的图像超出原素材的大小。

消除锯齿（最佳品质）：选择图像反锯齿的程度。

3.5.9 球面化

功能：将素材包裹在球形上，可以赋予物体和文字三维效果。

效果：如图 3-40 所示。

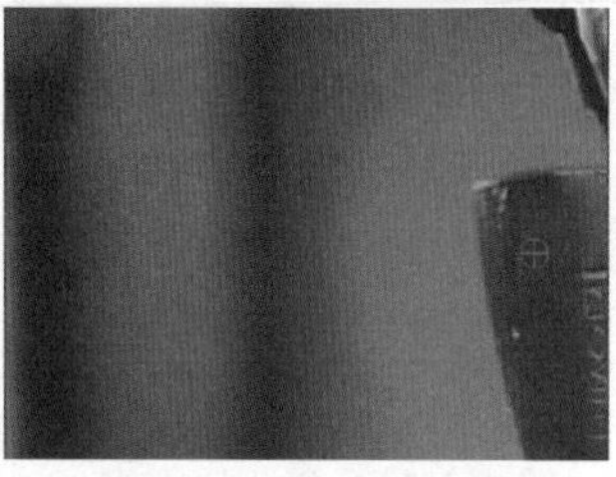

图 3-40

其“效果控件”面板如图 3-41 所示。

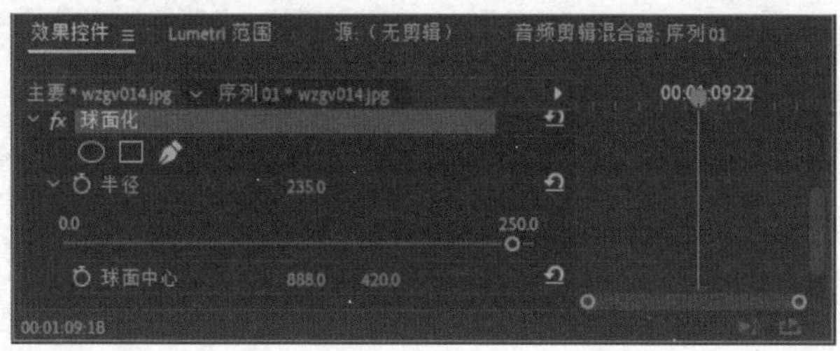

图 3-41

参数说明：

半径：设置球形的半径值。

球面中心：设置球形的中心点位置。

3.5.10 边角定位

功能：通过分别改变一个图像的 4 个顶点，而使图像产生变形，比如伸缩、收缩、歪斜和扭曲，模拟透视或者模仿支点在图层一边的运动。

效果：如图 3-42 所示（使用了该效果中“创建椭圆形蒙版”工具的结果）。

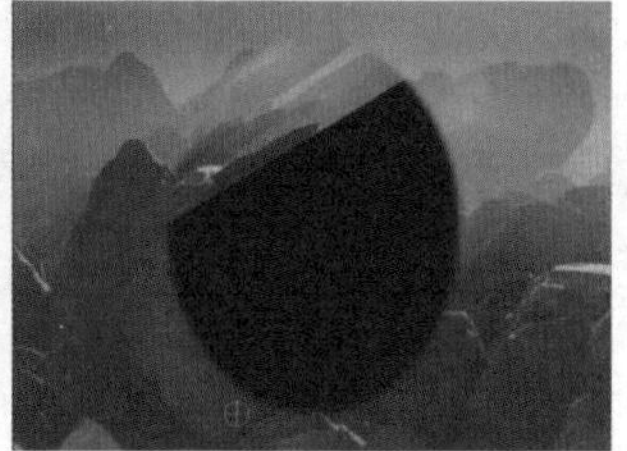

图 3-42

其“效果控件”面板如图 3-43 所示。

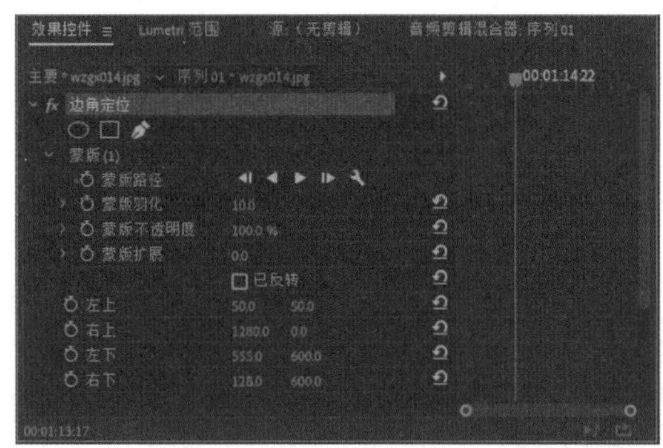

图 3-43

参数说明:

左上：调整素材左上角的位置。

右上：调整素材右上角的位置。

左下：调整素材左下角的位置。

右下：调整素材右下角的位置。

3.5.11　镜像

功能：用于将图像沿一条线裂开并将其中一边反射到另一边。反射角度决定哪一边被反射到什么位置，可以随时间改变镜像轴线和角度。

效果：如图 3-44 所示。

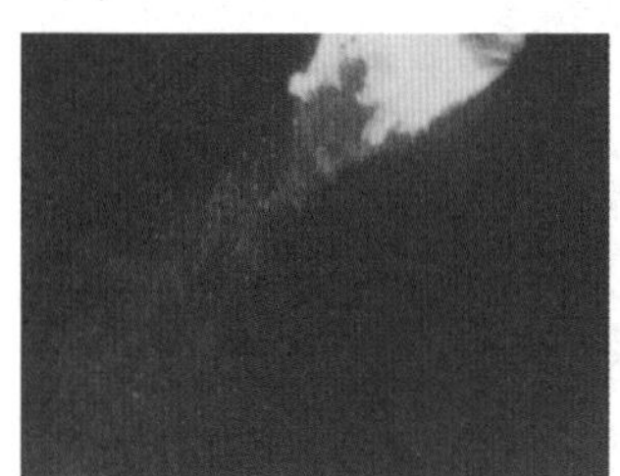

图 3-44

其“效果控件”面板如图 3-45 所示。

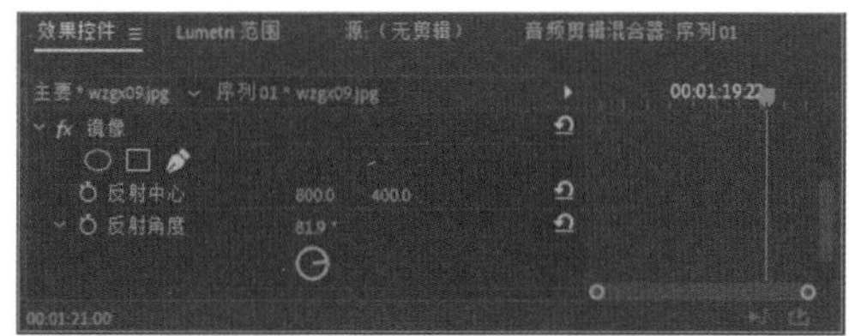

图 3-45

参数说明:

反射中心：设置映射（倒影）的中心。

反射角度：设置映射的角度。

3.5.12 镜头扭曲

功能：模拟一种从变形透镜观看素材的效果。

效果：如图 3–46 所示。

图 3–46

其“效果控件”面板如图 3–47 所示。

效果控件 ≡ Lumetri 范围 源:（无剪辑） 音频剪辑混合器: 序列 01

主要 * wzgx08.jpg 序列 01 * wzgx08.jpg 00:01:24:21

fx 镜头扭曲

曲率 90

垂直偏移 5

水平偏移 8

垂直棱镜效果 8

水平棱镜效果 8

填充 Alpha

填充颜色

00:01:25:06

图 3–47

参数说明:

曲率：设置素材弯曲程度。0 以上的数值缩小素材，0 以下的数值放大素材。

垂直偏移：设置弯曲中心点垂直方向上的位置。

水平偏移：设置弯曲中心点水平方向上的位置。

垂直棱镜效果：设置素材上、下两边棱角的弧度。

水平棱镜效果：设置素材左、右两边棱角的弧度。

填充颜色：选择素材旋转后留下空白处的填充颜色。

3.6 时间特效技术详解

本节为读者介绍“时间”特效组下的2个特效的功能、效果演示与详细的参数介绍。

位置：位于“效果”窗口中的“视频效果”下面。

3.6.1 残影

功能：混合一个素材中很多不同的时间帧，其用处很多，比如创造从一个简单的视觉回声到飞奔的动感效果。

效果：如图3-48所示。

图3-48

其“效果控件”面板如图3-49所示。

图3-49

参数说明：

残影时间（秒）：设置回声在素材内产生效果的时间点。

残影数量：设置产生回声（影子）的数量。

起始强度：设置素材的亮度。

衰减：设置产生回声（影子）的不透明度。

残影运算符：确定在回声与素材之间混合的模式。

3.6.2 色调分离时间

功能：对素材实现快动作、慢动作、倒放、静帧等效果。

其“效果控件”面板如图 3–50 所示。

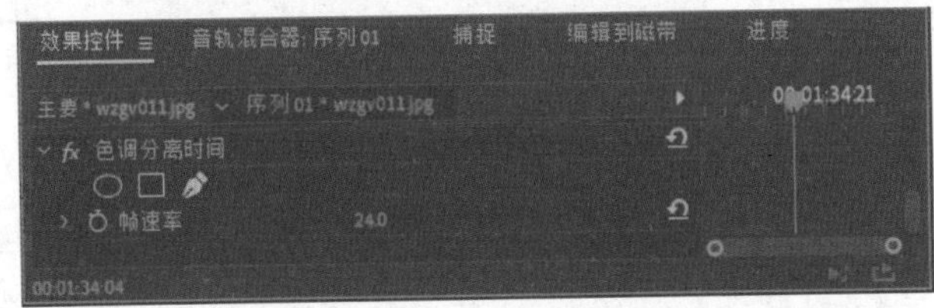

图 3–50

参数说明：

帧速率：通过调整其值，可实现快动作、慢动作、倒放、静帧等效果。

3.7 杂色与颗粒特效技术详解

本节为读者介绍“杂色与颗粒”特效组下的 6 个特效的功能、效果演示与详细的参数介绍。

位置：位于“效果”窗口中的“视频效果”下面。

3.7.1 中间值（旧版）

功能：调整素材的光泽。

效果：如图 3–51 所示。

图 3–51

其“效果控件”面板如图 3–52 所示。

图 3-52

参数说明：

半径：调整素材光泽程度。值越大，光泽度越小。

在 Alpha 通道上运算：当被添加特效的素材具有 Alpha 通道时，将该复选框选中，在设置“半径”时将只针对素材的 Alpha 通道进行操作。

3.7.2　杂色

功能：增加杂值。

效果：如图 3-53 所示。

图 3-53

其“效果控件”面板如图 3-54 所示。

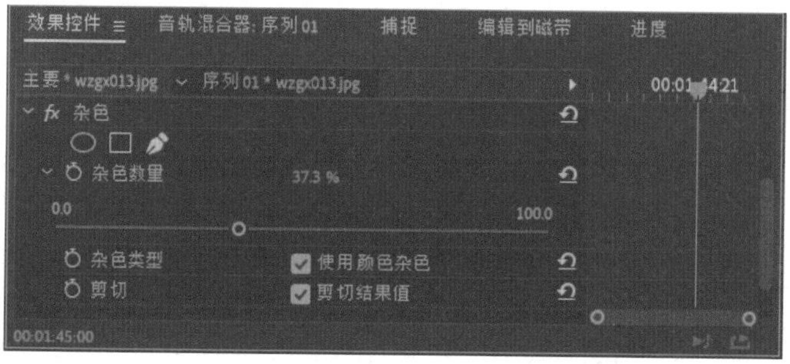

图 3-54

参数说明:

杂色数量：调整在图像上增加杂值的量。

杂色类型：选中“使用颜色杂色”复选项，在图像中增加彩色杂值。

剪切：取消选取复选项“剪切结果值”，则在监视器窗口中将不会显示图像。

3.7.3 杂色 Alpha

应用“杂色 Alpha”特效的图像效果如图 3–55 所示。

图 3–55

其“效果控件”面板如图 3–56 所示。

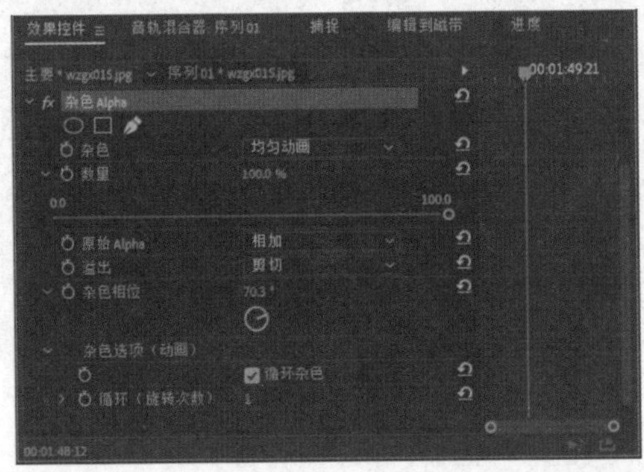

图 3–56

参数说明:

杂色：选择素材噪声类型。

数量：设置素材杂色数的总和。

原始 Alpha：选择一个设置素材透明通道的类型。

·相加：为素材的透明和不透明区域加入阈值。

·固定：只在素材的不透明区域添加阈值。

·比例：将该项选中，原素材将不会显示，只有为素材添加足够多的阈值，素材才会显示。

·边缘：选择该项将只为素材透明部

分的边缘添加阈值。

溢出：选择一种模式，确定效果如何映射在灰度范围之外。

随机植入：只有在“杂色”下拉选项框中选择“均匀随机”和“随机方形”，该设置项才能被激活。

注意： 当在“杂色”下拉选项框中选择“均匀动画”和“方形动画”，设置项“随机植入”将变为“杂色相位”。

杂色相位：设置杂色的位置变化。

杂色选项（动画）：设置阈值的循环动画。

· 循环杂色：将该复选框选中激活下方的“循环（旋转次数）”设置项。

· 循环（旋转次数）：设置素材中阈值的循环运动数量。

3.7.4　杂色 HLS

功能：为素材添加杂色，并设置这些杂色的颜色、亮度、颗粒大小、饱和度和杂色的方向角度。

图像：效果如图 3–57 所示。

图 3–57

其“效果控件”面板如图 3–58 所示。

图 3–58

参数说明：

杂色：选择添加杂色的类型。

色相：设置素材中杂色的颜色值数比例。

亮度：设置该参数，控制杂色中灰色颜色值的数量。数值越大，亮度越低。

饱和度：该参数将调整添加杂色的饱和度。

颗粒大小：设置素材中添加杂色后的颗粒大小。只有在“杂色”选项中选择“颗粒”选项，此项才可以修改。

杂色相位：设置杂色的方向角度。

3.7.5 杂色 HLS 自动

功能：该特效与“杂色 HLS”的应用方法很相似，只是通过参数的设置可以自动生成杂色动画。

效果：如图 3-59 所示。

图 3-59

其“效果控件”面板如图 3-60 所示。

图 3-60

参数说明：

杂色：设置杂色产生的方式。

色相：设置杂色的颜色变化。

亮度：设置杂色在亮度中生成的数量多少。

饱和度：设置杂色的饱和度变化。

颗粒大小：设置杂点的大小。只有在“杂色”选项中选择“颗粒”选项，此项才可以修改。

杂色动画速度：通过修改该参数可以修改杂色动画的变化速度。值越大，变化速度越快。

3.7.6　蒙尘与划痕

功能：减少图像中的颜色，达到平衡整个图像的颜色的效果。

效果：如图 3–61 所示。

图 3–61

其“效果控件”面板如图 3–62 所示。

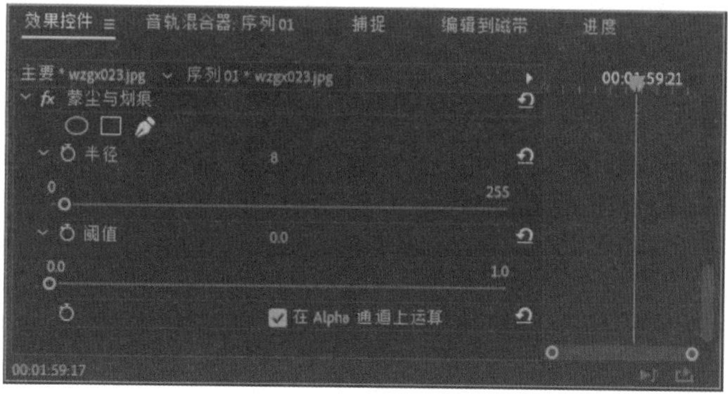

图 3–62

参数说明：

半径：设置该参数值，减少图像中的颜色值。

阈值：控制减少颜色值的数量。

在 Alpha 通道上操作：当被添加特效的素材具有 Alpha 通道时，该复选框选中，此时在设置“半径”时将只针对素材的 Alpha 通道进行操作。

3.8 模糊与锐化特效技术详解

本节为读者介绍“模糊与锐化”特效组下的 7 个特效的功能、效果演示与详细的参数介绍。

位置：位于“效果”窗口中的“视频效果”下面。

3.8.1 复合模糊

功能：模糊一个对象，也可以模糊多个重叠对象使其达到组合模糊效果。

效果：如图 3–63 所示。

图 3–63

其“效果控件”面板如图 3–64 所示。

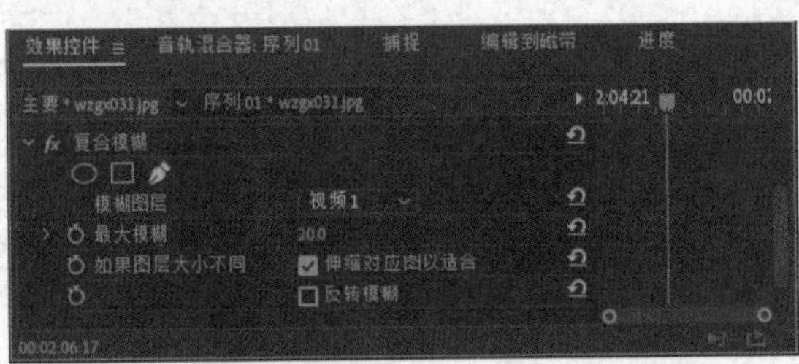

图 3–64

参数说明：

模糊图层：可从右侧的下拉菜单中选择进行模糊的对应视频轨道，以进行模糊处理。

最大模糊：调整模糊的程度。值越大，模糊程度也越大。

如果图层大小不同：假如图层的尺寸不相同，勾选“伸缩对应图以适合”复选框，将自动调整图像到合适的大小。

伸缩对应图以适合：当两个重叠图像大小不等时，选择该复选框可以拉伸放大较小的图像。

反转模糊：反方向模糊图像。

3.8.2 方向模糊

功能：对图像执行一个有方向性的模糊，为素材制造运动感觉。
效果：如图 3-65 所示。

图 3-65

其“效果控件”面板如图 3-66 所示。

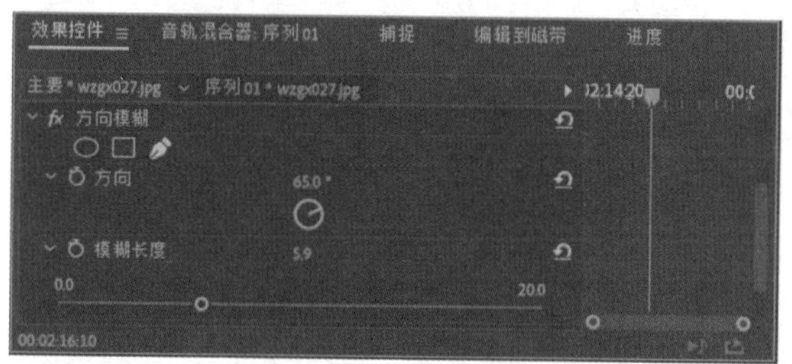

图 3-66

参数说明：

方向：设置模糊的方向。
模糊长度：用来调整模糊的大小程度。值越大，模糊的程度也越大。

3.8.3 相机模糊

功能：产生一种模拟相机缩放或旋转而造成的柔化模糊效果。
效果：如图 3-67 所示。

图 3-67

其“效果控件”面板如图 3–68 所示。

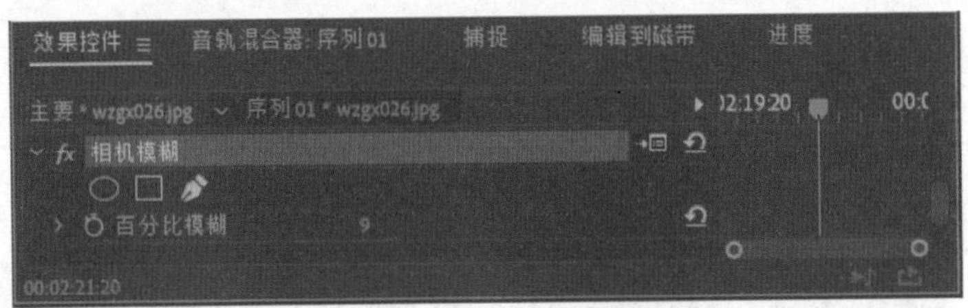

图 3–68

参数说明：

百分比模糊：用来调整镜头模糊的百分比数量，值越大，图像越模糊。

3.8.4 通道模糊

功能：对素材的红、绿、蓝和 Alpha 通道分别进行模糊，可以指定模糊的方向是水平、垂直或双向。使用这个效果可以创建辉光效果或控制一个图层的边缘附近变得不透明。

效果：如图 3–69 所示。

图 3–69

其“效果控件”面板中可以设置特效的参数，如图 3–70 所示。

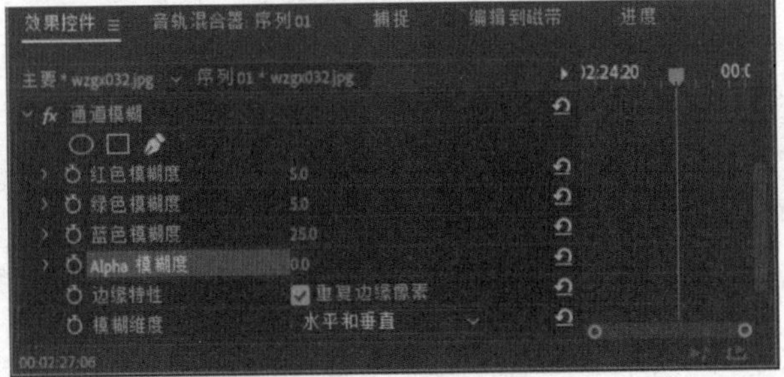

图 3–70

参数说明:

红色模糊度：设置图像的红色通道模糊值。

绿色模糊度：设置图像的绿色通道模糊值。

蓝色模糊度：设置图像的蓝色通道模糊值。

Alpha 模糊度：设置图像的透明通道模糊值。

边缘特性：设置图像边缘是否变成透明。勾选其右侧的“重复边缘像素”复选框，可以排除图像边缘模糊。

模糊维度：设置模糊的方向。可以从下拉菜单中选择“水平和垂直”“水平”或“垂直”方向上的模糊。

3.8.5 钝化蒙版

功能：使图像中的颜色边缘差别更明显。

效果：如图 3–71 所示。

图 3–71

其“效果控件”面板如图 3–72 所示。

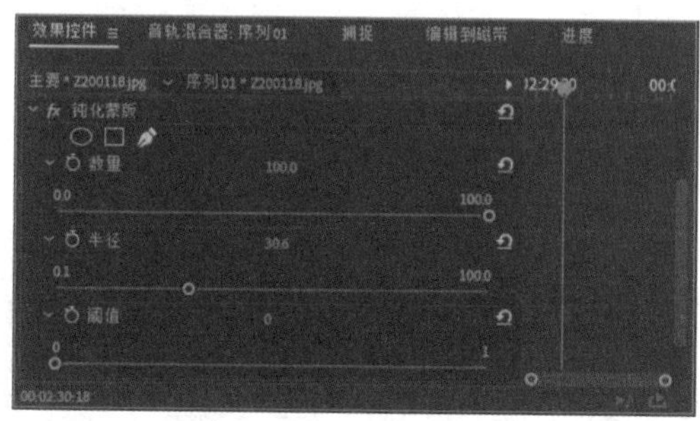

图 3–72

参数说明:

数量：设置颜色边缘差别值大小。

半径：设置颜色边缘产生差别的范围。

阈值：设置颜色边缘之间允许的差别范围，值越小，效果越明显。

3.8.6 锐化

功能：增加效果突变部分的颜色值和对比度。

效果：如图 3–73 所示。

图 3–73

该特效只有一个可调的“锐化量”参数，如图 3–74 所示。该参数的作用是调整图像的锐化强度。值越大，锐化程度越明显。

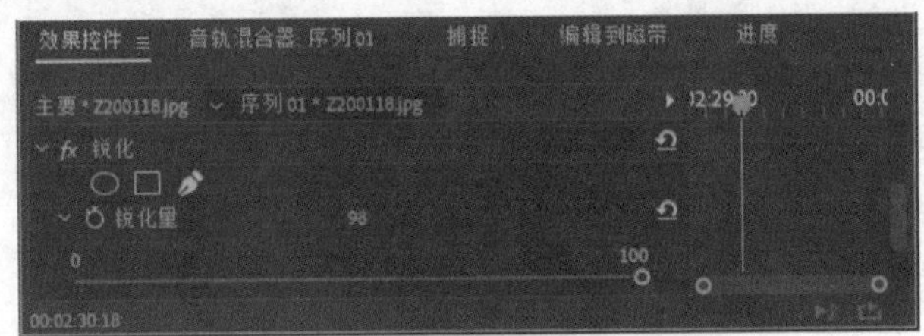

图 3–74

3.8.7 高斯模糊

功能：模糊和柔化图像并能消除杂色。可以指定模糊的方向为水平、垂直或双向。

效果：如图 3–75 所示。

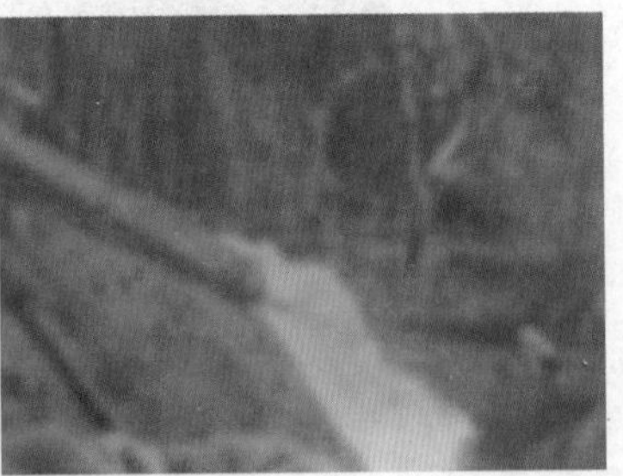

图 3–75

其“效果控件”面板如图 3–76 所示。

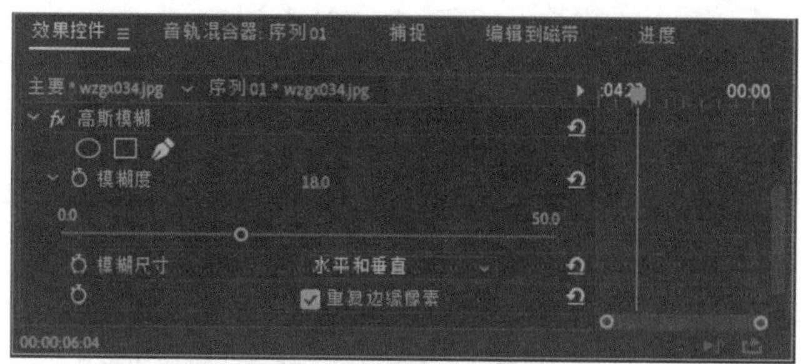

图 3-76

参数说明：

模糊度：调整模糊的程度。值越大，模糊程度也越大。

模糊尺寸：设置模糊的方向。可以从下拉菜单中选择“水平和垂直”“水平”或“垂直”方向上的模糊。

重复边缘像素：勾选左侧的复选框，可以排除图像边缘模糊。

3.9 生成特效技术详解

本节为读者介绍“生成”特效组下的 12 个特效的功能、效果演示与详细的参数介绍。

位置：位于“效果”窗口中的“视频效果”下面。

3.9.1 书写

功能：在素材上创建一个笔画绘制的动画。

效果：如图 3-77 所示。

图 3-77

其“效果控制”面板如图 3-78 所示。

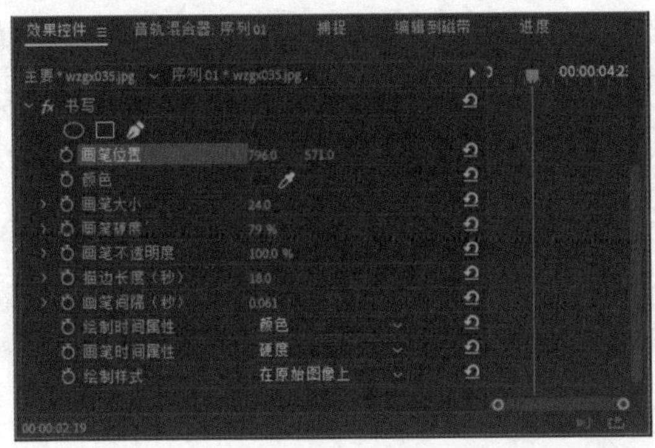

图 3-78

参数说明:

画笔位置：设置笔刷开始的位置。

颜色、画笔大小、画笔硬度和画笔不透明度：调整笔画外形。

描边长度（秒）：设置运动中笔画的长度。将该参数值设置为 0 时，笔画将为无限长度。

画笔间隔（秒）：设置笔画运动时的间隔时速。

绘制时间属性：设置笔画每一段或整段应用的效果。

·无：默认设置。

·不透明度：选择该选项，将不透明度应用到笔画上。

·颜色：选择该选项，将颜色应用到笔画上。

画笔时间属性：设置绘画时的属性。包括大小、硬度等，在绘制时是否将其应用到每个关键帧或整个动画中。

绘制样式：设置画笔绘制的样式。“在原始图像上”表示笔触直接在原图像上进行书写；“在透明背景上”表示在黑色背景上进行书写；“显示原始图像”将以类似蒙版的形式显示背景图像。

3.9.2 单元格图案

功能：产生一个“蜂巢”形状。

效果：如图 3-79 所示。

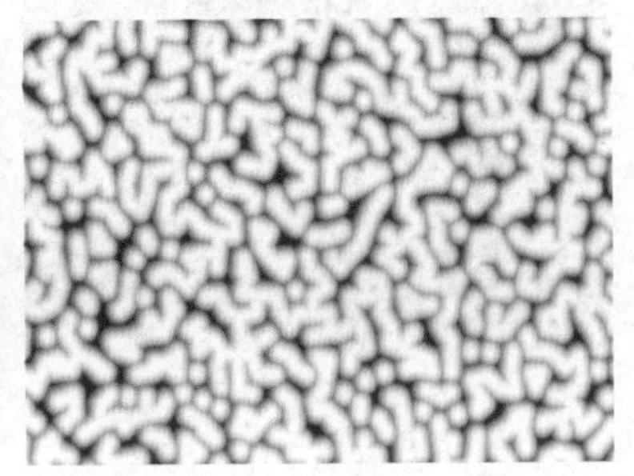

图 3-79

其“效果控件”面板如图 3-80 所示。

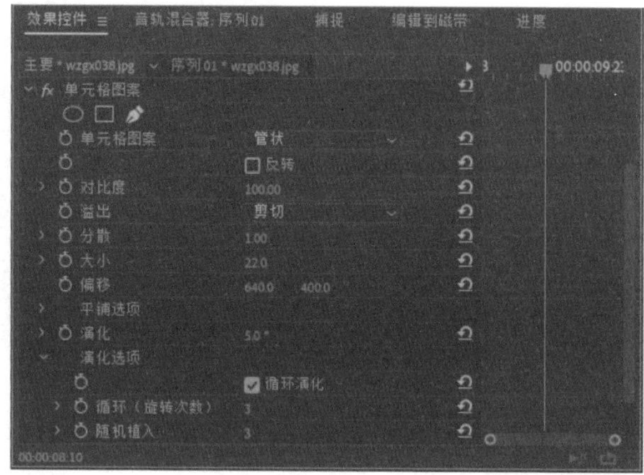

图 3-80

参数说明：

单元格图案：从右侧的下拉菜单中选择一种细胞的图案样式。

反转：将该复选项选中，图案的颜色将反转显示。

对比度：设置该参数调整图案中图形的对比度。

溢出：设置细胞图案边缘溢出部分的修整方式。

· 剪切：选择该项，由图案边缘构成大块的白色。

· 柔和固定：选择该项，图案由一些由黑到白的渐变色图形构成。

· 反绕：选择该项，图案将显示轮廓连接组成“蜂巢”的形状。

分散：设置细胞图案的分散程度。如果值为 0，将产生整齐的细胞图案排列效果。

大小：设置细胞图案的大小尺寸。值越大，细胞图案也越大。

偏移：设置图案的位置偏移。

平铺选项：模拟陶瓷效果的相关设置。

· 启用拼贴：表示启用拼贴效果。将该复选项选中，激活“水平蜂巢”和“垂直蜂巢”两个参数设置项。

· 水平单元格：设置单元格水平方向排列的数目。

· 垂直单元格：设置单元格垂直方向排列的数目。

演化：调整图案中图形的旋转角度。该项是细胞的进化变化设置，利用该项可以制作出细胞的扩展运动动画效果。

演化选项：设置图案的各种扩展变化。

· 循环演化：选择该复选项激活“循环（圆周运动）”设置项。

· 循环（旋转次数）：设置图案循环次数。

· 随机植入：设置随机产生的独特图案。

3.9.3 吸管填充

功能：在原素材上抽取一些颜色，然后与原素材混合。

效果：如图 3–81 所示。

图 3–81

其“效果控件”面板如图 3–82 所示。

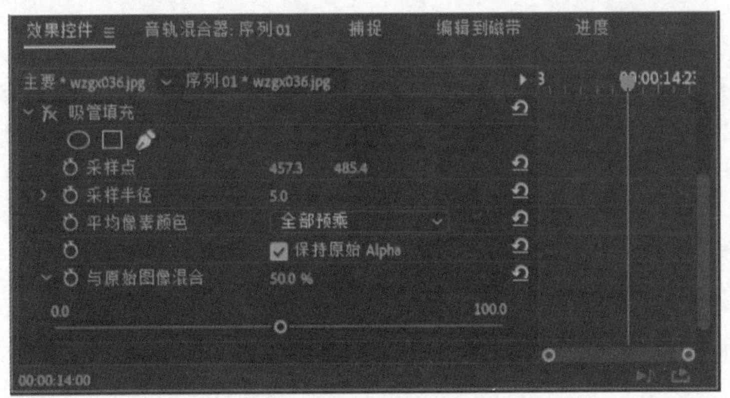

图 3–82

参数说明：

采样点：设置采样颜色点的位置。

采样半径：以采样点为中心设置采样的范围。

平均像素颜色：选择采样颜色范围模式。

保持原始 Alpha：将该复选框选中，如果原素材有透明通道将保留。

与原始图像混合：设置混合特效与原图像间的混合比例，值越大，越接近原图。

3.9.4 四色渐变

功能：为图像增加 4 种不同的颜色，并可以与图像混合。

效果：如图 3–83 所示。

图 3-83

其“效果控件”面板如图 3-84 所示。

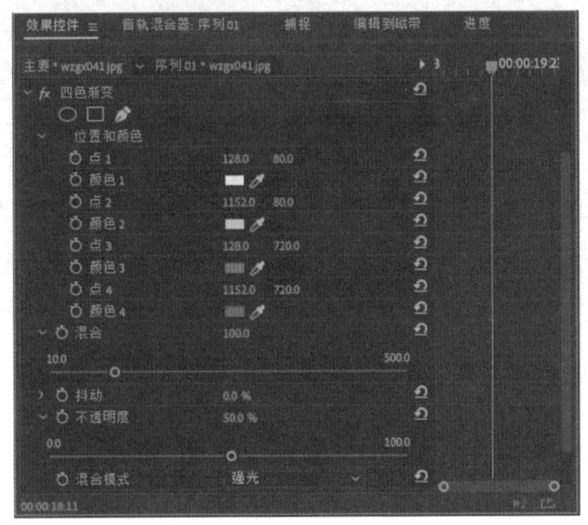

图 3-84

参数说明：

位置和颜色：用来设置 4 种颜色的中心点和各自的颜色，可以通过其选项中的位置 |1|2|3|4 来设置颜色的位置，通过颜色 |1|2|3|4 来设置 4 种颜色。

混合：设置 4 种颜色间的融合度。

抖动：设置各种颜色的杂点效果。值越大，产生的杂点越多。

不透明度：设置 4 种颜色的不透明程度。

混合模式：设置混合特效与图像间的混合比例，值越大，越接近原图。

3.9.5　圆形

功能：产生一个实圆或一个圆环。

效果：如图 3-85 所示。

图 3-85

其“效果控件”面板如图 3-86 所示。

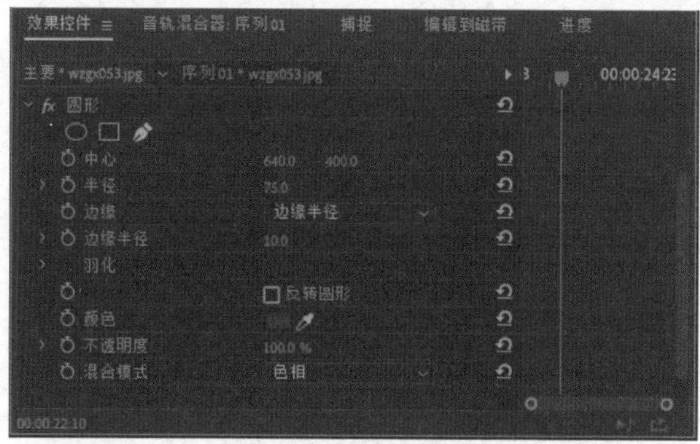

图 3-86

参数说明：

中心：调整圆中心的位置。

半径：调整圆的半径，从而改变圆的大小。

边缘：选择下拉选项框，在其下的参数值中可以设置

· 无：产生一个固态实心圆。

· 边缘半径：选择该项产生一个内环（同心圆），在下面的参数设置项中可以调整内环（同心圆）的大小。

· 厚度：选择该项产生内环（同心圆），并可以在其下面相应的参数设置项中设置内环（同心圆）的大小。

· 厚度 * 半径：选择该项同样会产生一个内环（同心圆），使用“半径”设置项就可以设置内环（同心圆）的大小。

· 厚度和羽化 * 半径：选择该项同样会产生一个内环（同心圆），调整“半径”设置项的值，大小和羽化将成比例改变。

厚度：调整该设置项改变内环（同心圆）大小，当在“边缘”下拉选项框中选择“边缘半径”后，该项将变为“边缘半径”。

羽化：设置其下方的参数设置项可以羽化圆。

· 羽化外部边缘：羽化圆边缘。

· 羽化内部边缘：在“边缘”下拉选项框中除了选择“无”，选择其他选项，都将激活该设置项。这时设置该参数将羽化内环的边缘。

反转圆形：选择该复选项，圆将反转填充。

颜色：为圆选择颜色。

不透明度：设置圆的不透明度。

混合模式：选择一种模式将方格与原素材之间产生混合效果。

3.9.6　棋盘

功能：产生一种棋盘格型效果。

效果：如图 3–87 所示。

图 3–87

其“效果控件”面板如图 3–88 所示。

图 3–88

参数说明：

锚点：移动棋盘格水平方向和垂直方向上的定点（缩小或放大棋盘格）。

大小依据：设置棋盘格的尺寸大小，包括“边角点”“宽度滑块”和“宽度和高度滑块”3 个选项。

边角：如果在“大小依据”下拉选项框中选择的是“边角点”，将激活该设置项，这样可以设置棋盘格水平和垂直方向的定点。

宽度：在“大小依据”下拉选项框中

选择“宽度滑块”和“宽度和高度滑块”，将激活该设置项。

·当选择“宽度滑块”选项激活该设置项，这时设置该参数棋盘格将成比例地放大或缩小。

·当选择“宽度和高度滑块”选项激活该设置项，这时设置该参数将只能改变棋盘格的宽度。

高度：在“大小依据”下选择“宽度和高度滑块”激活该设置项，设置该参数值，将调整棋盘格的高度。

羽化：通过设置其下方的参数可以羽化、模糊棋盘格的边缘。

颜色：为棋盘格设置颜色。

不透明度：设置棋盘格的不透明程度。

混合模式：选择一种模式将棋盘格与原素材之间产生混合效果。

3.9.7 椭圆

功能：可以为图像添加一个圆（环）形的图案，并可以利用该图案制作遮罩效果。

效果：如图 3-89 所示。

图 3-89

其“效果控件”面板如图 3-90 所示。

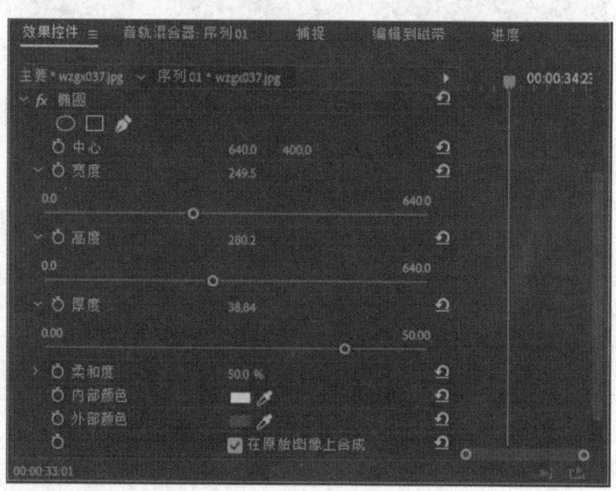

图 3-90

参数说明：

中心：调整椭圆中心的位置。

宽度：调整椭圆延 X 轴的半径。

高度：调整椭圆延 Y 轴的半径。

厚度：调整椭圆内侧与外侧之间的距离，当值为 0 时，将生成一个圆或椭圆。

柔和度：设置其下方的参数设置项可以柔化椭圆。

内部颜色：用来设置圆（环）形的内部颜色。

外部颜色：用来设置圆（环）形的外部颜色。

在原始图像上合成：设置产生的特效的不透明度，使其可以与原素材混合。

3.9.8　油漆桶

功能：在素材上选择一点颜色，然后根据所选择的颜色为素材进行填充。

效果：如图 3-91 所示。

图 3-91

其“效果控件”面板如图 3-92 所示。

效果控件 ≡　音轨混合器：序列 01　捕捉　编辑到磁带　进度
主要 * wzgx047.jpg　序列 01 * wzgx047.jpg　00:00:39:23
fx 油漆桶
填充点　640.0　400.0
填充选择器　颜色和 Alpha
容差　50.0
查看阈值
描边　消除锯齿
未使用　3.0
反转填充
颜色
不透明度　100.0 %
混合模式　正常
00:00:36:23

图 3-92

参数说明：

填充点：选择效果填充颜色图像的区域。

填充选择器：选择填充的模式。

· 颜色和 Alpha：效果填充 RGB 和 Alpha 通道的颜色。

· 直接颜色：效果只填充“填充指向”所指定区域的 RGB 颜色。

· 透明度：效果只填充透明的区域靠近的填充点。

· 不透亮度：效果只填充不透明的区域靠近的填充点。

· Alpha 通道：效果填充整个图像的不透明区域，在 Alpha 通道设定填充点。

容差：设置图像填充颜色的范围。

查看阈值：将该复选框选中后，填充颜色范围将变成白色区域，其他将变成黑色。

描边：选择一个模式，设置填充的区域边缘。

羽化柔和度：设置填充边缘笔画的宽度。该项只有在“描边”项下选择“羽化”模式才显示。

反转填充：将该复选项框选中，效果将反转显示填充颜色。

颜色：选择填充颜色。

不透明度：设置填充颜色的不透明程度。

混合模式：设置填充颜色与原素材的混合模式。与 Photoshop 层的混合模式用法相同。

3.9.9 渐变

功能：产生一个颜色渐变，并能够与原图像内容混合。可以创建线性或放射状渐变，并可以随着时间改变渐变的位置和颜色。

效果：如图 3-93 所示。

图 3-93

其“效果控件”面板如图 3–94 所示。

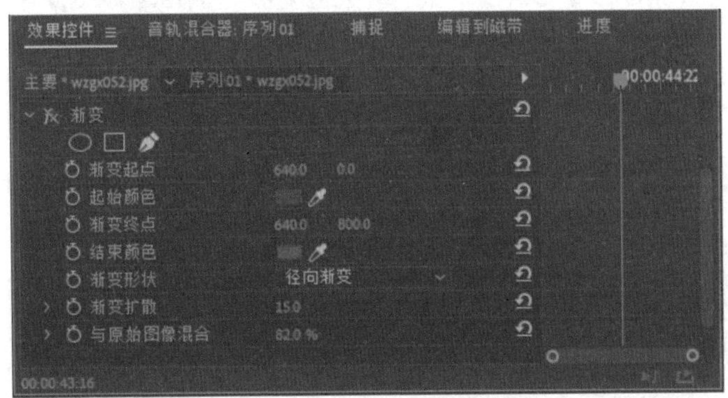

图 3–94

参数说明:

渐变起点：设置渐变颜色开始点的位置。

起始颜色：选择渐变开始点的颜色。

渐变终点：设置渐变颜色结束点的位置。

结束颜色：选择渐变结束点的颜色。

渐变形状：选择渐变的模式，包括线性渐变和径向渐变两种方式。

渐变扩散：设置渐变颜色的范围。

与原始图像混合：设置渐变的不透明度，使其与原素材可以混合。

3.9.10 网格

功能：产生格子效果，并与原素材混合。

效果：如图 3–95 所示。

图 3–95

其“效果控件”面板如图 3–96 所示。

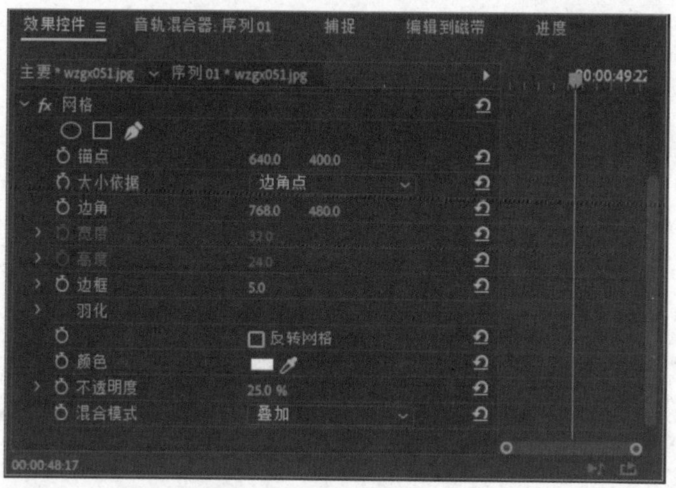

图 3-96

参数说明:

锚点：移动方格在水平方向和垂直方向上的定点（缩小或放大方格）。

大小依据：从右侧的下拉菜单中可以选择不同的起始点。根据选择的不同，会激活正文中不同的选项，包括“边角点”“宽度滑块”和“宽度和高度滑块”3个选项。

边角：通过后面的参数设置，修改网格的边角位置及网格的水平和垂直数量。只有在“大小依据”选项下选择“边角点”项时，此项才可以使用。

宽度：在“大小依据”下拉选项框中选择“宽度滑块”和“宽度和高度滑块”，将激活该设置项。

·当选择“宽度滑块”选项激活该设置项时，设置该参数后方格将成比例地放大或缩小。

·当选择“宽度和高度滑块”选项激活该设置项时，设置该参数将只能对方格的宽度进行设置。

高度：在“大小依据”下选择“宽度和高度滑块”激活该设置项，设置该参数值将调整方格的高度。

边框：调整网格线的粗细。

羽化：通过其选项组可以设置网格线水平和垂直边缘的柔化程度。

反转网格：勾选该复选框，将反转显示网格效果。

颜色：设置网格线的颜色。

不透明度：设置网格的不透明程度。

混合模式：选择网格与原素材之间的混合模式。

3.9.11 镜头光晕

功能：通过模拟亮光透过摄像机镜头时的折射而产生镜头光斑效果。

效果：如图 3-97 所示。

图 3-97

其“效果控件”面板如图 3-98 所示。

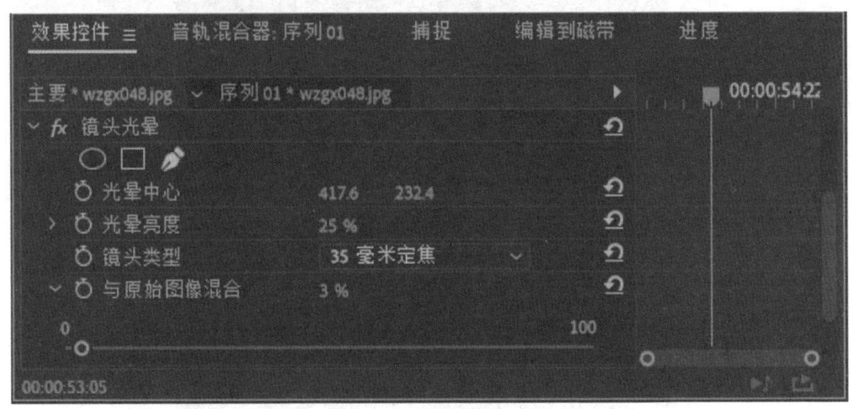

图 3-98

参数说明:

光晕中心：调整光源的位置。

光晕亮度：设置光亮的强度。

镜头类型：在该下拉选项中有三种类型供用户选择：“50–300 毫米”是产生光晕并模仿太阳光的效果；“35 毫米定焦”是只产生强烈的光，没有光晕；“105 毫米定焦”是产生比前一种镜头更强的光。

与原始图像混合：设置光晕的不透明度，使其与原素材可以混合。值越小，光晕效果越明显。

3.9.12 闪电

功能：产生闪电和其他类似放电的效果，不用关键帧就可以自动产生动画。

效果：如图 3-99 所示。

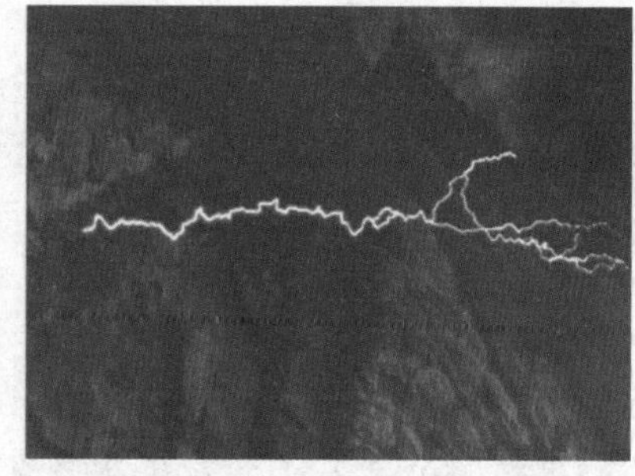

图 3-99

其“效果控件”面板如图 3-100 所示。

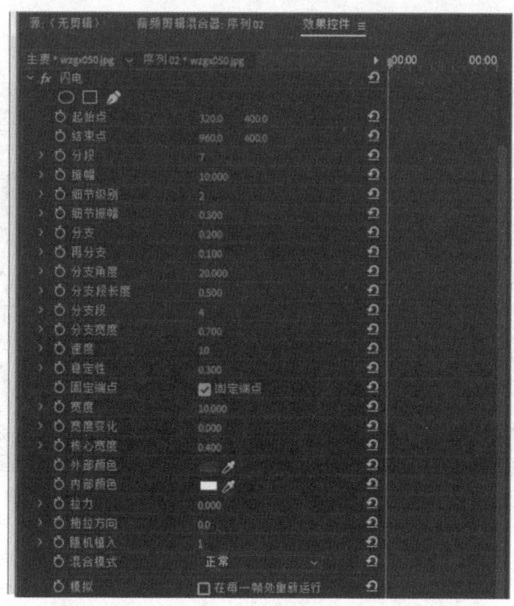

图 3-100

参数说明:

起始点：设置闪电开始点的位置。

结束点：设置闪电结束点的位置。

分级：设置闪电光线的段数。数值越大，闪电越曲折。

振幅：设置闪电波动的幅度。数值越大，闪电波动的幅度越大。

细节级别：设置闪电的分支细节，值越大，闪电越粗糙。

细节振幅: 设置闪电分支的振幅大小。值越大，分支的波动越大。

分支：设置闪电主干上的分支数量。

再分支：设置闪电第二次分支的数量。

分枝角度：设置闪电主干和分支之间的角度。

分支段长度：设置闪电各分支的长度。

分支段：设置闪电分支的宽度。

分支宽度：设置闪电分支的粗细。

速度：设置闪电变化的速度。

稳定性：用来设置闪电稳定的程度。值越大，闪电变化越剧烈。

固定端点：勾选该复选框，可以把闪电的结束点限制在一个固定的范围内。取消该复选框，闪电结束点将产生随机摇摆。

宽度：设置闪电的粗细。

宽度变化：设置光线粗细的随机变化。不同闪电片段的宽度不同，宽度变化是随机的。

核心宽度：设置闪电的中心宽度。

外部颜色：设置闪电外边缘的颜色。

内部颜色：设置闪电内部的填充颜色。

拉力 | 拖拉方向：设置“闪电”运动时的力量和方向。

随机植入：随机化已经指定闪电效果的开始点。

注意：闪电的任意运动可能干扰另外的一个图像或修剪，变更闪电的运动。

混合模式：设置闪电与原图像间的混合模式，与 Photoshop 层的混合模式用法相同。

模拟：选择闪电运动过程中的变化情况，勾选“在每一帧处重新运行”复选框，可以在每一帧上部重新运行。选择该复选框可能增加渲染的时间。

3.10 视频特效技术详解

本节为读者介绍“视频”特效组下的 3 个特效的功能、效果演示与详细的参数介绍。该组特效本来还有一个“简单文本”效果，是用于在节目窗口中的素材上进行文字编辑的，由于使用简单，就不做详细讲解了。

位置：位于“效果”窗口中的“视频效果”下面。

3.10.1 SDR 遵从情况

功能：可将高动态范围 (HDR) 视频转换为标准动态范围 (SDR)，以便在非 HDR 设备上播放（值设置为百分比）。“SDR 遵从情况”也位于“导出”设置的“效果”选项卡中。

效果：如图 3-101 所示。

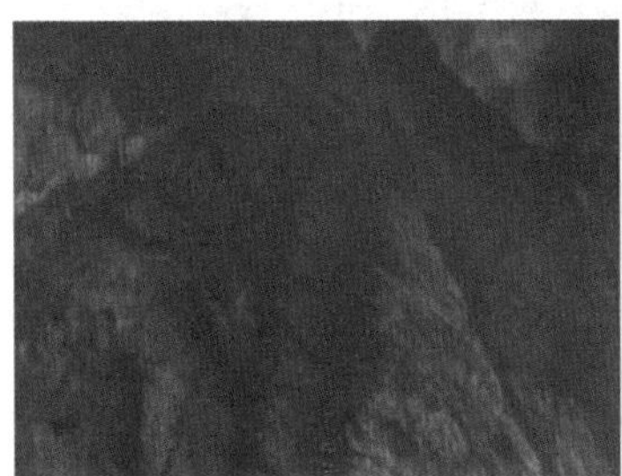

图 3-101

其“效果控件”面板如图 3-102 所示。

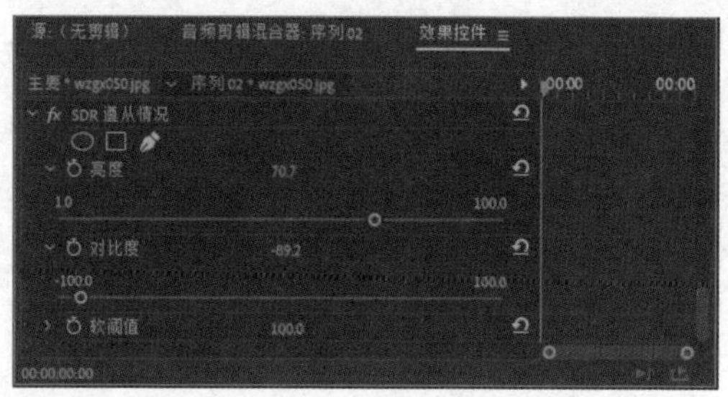

图 3-102

参数说明:

亮度：控制符合 SDR 标准的媒体整体亮度。

对比度：控制符合 SDR 标准的媒体整体对比度。

软阈值：控制转为完全压缩模式的过渡以避免出现硬剪切。

3.10.2 剪辑名称

功能：在节目窗口中的素材上显现出素材的名称。

效果：如图 3-103 所示。

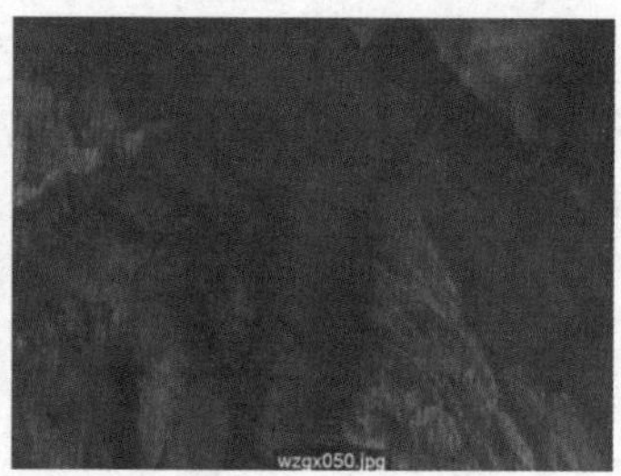

图 3-103

其“效果控件”面板如图 3-104 所示。

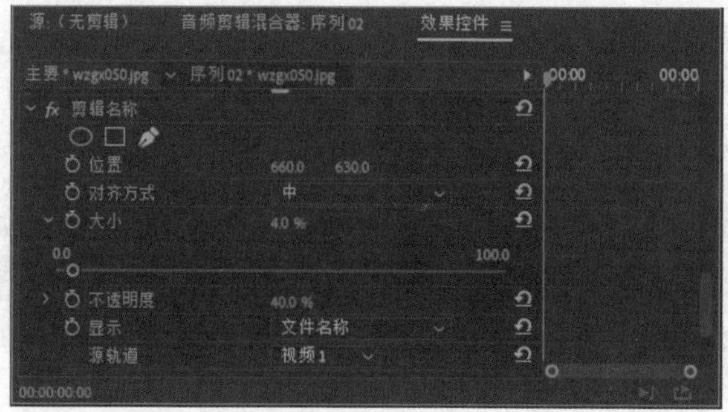

图 3-104

参数说明：

位置：设置剪辑名称所处的位置。

对齐方式：设置剪辑名称的对齐方式（左、中还是右对齐）。

大小：设置剪辑名称显示的大小尺寸。

不透明度：设置剪辑名称的不透明程度。

显示：设置要显示的剪辑名称的类型，是“序列剪辑名称”“项目剪辑名称”还是“文件名称”。

源轨道：设置要显示的剪辑名称所处于的视频轨道。

3.10.3　时间码

功能：作用于录像机上，使显示装置能精确地找到素材（影片）的场次和时间。时间码显示装置指出素材的格式。“时间码”特效的设定让用户控制显示装置的位置、大小和不透明度等。

效果：如图 3–105 所示。

图 3–105

其“效果控件”面板如图 3–106 所示。

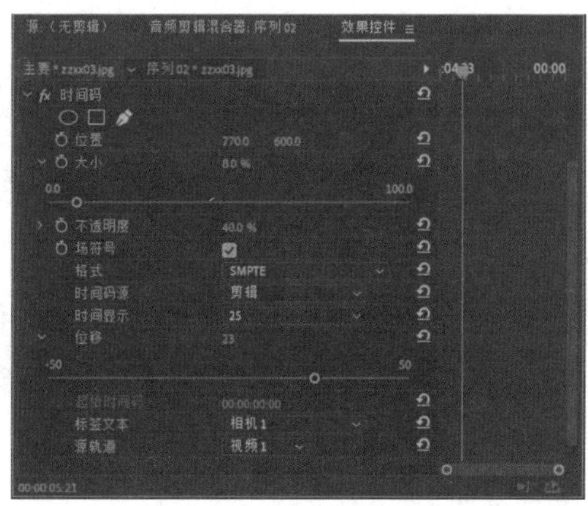

图 3–106

参数说明:

位置：设置显示时间码的位置。

大小：设置显示时间码的大小。

不透明度：设置显示时间码中文本的不透明度值。

场符号：该复选框为当前增加场记号，方便后期制作人员操作。

格式：选择时间码显示模式。

时间码源：选择显示时间码的来源。

· 素材：显示时间码的来源为当前添加“时间码”特效的素材。

· 媒体：选择该项显示时间码来源媒体。

· 生成：选择该项在视频被切断后，将在第二段视频的开头重新生成一个新的显示第二段视频的时间码。

时间显示：选择时间码效果所用的时基。

位移：增加或减少时间码。

起始时间码：设置开始显示时间码的时间。

标签文本：时间码标示字符（CM1~CM9），这样方便后期制作人员操作。

源轨道：设置所添加的时间码是源自哪个轨道上的素材。

3.11 调整特效技术详解

本节为读者介绍“调整”视频特效组下的 5 个特效的功能、效果演示与详细的参数介绍。

位置：位于“效果”窗口中的“视频效果”下面。

3.11.1 ProcAmp

功能：分别调整影片的亮度、对比度、色相和饱和度。

效果：如图 3-107 所示。

图 3-107

其“效果控件”面板如图 3-108 所示。

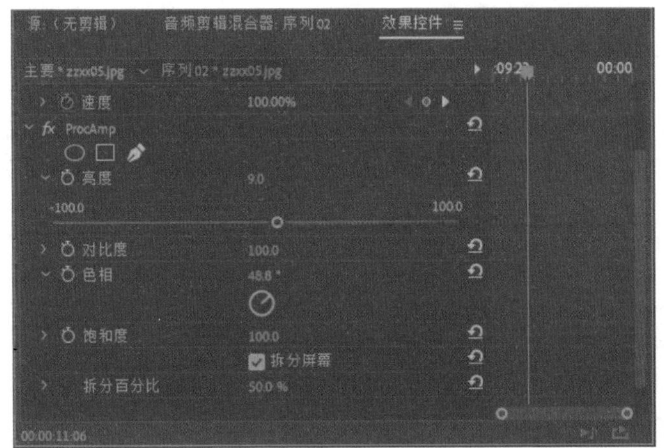

图 3-108

参数说明:

亮度:控制图像亮度。
对比度:控制图像对比度。
色相:控制图像色相。
饱和度:控制图像颜色饱和度。

拆分屏幕:该参数被激活后,可以调整范围,对比调节前后的效果。

拆分百分比:设置调节前后的效果范围显示的比例。

3.11.2 光照效果

功能:为素材添加最多5个灯光光照效果。用户可以设置"灯光"的光线类型、方向、强度、颜色和中心点的位置。"灯光效果"特效为素材添加材质或图案以产生特别的光照效果,从而达到3D立体一样的表面效果。

效果:如图3-109所示。

图 3-109

其"效果控件"面板如图3-110所示。

参数说明：

光照 1、2、3、4：添加灯光效果，可以同时添加多盏灯效，也可以只添加一盏灯效。灯效的参数设置都是一样的，这里以灯光 1 为例。

光照类型：只可以从下拉菜单中选择灯光类型，“无”表示不添加光效，其中还包括平行光、全光源、点光源。

光照颜色：单击右侧的色块，可以打开“拾色器”对话框（图 3-111），可从中选择一种灯光的颜色；也可以单击右侧的吸管，在节目监视器窗口中的素材上吸取一种颜色来作为灯光的颜色。

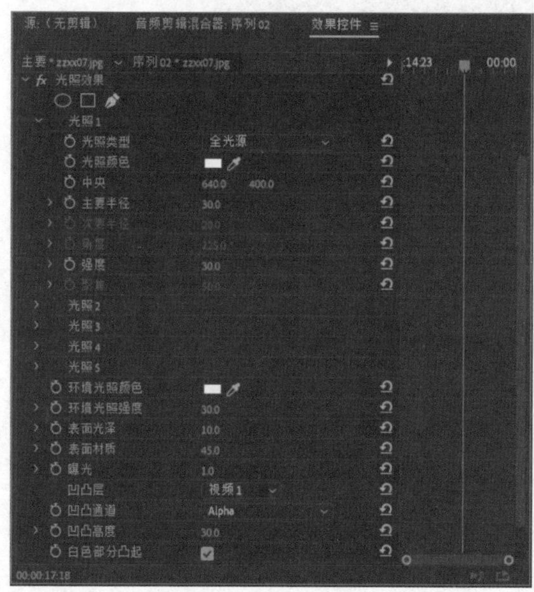

图 3-110

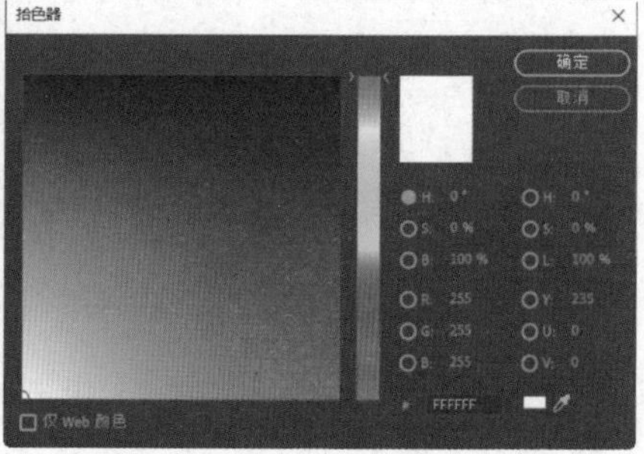

图 3-111

中央：在右侧 X、Y 轴数值区中输入数值，可以改变当前灯光的位置。

主要半径：用来调整主光的半径值。

次要半径：用来调整辅助光的半径值。

角度：用来调整灯光的角度。

强度：用来调整灯光的强烈程度。

聚焦：用来调整灯光的边缘羽化程度。

环境光照颜色：用来设置周围环境的颜色。可以通过“拾色器”对话框和吸管来完成。

环境光照强度：用来调整周围环境光的强烈程度。

表面光泽：用来调整表面的光泽强度。

表面材质：用来设置表面的材质效果。

曝光：用来调整灯光的曝光大小。

凹凸层：用来设置产生浮雕的轨道，可以选择“无”，也可以选择某个视频轨道，这里的轨道数量与时间线上的素材所在的视频轨道相对应。

凹凸通道：用来设置产生浮雕的通道，可以选择 R（红）、G（绿）、B（蓝）或 Alpha。

凹凸高度：用来调整浮雕的大小。

白色部分凸起：用来反转浮雕的方向。

3.11.3 卷积内核

功能：根据数学卷积分的运算来改变素材中每个像素的值。

效果：如图 3–112 所示。

图 3–112

其“效果控件”面板如图 3–113 所示。

源：(无剪辑)　音频剪辑混合器：序列 02　效果控件 ≡

主要 * zzxx04.jpg　序列 02 * zzxx04.jpg　29:23　00:00

fx 卷积内核

M11	2
M12	3
M13	1
M21	1
M22	2
M23	1
M31	0
M32	1
M33	0
偏移	-1000
缩放	9
	☑ 处理 Alpha

00:00:32:03

图 3–113

参数说明：

M11~M33：代表像素亮度增效的矩阵，其参数值在 –30~30 之间。

偏移：调整画面颜色明暗程度的偏移量，计算结果要与此值相加。

缩放：在该项中设置一个数值，在积分操作中包含的像素亮度总和将除以此数值。

3.11.4 提取

功能：将图像转化成灰度蒙版效果，可以通过定义灰度级别来控制灰度图像的黑白比例。

效果：如图 3–114 所示。

图 3–114

其“效果控件”面板如图 3–115 所示。

单击面板中特效右侧的“设置”按钮，在弹出的“提取设置”对话框中可进行更为直观方便的调节，如图 3–116 所示。

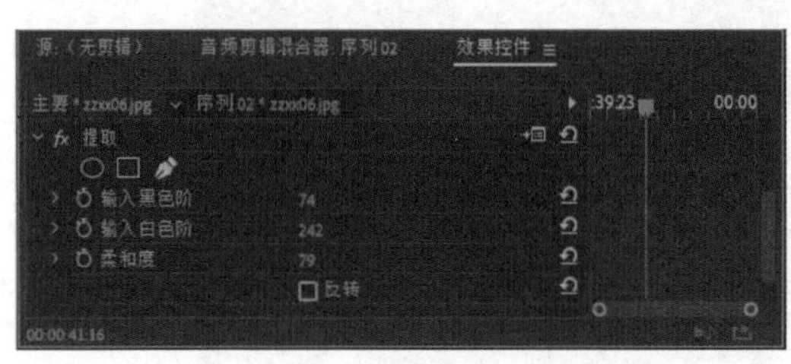

图 3–115

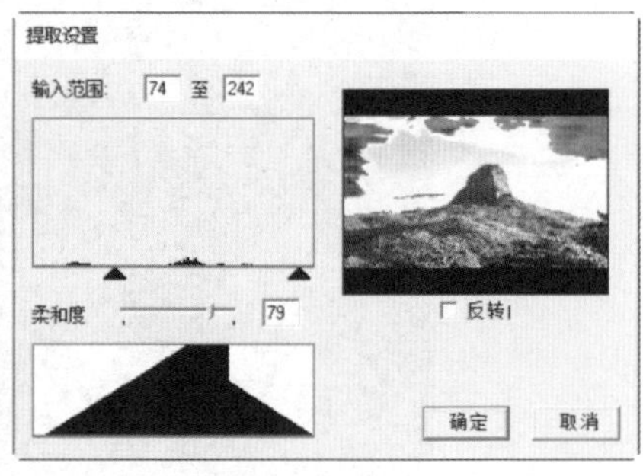

图 3–116

参数说明：

输入黑色阶：用来调整图像中黑色的比例。

输入白色阶：用来调整图像中白色的比例。

柔和度：用来调整图像的灰度，数值越大，其灰度越高。

柔和度：拖动滑块在被转换为白色的像素中加入灰色。

反转：选中“反转”选项可以反向显示图像效果。

3.11.5 色阶

功能：控制片段的亮度和对比度。该特效实际上是将亮度、对比度、颜色平衡等功能结合在一起，对图像进行亮度、阴暗层次和中间颜色的调整、保存和载入设置等。

效果：如图 3–117 所示。

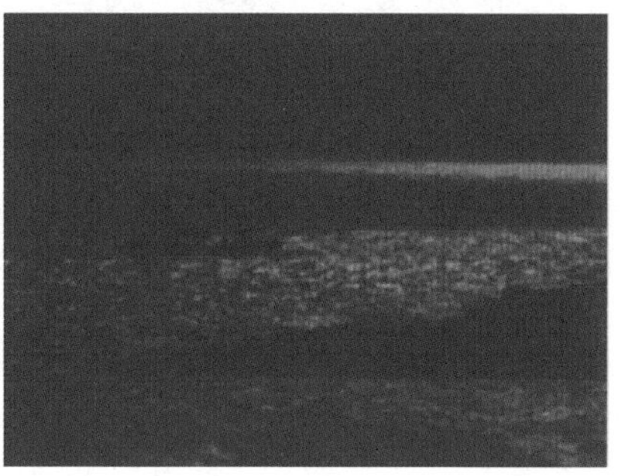

图 3–117

其“效果控件”面板如图 3–118 所示。

单击面板中该特效右侧的“设置”按钮，弹出“色阶设置”对话框，如图 3–119 所示。

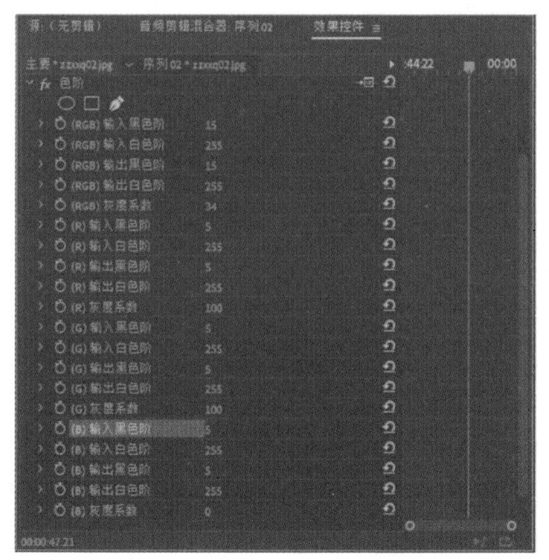

图 3–118

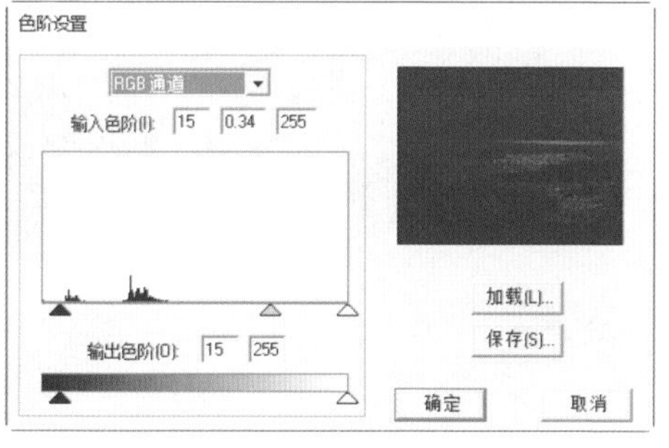

图 3–119

参数说明：

RGB 通道：在下拉列表框中，可以选择调节片段的红色通道、绿色通道、蓝色通道及统一的 RGB 通道。

输入色阶：当前画面帧的输入灰度及显示为柱状图。柱状图的横向 X 轴代表了亮度数值，从左边的最黑（0）到右边的最亮（255）；纵向 Y 轴代表了在某一亮度数值上总的像素数目。将柱状图下的黑三角形滑块向右拖动，使影片变暗，向左拖动白色滑块增加亮度；拖动灰色滑块可以控制中间色调。

输出色阶：使用“输出色阶”输出水平栏下的滑块可以减少片段的对比度。向右拖动黑色滑块可以减少片段中的黑色数值；向左拖动白色滑块可以减少片段中的亮度数值。

加载：导入以前存储的设置。

保存：保存当前的设置。

3.12 过时特效技术详解

本节为读者介绍“过时”特效组下的 12 个特效的功能、效果演示与详细的参数介绍。

位置：位于“效果”窗口中的“视频效果”下面。

3.12.1 RGB 曲线

功能：对红、绿、蓝进行曲线的调整，通过调整来校正图像的颜色。每个曲线上可以有 16 点来调整图像的色调范围。用户还可以使用“二次颜色校正”调整改正后的彩色的范围。

效果：如图 3-120 所示。

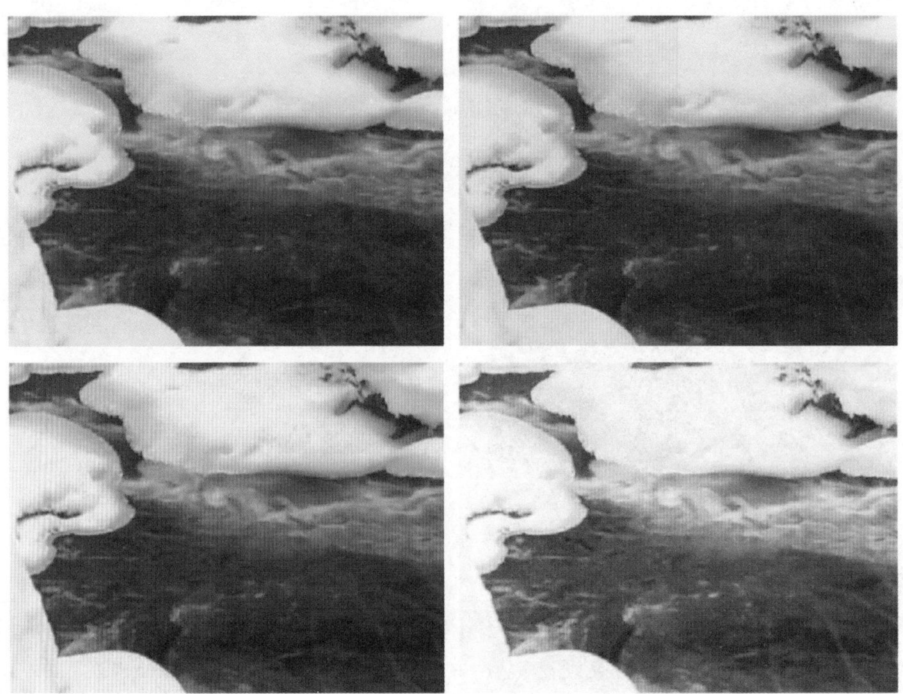

图 3-120

其“效果控件”面板如图 3-121 所示。

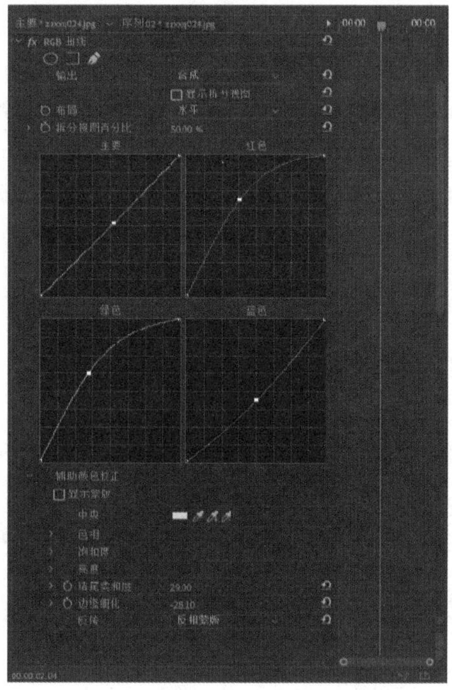

图 3-121

参数说明:

输出：选择在“节目”监视器窗口中素材设置后显示的混合模式。

显示拆分视图：选择该复选框，在“节目”监视器窗口中的图像，将有一部分是原图像颜色。

布局：选择在“节目”监视器窗口中显示分割图像的模式（水平或垂直）。

拆分视图百分比：设置分割图像的比例。

主通道：改变曲线形状的时候，素材也将改变亮度和所有颜色通道色调。曲线向下弯曲，整个素材的颜色将变暗，相反，如果曲线向上则素材的颜色将变亮。

红色、绿色和蓝色：改变曲线形状的时候，将改变素材红色、绿色和蓝色通道的亮度和色调。曲线向下弯曲，整个素材的颜色将变暗，相反，如果曲线向上则素材的颜色将变亮。

辅助颜色校正：可以通过色相、饱和度、亮度、柔和度、边缘等对图像进行辅助颜色校正。

3.12.2　RGB 颜色校正器

功能：调整素材的高光区域、灰度和在图像定义的色调范围内调整颜色。它还可以单独对素材中的某一个颜色通道的色调进行调整。

效果：如图 3-122 所示。

图 3-122

其“效果控件”面板如图 3-123 所示。

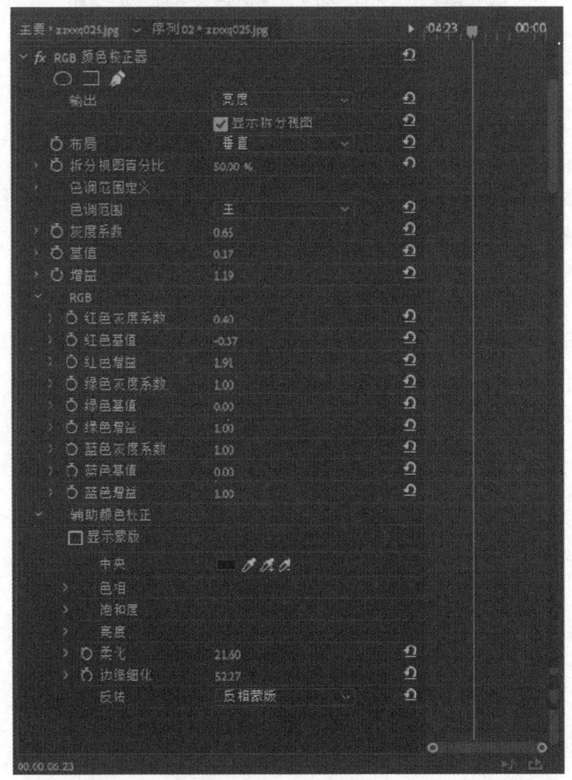

图 3-123

参数说明:

输出：选择在“节目”监视器窗口中素材设置后显示的混合模式。

显示拆分视图：选择该复选框，在“节目”监视器窗口中的图像，将有一部分是原图像颜色。

布局：选择在“节目”监视器窗口中

显示分割图像的模式（水平或垂直）。

拆分视图百分比：设置分割图像的比例。

色调范围定义：拖动下方滑动器的方块，调整图像的灰度和白色。拖动三角羽化被调整的图像区域。

·阴影阈值、阴影柔和度、高光阈值和高光柔和度：调整图像灰度和白色的程度，并柔化这些区域。

·色调范围：选择调整图像的范围，包括整个调整、只调整高光、只调整中间调或只调整阴影。

灰度系数：统一设置图像的RGB灰阶。

基值：该设置项将与“增益”组合在一起调整图像的白色。

增益：调整图像的白色使其在图像中倍增，但会较小地影响到图像中的黑色。

RGB：在这里可以分别单独设置素材中红、绿、蓝色的灰度，色差和增加颜色。

·红色灰度系数、绿色灰度系数和蓝色灰度系数：设置红色的灰阶，绿色的灰阶和蓝色的灰阶，在不影响素材黑色和白色的情况下，调整红色、绿色和蓝色灰度。

·红色基准、绿色基准和蓝色基准：将固定的值加入素材的红色、绿色和蓝色中调整素材的色调。与“增益”设置项组合设置将增加素材的高光。

·红色增益、绿色增益和蓝色增益：调整红色、绿色和蓝色的高光值。

·辅助颜色校正：设置图像被改正的彩色范围。用户可以定义图像的颜色、饱和度和亮度。

·中央：选择用户正在设置的颜色。

·色相、饱和度、亮度：设置被改正彩色范围的颜色、饱和度和亮度。

·柔化：设置该项柔化指定的区域。

·边缘细化：设置该项淡化被指定的区域边缘。

·反转：“限制颜色”表示调整除了以“辅助颜色校正”设定指定的彩色范围以外的所有颜色，“反相蒙版”表示对校正部分颜色进行反相显示。

3.12.3　三向颜色校正器

功能：调整素材的颜色、灰度和高光区域。调整饱和度和亮度可以让校正颜色的效果更明显。用户还可以通过“二次颜色校正”调整改正后彩色范围内的颜色。

效果：如图3-124所示。

图3-124

其“效果控件”面板如图3-125所示。

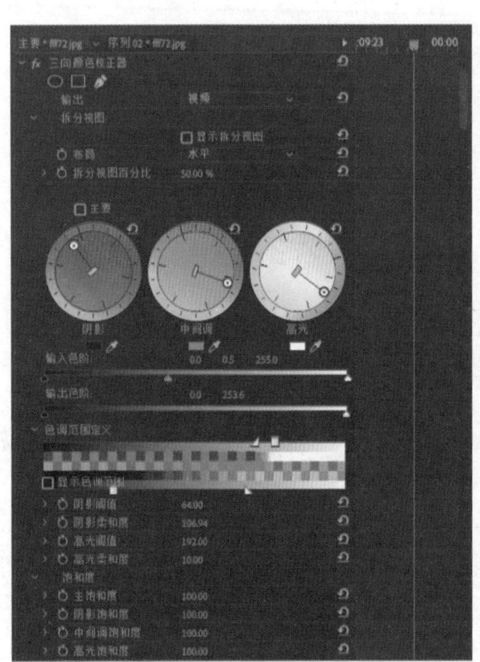
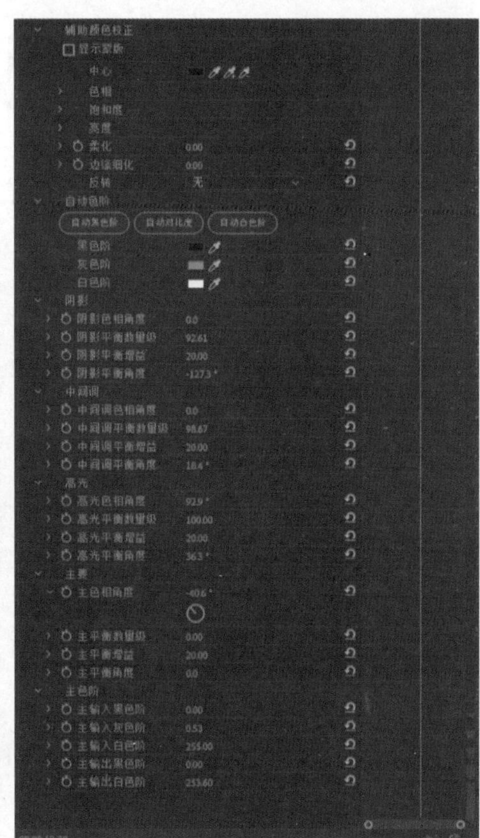

图 3-125

参数说明:

输出：选择在“节目”监视器窗口中素材设置后显示的混合模式。

显示拆分视图：选择该复选框，在“节目”监视器窗口中的图像，将有一部分是原图像颜色。

布局：选择在“节目”监视器窗口中显示分割图像的模式。

拆分视图百分比：设置分割图像的比例。

阴影、中间调和高光：分别设置图像色调、灰度和亮度。使用各自的吸管工具，吸取图像的一种目标颜色，也可以单击颜色块，在弹出的“拾色器”对话框中选择颜色。在3个彩色圆中，“阴影”控制图像色调(左边的圆)，“中间调”控制图像的灰度(中央的圆)，“高光”控制图像的亮度(右边的圆)。当选择“主要”时，可同时调整图像的颜色和亮度。

使用方法：拖动圆中的小圆，可以调整图像的颜色和颜色亮度，如图3-126所示。拖动中间的黑色滑条，调整图像的颜色平衡，如图3-127所示。

输入色阶：设置滑动器把黑色点和白色点映射到输出滑动器。当滑动器在中央时将输入调整图像的灰阶。

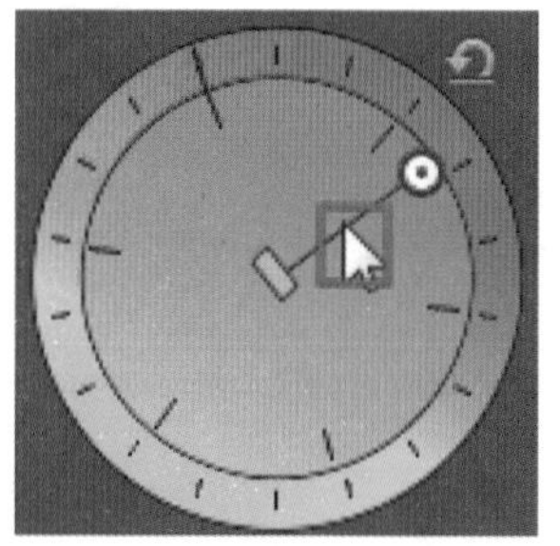

图 3-126

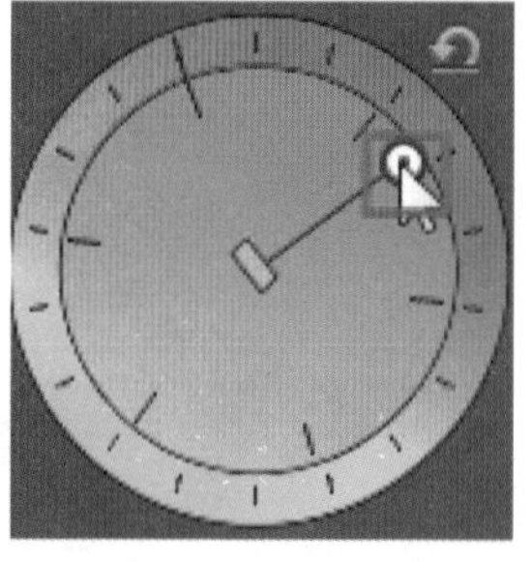

图 3-127

输出色阶：设置滑动器输出在“输入电平”中对指定数值的黑色点和白色点。输出滑动器在位置0时，图像输出白色变黑，当滑动器在255时，图像将输出黑色变白。

色调范围定义：拖动下方滑动器的方块，调整图像的灰度和白色。拖动三角羽化被调整的图像区域。

· 阴影阈值、阴影柔和度、高光阈值和高光柔和度：调整图像灰度和白色的程度，并柔化这些区域。

· 饱和度：调整图像颜色的饱和度。

· 辅助颜色校正：设置图像被改正的彩色范围。用户可以定义图像的颜色、饱和度和亮度。

· 中央：选择用户正在设置的颜色。

· 色相、饱和度和亮度：设置被改正彩色范围的颜色、饱和度和亮度。

· 柔化：设置该项柔化指定的区域。

· 边缘细化：设置该项淡化被指定的区域边缘。

· 反转：“限制颜色”表示调整改正除了以“辅助颜色校正”设定指定的彩色范围以外的所有颜色，“反相蒙版”表示对校正部分颜色进行反相显示。

· 自动色阶：自动控制片段的亮度和对比度。

· 自动黑色阶：单击该按钮自动调整图像的黑色。

· 自动对比度：单击该按钮自动调整图像的黑色、白色的对比度。

· 自动白色阶：单击该按钮自动调整图像的白色。

· 黑色阶：为图像的黑色选择颜色。

· 灰色阶：为图像的灰色选择颜色。

· 白色阶：为图像的白色选择颜色。

高光、阴影、中间调和主色相角度：控制亮度、灰度和色调颜色角度。调整其值时将只能使左边彩色圆的外圆旋转。

注意： 如果用户想调整另外两个彩色圆的外圆时，可以将鼠标指针移动到外圆上按住鼠标左键拖动。

高光、阴影、中间调和主平衡数量级：控制平衡彩色的数量，调整图像的亮度、灰度及颜色平衡角度。

高光、阴影、中间调和主平衡增益：调整图像亮度值。

高光、阴影、中间调和主平衡角度：控制颜色平衡角度。

“主色阶”选项下的输入黑色阶、输入灰色阶和输入白色阶：调整图像的黑色、灰色和白色的输入程度。

“主色阶”选项下的输出黑色阶和输出白色阶：调整输出黑色和白色的程度，为图像输入黑色、白色和灰色。

3.12.4 亮度曲线

功能：通过曲线调整素材的亮度和对比度。用户还可以使用“二次颜色校正”控制改正后的彩色范围。

效果：如图 3–128 所示。

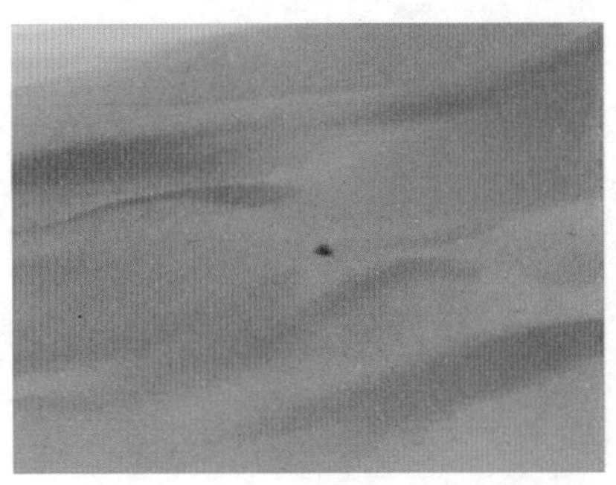

图 3–128

其“效果控件”面板如图 3–129 所示。

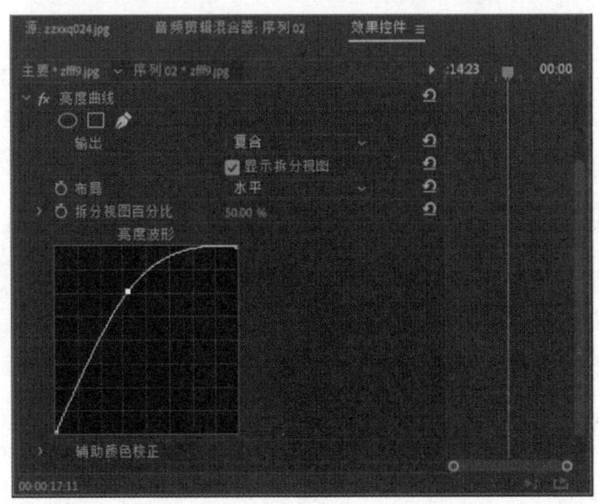

图 3–129

参数说明：

亮度波形：改变曲线的形状，调整素材的亮度和对比度。方法是在方框中的线段上单击鼠标，添加一个标点，然后拖动添加的标点就可以调整素材的亮度和对比度。

注意： 该特效除“亮度”设置项以外其他设置项与特效“亮度校正器”相同，这里就不再重复。

3.12.5 亮度校正器

功能：将调整素材的白色、灰度和亮度、对比度。用户可以通过“二次颜色校正”来控制改正后图像的彩色范围。

效果：如图 3–130 所示。

图 3–130

其“效果控件”面板如图 3–131 所示。

图 3–131

参数说明：

输出：选择在“节目”监视器窗口中素材设置后显示的混合模式。

显示拆分视图：选择该复选框，在“节目”监视器窗口中的图像，将有一部分是原图像颜色。

布局：选择在“节目”监视器窗口中显示分割图像的模式（水平或垂直）。

拆分视图百分比：设置分割图像的比例。

色调范围定义：拖动下方滑动器的方块，调整图像的灰度和白色。拖动三角羽化被调整的图像区域。

· 阴影阈值、阴影柔和度、高光阈值和高光柔和度：调整图像灰度和白色的程度，并柔化这些区域。

· 色调范围：选择调整图像的范围包

括整个调整、只调整高光、只调整中间调或只调整阴影。

亮度：调整图像的亮度。

对比度：调整图像的对比度。

对比度等级：设定夹子的最初对比数值。

灰度系数：在不影响图像中的黑色和白色情况下调整图像的灰度。

基值：该设置项将与“增益”组合在一起调整图像的白色。

增益：调整图像的白色使其在图像中倍增，但会较小地影响到图像中的黑色。

辅助颜色校正：单独设置颜色，对其进行微调处理。用户可以定义图像的颜色、饱和度和亮度。

3.12.6 快速模糊

功能：指定模糊图像的强度，也可以指定模糊的方向是水平、垂直或双向。它比高斯模糊效果要快。

效果：如图 3–132 所示。

图 3–132

其“效果控件”面板如图 3–133 所示。

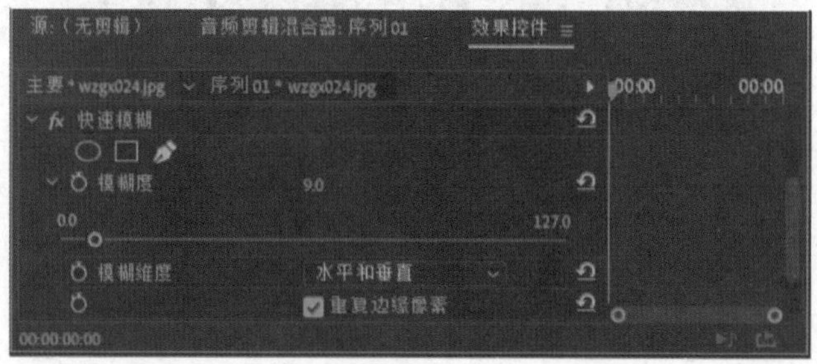

图 3–133

参数说明:

模糊度：用于调整模糊的程度。值越大，模糊程度也越大。

模糊维度：用来设置模糊的方向。可以从下拉菜单中选择水平、垂直或水平和垂直。

重复边缘像素：勾选左侧的复选框，可以排除图像边缘模糊。

3.12.7　快速颜色校正器

功能：通过调整图像的色相和饱和度来控制素材颜色。该特效也可以调整图像的黑色、灰度和白色。该特效可以用于简单的彩色校正预览。

效果：如图3-134所示。

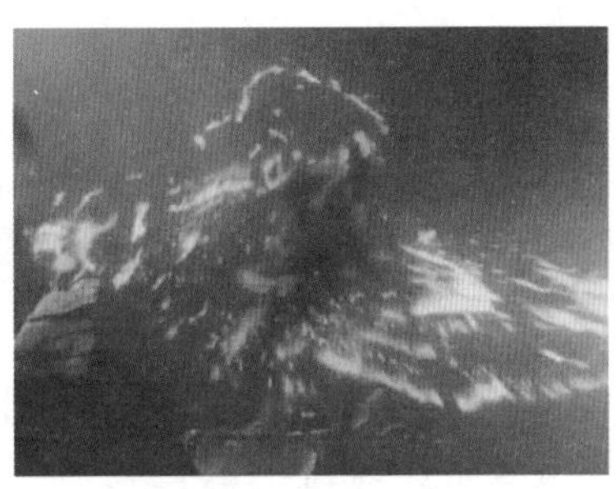

图 3-134

其“效果控件”面板如图3-135所示。

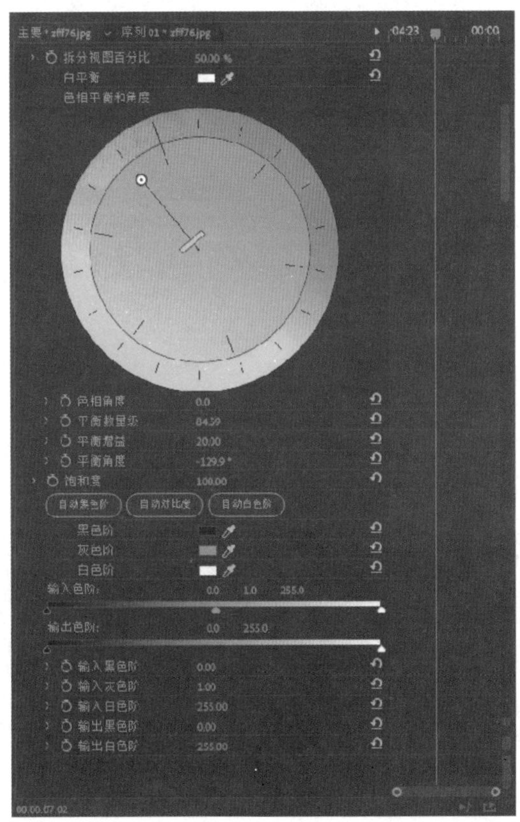

图 3-135

参数说明:

输出：选择在“节目”监视器窗口中素材设置后显示的混合模式。

显示拆分视图：选择该复选框，在“节目”监视器窗口中的图像，将有一部分是原图像颜色。

布局：选择在“节目”监视器窗口中显示分割图像的模式。

拆分视图百分比：设置分割图像的比例。

白平衡：分配图像中白色的平衡，单击按钮，可以在软件界面中吸取任意颜色。也可以单击该设置项中的颜色块，在弹出的“拾色器”对话框中选择颜色。

色调平衡和角度：在彩色圆中可以调整图像的颜色、颜色平衡角度和颜色亮度。

色相角度：控制色相转动。调整该项，“色调平衡与角度”项中彩色圆的外圆将会相应地转动。

平衡数量级：设置该项控制平衡颜色、校正的数量。

平衡增益：设置该项调整图像亮度值。

平衡角度：调整该项控制颜色平衡角度。

· 饱和度：调整图像颜色的饱和度。

· 自动黑色阶：单击该按钮自动调整图像的黑色。

· 自动对比度：单击该按钮自动调整图像的黑色、白色的对比度。

· 自动白色阶：单击该按钮自动调整图像的白色。

· 黑色阶：为图像的黑色选择颜色。

· 灰色阶：为图像的灰色选择颜色。

· 白色阶：为图像的白色选择颜色。

· 输入色阶：设置滑动器把黑色点和白色点映射到输出滑动器。当滑动器在中央时将输入调整图像的灰阶。

· 输出色阶：设置滑动器输出在“输入电平”中对指定数值的黑色点和白色点。输出滑动器在位置 0 时，图像输出白色变黑，当滑动器在 255 时，图像将输出黑色变白。

输入黑色阶、输入灰色阶和输入白色阶：调整图像的黑色、灰色和白色的输入程度。

输出黑色阶和输出白色阶：调整输出黑色和白色的程度，为图像输入黑色、白色和灰色。

3.12.8 自动对比度

功能：调整素材颜色。

应用“自动对比度”特效的视频效果如图 3-136 所示。

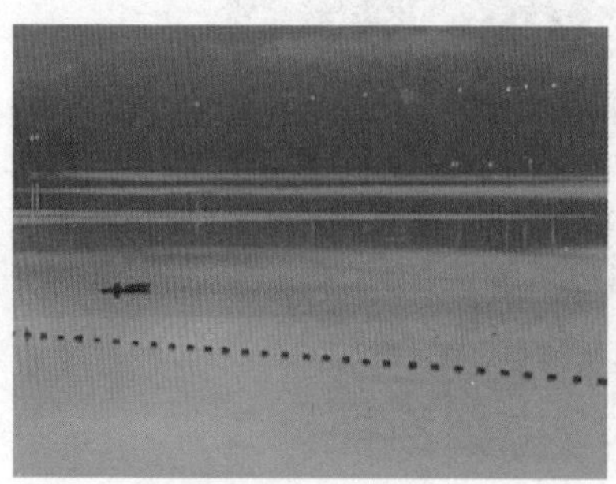

图 3-136

其“效果控件”面板如图 3–137 所示。

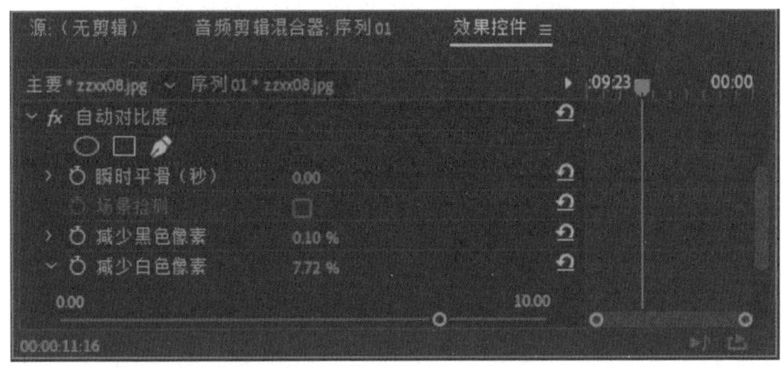

图 3–137

参数说明:

瞬时平滑:设置校正图像中需要调整颜色数量的范围。

场景检测:设置了“瞬时平滑”后,将激活该复选框,忽略场景更改。

减少黑色 | 白色像素:增加或减少图像的黑色 | 白色像素。

与原始图像混合:设置上述参数设置项中设置的效果与原素材混合的程度。

3.12.9 自动色阶

功能:控制片段的亮度和对比度。它将素材的红色、绿色和蓝色 3 个通道的色阶分布扩展至全色阶范围。这种操作可以增加颜色对比度,但可能会引起图像偏色。

效果:如图 3–138 所示。

图 3–138

其“效果控件”面板如图 3–139 所示。

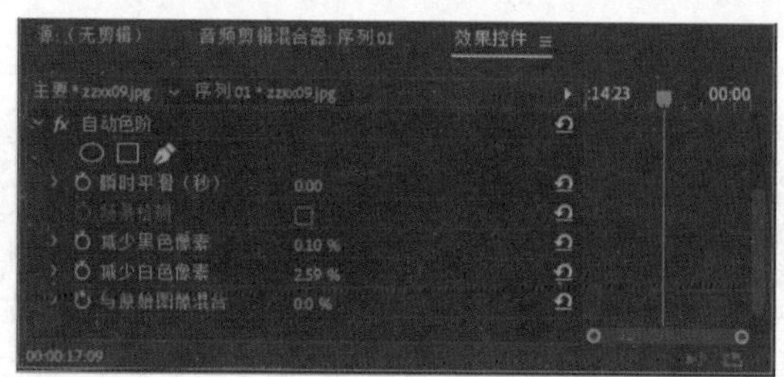

图 3-139

参数说明：

瞬时平滑：设置决定校正图像中需要调整颜色数量的范围。

场景检测：设置了“瞬时平滑”后，将激活该复选框。

减少黑色 | 白色像素：增加或减少图像的黑色 | 白色像素。

与原始图像混合：设置上述参数设置项中设置的效果与原素材混合的程度。

3.12.10 自动颜色

功能：控制片段的亮度和对比度。它除了能够增加颜色对比度以外，还将对一部分高光和暗调区域进行亮度合并。最重要的是，它把处在 128 级亮度的颜色纠正为 128 级灰色。正因为这个对齐灰色的特点，使得它既有可能修正偏色，也有可能引起偏色。

效果：如图 3-140 所示。

图 3-140

其“效果控件”面板如图 3-141 所示。

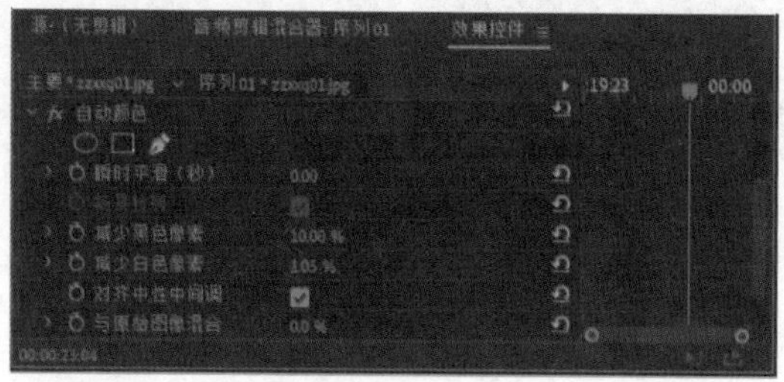

图 3-141

参数说明:

瞬时平滑：设置校正图像中需要调整颜色数量的范围。

减少黑色 | 白色像素：增加或减少图像的黑色 | 白色。

对齐中性中间调：勾选该复选框，将对中间色调进行吸附设置。

与原始图像混合：设置上述参数设置项中设置的效果与原素材混合的程度。

3.12.11　视频限幅器（旧版）

功能：对图像的色彩值进行调整，设置视频限制的范围，以便素材能够在显示设备中更精确地显示。

其“效果控件”面板如图 3–142 所示。

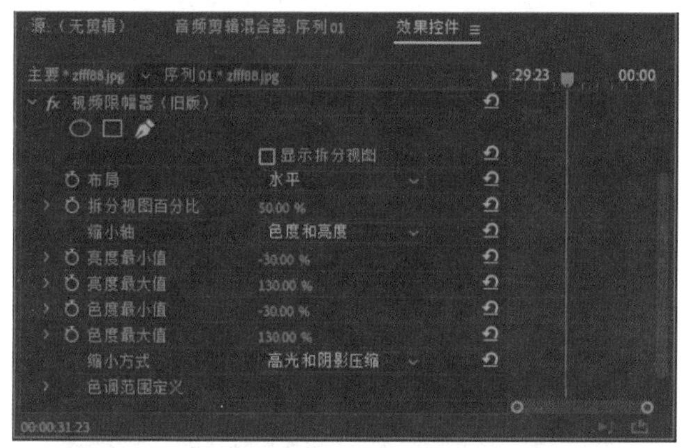

图 3–142

参数说明:

显示拆分视图：选择该复选框，在“节目”监视器窗口中的图像，将有一部分是原图像颜色。

布局：选择在“节目”监视器窗口中显示分割图像的模式（水平或垂直）。

拆分视图百分比：设置分割图像的比例。

缩小轴：在该设置项下选择降低素材亮度的范围。

亮度最小值：设置图像中最黑暗的程度。

亮度最大值：设置图像中最明亮的程度。

色度最小值：为图像设置最小的饱和度值。

色度最大值：为图像设置最大的饱和度值。

信号最小值：设置最小视频的亮度和饱和度值。

信号最大值：设置最大视频的亮度和饱和度值。

缩小方式：选择其下拉菜单中的选项，可以指定降低的色调受保护范围。

色调范围定义：设置图像被改正的彩色范围。用户可以定义图像的颜色、饱和度和亮度。

3.12.12 阴影 / 高光

功能：变亮图像、减少图像高光处的亮度。该特效不会将整个图像调暗或增加图像的点亮，但是可以单独调整图像高光区域，并基于图像周围的图素。

效果：如图 3–143 所示。

图 3–143

其“效果控件”面板如图 3–144 所示。

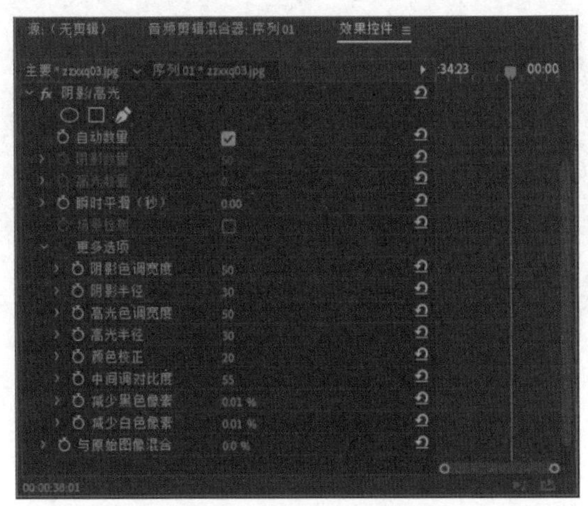

图 3–144

参数说明：

自动数量：如果将该选项选中，则将会放弃对参数设置项“阴影额度”和“高光额度”的人工操作。

阴影数量：设置图像的亮度。

高光数量：调整图像最亮区域的亮度。

瞬时平滑（秒）：只有选择了“自动数量”复选框，该参数设置项才可以被激活。

场景检测：设置了“瞬时平滑”后，将激活该复选框。

更多选项：调整下列参数设置项，使效果更适用于图像。

· 阴影色调宽度 | 阴影半径：设置图像最亮区域可以调整的范围。

· 高光色调宽度 | 高光半径：设置图像效果区域的大小。

· 颜色校正：设置“颜色校正”效果适用于被调整的图像和最亮区域的程度。

· 中间调对比度：设置对比度效果适用于图像中心的程度。

· 减少黑色 | 白色像素：增加或减少图像的黑色 | 白色。

与原始图像混合：设置上述参数设置项中设置的效果与原素材混合的程度。

3.13 过渡特效技术详解

本节为读者介绍“过渡”特效组下的 5 个特效的功能、效果演示与详细的参数介绍。

位置：位于“效果”窗口中的“视频效果”下面。

3.13.1 块溶解

功能：使图像产生块溶解的效果。

效果：如图 3–145 所示。

图 3–145

其“效果控件”面板如图 3–146 所示。

源：（无剪辑） 音频剪辑混合器：序列 01 效果控件

主要 * zzxxq04.jpg 序列 01 * zzxxq04.jpg :39:23 00:00

fx 块溶解

过渡完成 3 %

块宽度 5.7

块高度 16.4

羽化 20.5

柔化边缘（最佳品质）

00:00:42:03

图 3–146

参数说明：

过渡完成：设置素材的溶解程度。
块宽度：设置溶解块的宽度。
块高度：设置溶解块的高度。
羽化：羽化溶解块。
柔化边缘：柔化溶解块的边缘。

3.13.2 径向擦除

功能：设定一个点中心，模拟表针旋转擦除的效果。
效果：如图 3–147 所示。

图 3–147

其“效果控件”面板如图 3–148 所示。

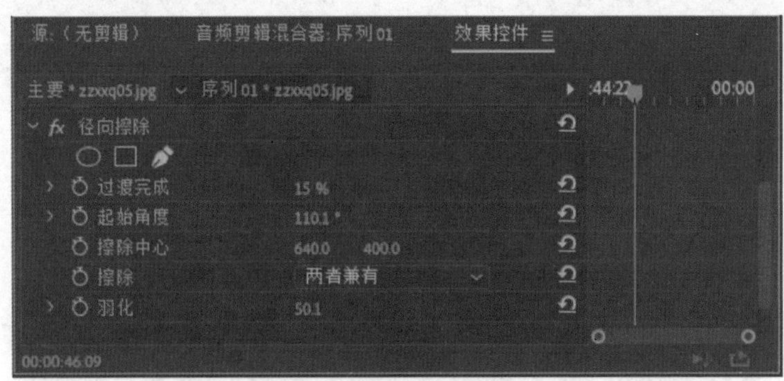

图 3–148

参数说明：

过渡完成：设置素材被过渡的程度。
起始角度：设置素材开始擦除的角度。
擦除中心：设置素材擦除中心的位置。
擦除：选择擦除的旋转方向。
羽化：设置擦除时的边缘羽化程度。

3.13.3 渐变擦除

功能：以被选过渡视频轨道上的素材亮度数值为基础，与原素材混合产生梯度擦除的效果。

效果：如图 3-149 所示。

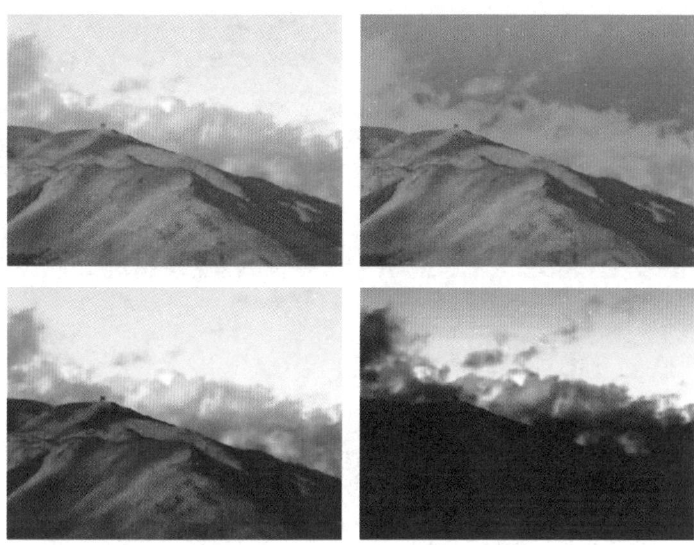

图 3-149

其“效果控件”面板如图 3-150 所示。

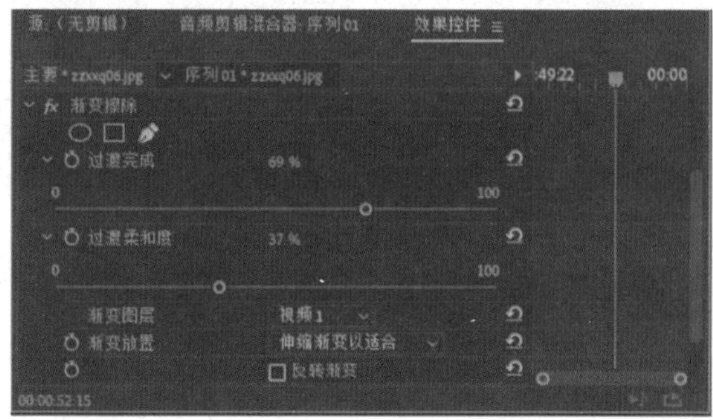

图 3-150

参数说明：

过渡完成：设置素材被过渡的程度。

过渡柔和度：设置过渡边缘的柔化程度。

渐变图层：选择被当作过渡效果素材所在的视频轨道。

渐变放置：设置过渡素材如何被放置在原素材中。

反转渐变：勾选该复选框，可以使图像产生反向过渡。

3.13.4 百叶窗

功能：以百叶窗的形式擦除素材。

效果：如图 3–151 所示。

图 3–151

其“效果控件”面板如图 3–152 所示。

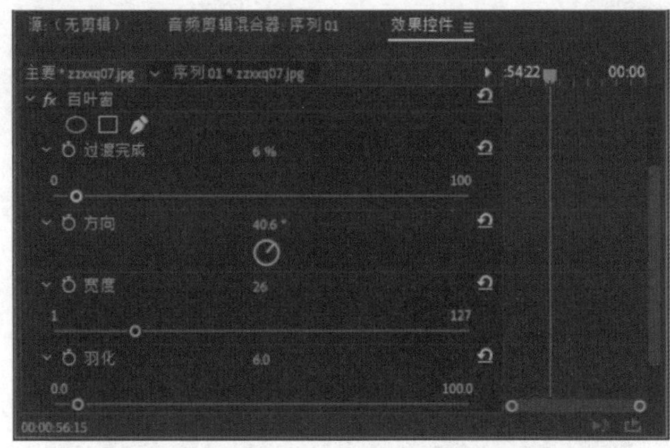

图 3–152

参数说明：

过渡完成：设置图像擦除的程度。

方向：设置百叶窗切换的方向。

宽度：设置百叶窗的高度。

羽化：设置百叶窗的边缘羽化程度。

3.13.5 线性擦除

功能：使图像产生一个指定方向的线性擦除的效果。

效果：如图 3–153 所示。

其“效果控件”面板如图 3–154 所示。

图 3-153

图 3-154

参数说明：

过渡完成：设置图像过渡的程度。

擦除角度：设置线性擦除的角度。

羽化：设置擦除时的边缘羽化程度。

3.14 透视特效技术详解

本节为读者介绍“透视”特效组下的 5 个特效的功能、效果演示与详细的参数介绍。

位置：位于“效果”窗口中的“视频效果”下面。

3.14.1　基本 3D

功能：在一个虚拟的三维空间中操纵素材，可以围绕水平和垂直方向旋转图像和移动或远离屏幕。使用基本 3D 效果，还可以使一个旋转的表面产生镜反射高光，而光源位置总是在观看者的左后上方，因为光来自上方，图像就必须向后倾斜才能看见反射。

效果：如图 3–155 所示。

其“效果控件”面板如图 3–156 所示。

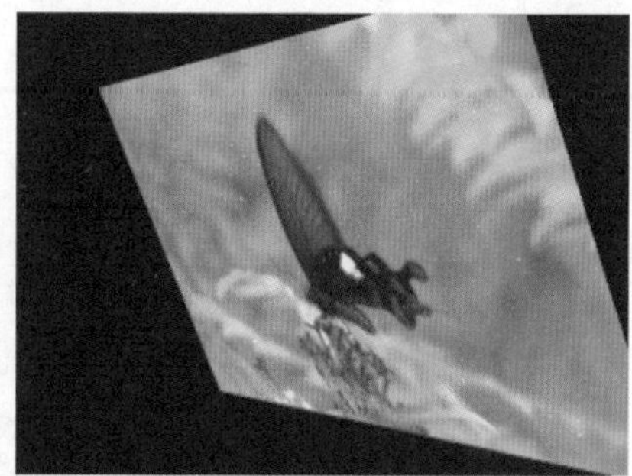

图 3–155

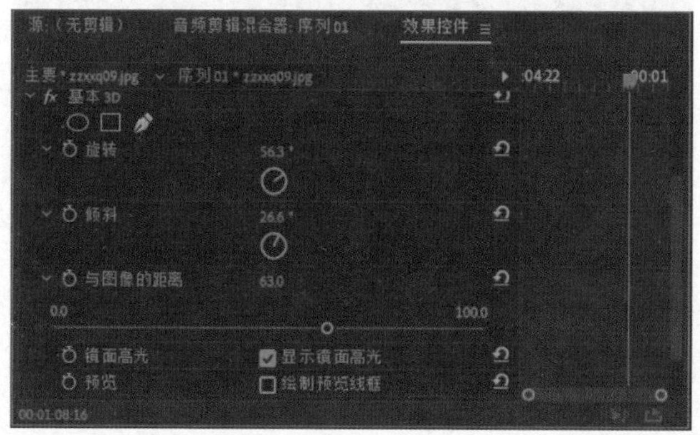

图 3–156

参数说明：

旋转：调整图像水平旋转的角度。当旋转角度为 90° 时，将可以看到素材的背面，这就成了正面的镜像。

倾斜：调整图像垂直旋转的角度。

与图像的距离：设置图像拉近或推远的距离。值越大距离越远。

镜面高光：模拟阳光照射在图像上而产生的光晕效果，看起来就好像在图像的上方发生的一样。

预览：勾选“绘制预览线框”复选框，在预览时图像会以线框的形式显示，这样就可以回忆图像的显示速度。

3.14.2 投影

功能：为图像添加阴影效果，一般应用在多轨道文件中。

效果：如图 3–157 所示。

图 3-157

其“效果控件”面板如图 3-158 所示。

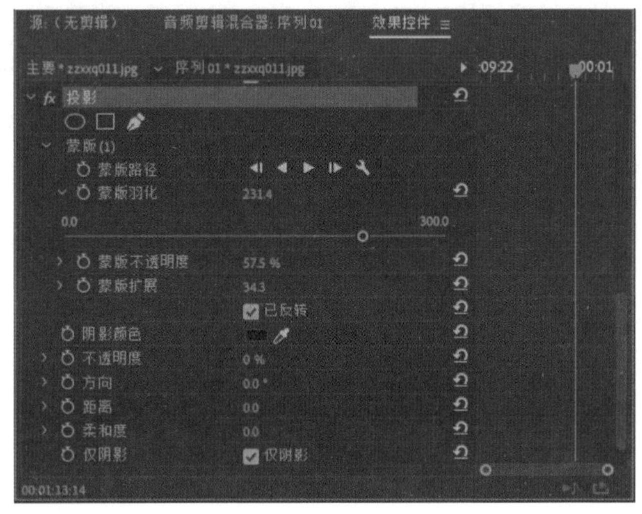

图 3-158

参数说明：

阴影颜色：选择阴影的颜色。

不透明度：设置阴影的透明值。

方向：以原素材为准设置阴影的方向。

距离：以原素材为准设置阴影与原素材之间的距离。

柔和度：柔化阴影边缘。

仅阴影：将该复选框选中后，在节目监视器中将只显示阴影。

3.14.3　径向阴影

功能：该特效同“投影”特效相似，也可以为图像添加阴影效果，但比“投影”特效在控制上更多一些变化。

效果：如图 3-159 所示。

图 3-159

其“效果控件”面板如图 3-160 所示。

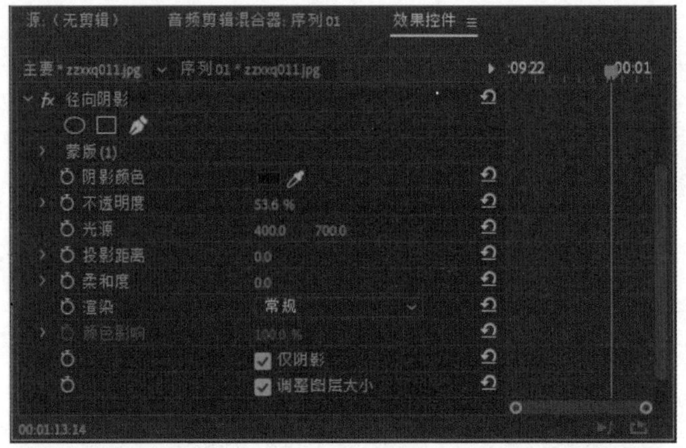

图 3-160

参数说明:

阴影颜色：选择阴影的颜色。

不透明度：设置阴影的透明值。

光源：调整光源移动阴影的位置。

投影距离：设置该参数，调整阴影与原素材之间的距离。

柔和度：设置该参数，柔化阴影边缘。

渲染：选择产生阴影的类型。

·常规：选择该选项，产生一个以颜色和不透明度为基础数值的阴影。

·玻璃边缘：选择该选项，产生一个以颜色和原素材不透明度为基础的彩色阴影。如果原素材已经添加了阴影，那么这时产生的阴影将使用原素材与前一个阴影的颜色的中和值。

颜色影响：原素材在阴影中彩色数值的合计。如果该素材没有透明图素，彩色数值将不会受到影响。阴影的彩色数值决定阴影的颜色。

仅阴影：选中该复选框，在节目监视器中将只会显示阴影。

调整图层大小：如果将该复选项选中，阴影可以超出原素材的界线。如果不选中该复选项，阴影将只能在原素材的界线内显示。

3.14.4　边缘斜面

功能：使图像边缘产生一个凿刻的高亮的三维效果。边缘的位置由源图像的 Alpha 通道来确定。与斜面 Alpha 效果不同，该效果中产生的边缘总是成直角的。

效果：如图 3-161 所示。

图 3-161

其“效果控件”面板如图 3-162 所示。

图 3-162

参数说明：

边缘厚度：设置素材边缘凿刻的高度。

光照角度：设置光线照射的角度。

光照颜色：选择光线的颜色。

光照强度：设置光线照到素材的强度。

3.14.5　斜面 Alpha

功能：产生一个倒角的边，而且图像的 Alpha 通道边界变亮，通常是将一个二维素材赋予三维效果。如果素材没有 Alpha 通道或它的 Alpha 通道是完全不透明的，那么这个效果就全部应用到素材的边缘。

其“效果控件”面板如图 3-163 所示。

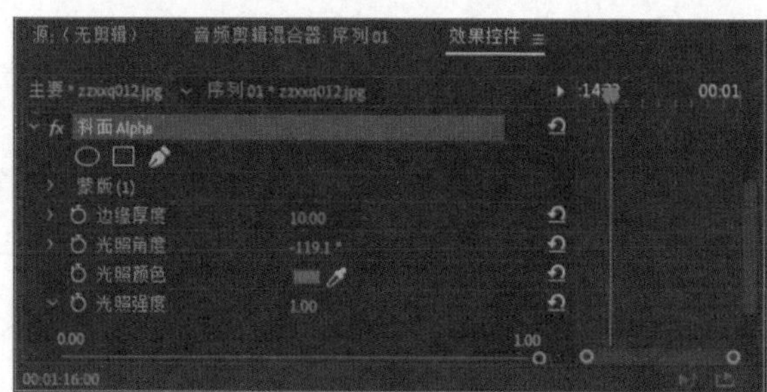

图 3-163

参数说明:

边缘厚度：设置素材边缘凿刻的高度。

光照角度：设置光线照射的角度。

光照颜色：选择光线的颜色。

光照强度：设置光线照射的强度。

3.15 通道特效技术详解

本节为读者介绍“通道”特效组下的 7 个特效的功能、效果演示与详细的参数介绍。

位置：位于“效果”窗口中的“视频效果”下面。

3.15.1 反转

功能：用于将图像的颜色信息反转。

效果：如图 3-164 所示。

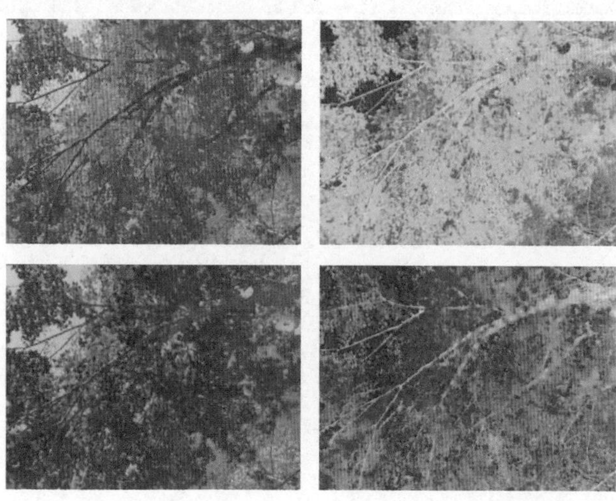

图 3-164

其“效果控件”面板如图 3–165 所示。

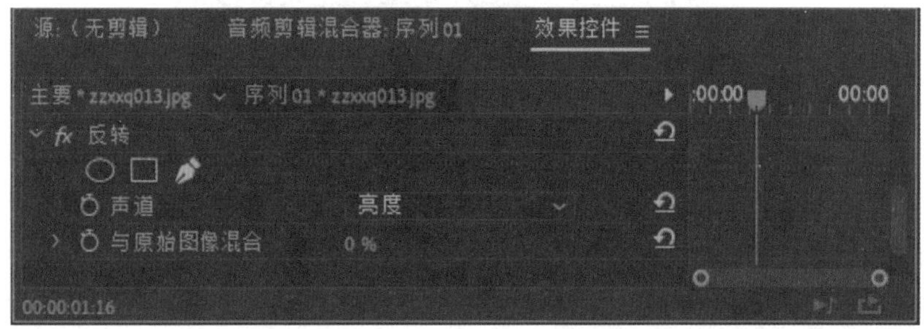

图 3–165

参数说明:

声道:选择要进行反转的颜色通道。

与原始图像混合:设置反转的不透明度,使其与原素材可以混合。值越小,反转效果越明显。

3.15.2 复合运算

功能:与“混合”特效相同,将两个重叠素材的颜色相互组合在一起。

效果:如图 3–166(a)(原图)和图 3–166(b)(合成后的效果)所示。

图 3–166(a)

图 3–166(b)

其“效果控件”面板如图 3–167 所示。

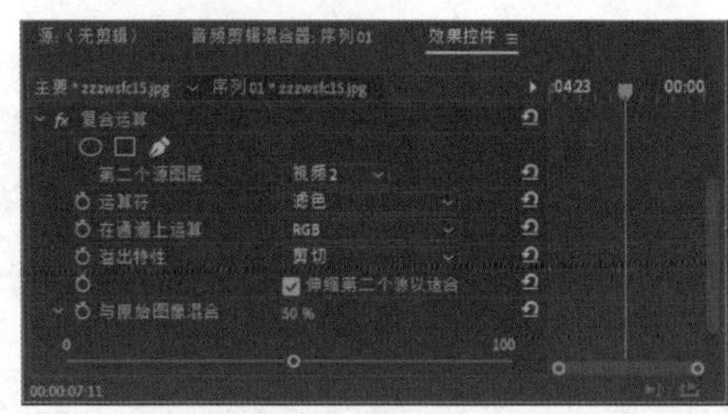

图 3-167

参数说明：

第二个源图层：选择混合素材所在的视频轨道。

运算符：选择两个素材的混合模式。

在通道上操作：选择混合素材进行操作的通道。

溢出特性：选择两个素材混合后颜色允许的范围。

伸缩第二个源以适合：当原素材与混合素材大小不相同时，若不选择该复选框，混合素材与原素材将无法对齐重合。

与原始图像混合：设置混合素材的不透明值。

3.15.3 混合

功能：将两个重叠素材的颜色相互组合在一起。

效果：如图 3-168（a）（原图）和图 3-168（b）（合成后的效果）所示。

图 3-168（a）

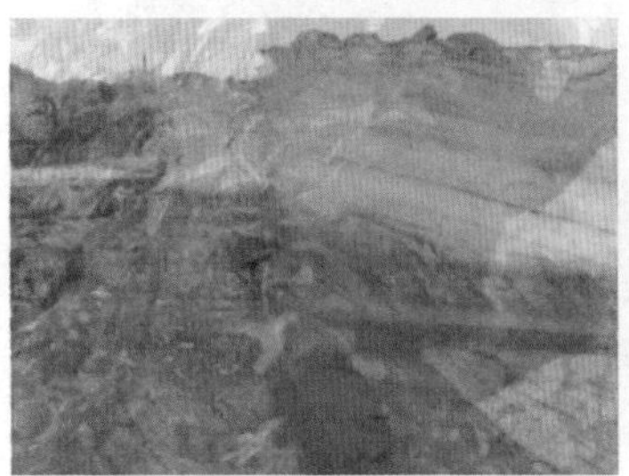

图 3-168（b）

其“效果控件”面板如图 3-169 所示。

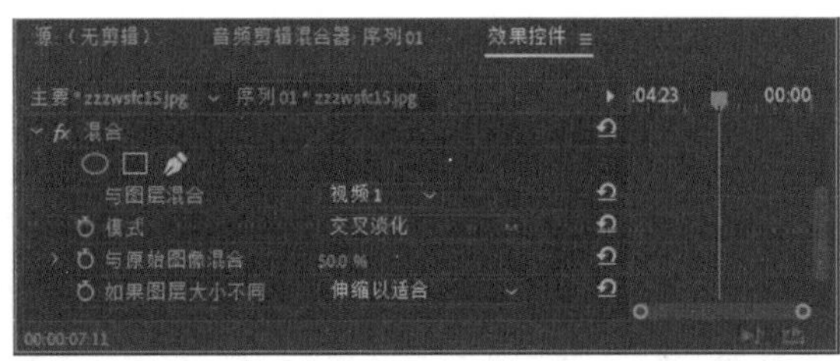

图 3-169

参数说明：

与图层混合：选择重叠对象所在的视频轨道。

模式：选择两个素材混合的部分。

与原始图像混合：设置所选素材与原素材的混合值，值越小效果越明显。

如果图层大小不同：如果两个对象大小不相同，选择“伸缩以适合”，在最终效果中将缩放显示在“与图层混合”中被选中的视频轨道的素材。

3.15.4　算术

功能：在不同的操作模式下通过设置红、绿和蓝色值计算得出颜色。

效果：如图 3-170 所示。

图 3-170

其“效果控件”面板如图 3–171 所示。

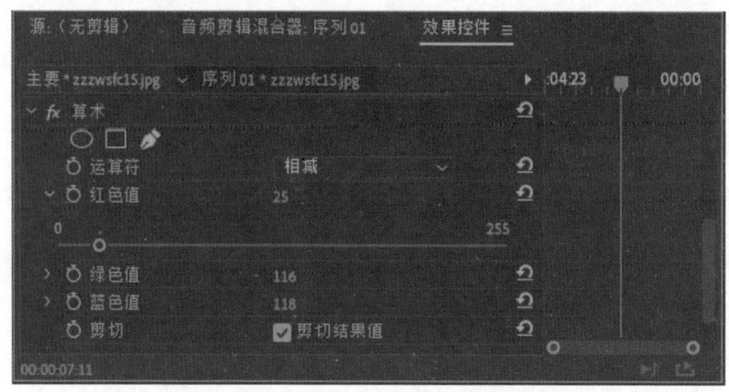

图 3–171

参数说明：

运算符：选择一种计算颜色的方式。

红色值：设置图片中所要进行操作的红色值。

绿色值：设置图片中所要进行操作的绿色值。

蓝色值：设置图片中所要进行操作的蓝色值。

剪切：勾选“剪切结果值”复选框，对最终效果进行修剪。如果不将该复选框选中，一些彩色值可能在计算时会超出彩色数值范围。

3.15.5 纯色合成

功能：调整原素材颜色与下方重叠素材的颜色混合。用户可以设置原素材和其下方重叠素材的不透亮度，并可以选择不同的混合模式。该特效也可以对单个素材进行操作。

效果：如图 3–172（a）（原图）和图 3–172（b）（合成后的效果）所示。

图 3–172（a）

其“效果控件”面板如图 3–173 所示。

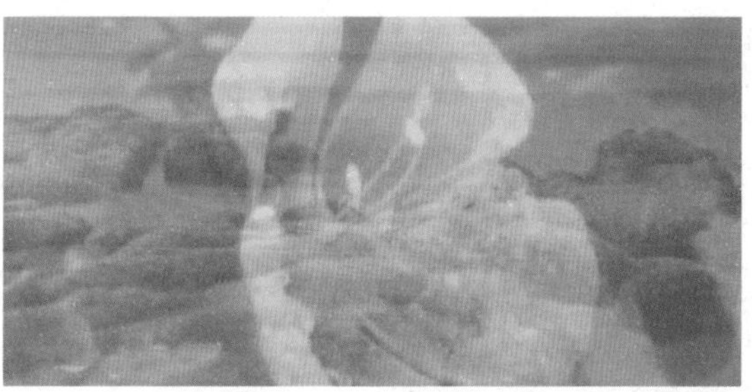

图 3-172（b）

图 3-173

参数说明：

源不透明度：设置原素材的不透明度。

颜色：选择需要设置的颜色。

不透明度：设置原素材所在的视频轨道下方的视频轨道中素材的不透明度。

混合模式：选择原素材与下方重叠素材混合的模式。

3.15.6 计算

功能：将两个重叠的素材混合在一起。

效果：如图 3–174（a）（原图）和图 3–174（b）（合成后的效果）所示。

图 3-174（a）

图 3–174（b）

其“效果控件”面板如图 3–175 所示。

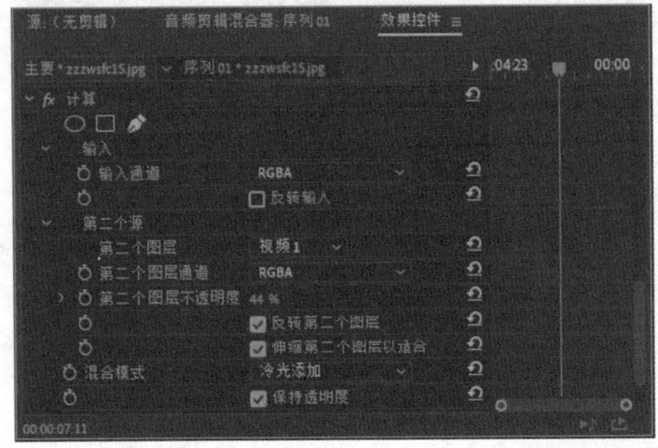

图 3–175

参数说明：

输入：设置原素材显示。

· 输入通道：选择需要显示的通道。

· RGBA：正常输入所有通道。

· 灰色：呈灰色显示原来的 RGBA 图像的亮度。

· 红 | 绿 | 蓝 |Alpha：选择对应的通道，显示对应通道。

· 反转输入：将在“输入通道”中选择的通道进行反向显示。

第二个源：设置与原素材混合的素材。

· 第二个图层：选择与原素材混合的素材所在的视频轨道。

· 第二个图层通道：选择与原素材混合的素材显示的通道。其下方选项的作用与“输入”设置框中的“输入通道”相同。

· 第二个图层不透明度：设置与原素材混合的素材的不透明度值。

· 反转第二个图层：与“输入”设置框下“反转输入”作用相同，只是这里指对的是与原素材混合的素材。

· 伸缩第二个图层以适合：当与原素材混合的素材小于原素材时，选择该复选框后，在显示最终果时将缩放混合素材。

混合模式：选择原素材与“第二个源”所设置的素材的混合模式。

保持透明度：确保被影响素材的不透明度不被修改。

3.15.7　设置遮罩

功能：为原素材添加一个蒙版层，调整蒙版层中的素材与原素材混合。

效果：如图 3–176（a）（原图）和图 3–176（b）（合成后的效果）所示。

图 3–176（a）

图 3–176（b）

其“效果控件”面板如图 3–177 所示。

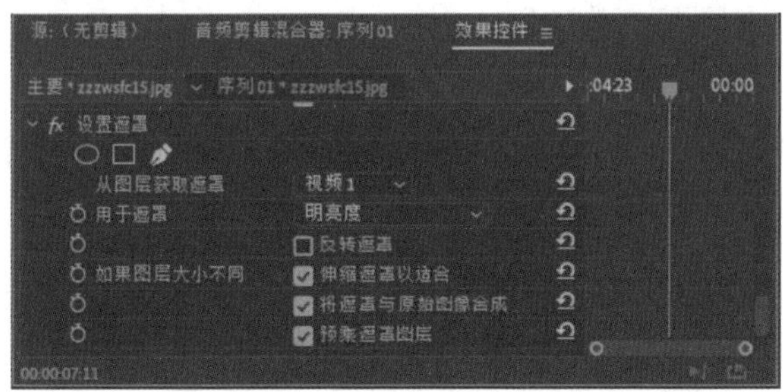

图 3–177

参数说明：

从图层获取遮罩：选择蒙版层所在的视频轨道。

用于遮罩：为蒙版选择一个模式。

反转遮罩：翻转显示蒙版的不透亮度。

伸缩遮罩以适合：当原素材蒙版层中的素材尺寸不等时，蒙版层中的素材显示改变后的尺寸与原素材相同。

将遮罩与原始图像合成：原素材与蒙版混合。

预乘遮罩图层：将该复选项选中，将软化蒙版层素材的边缘。

3.16 颜色校正特效技术详解

本节为读者介绍“颜色校正”视频特效组下的 12 种特效的功能、效果演示与详细的参数介绍。

位置：位于“效果”窗口中的“视频效果”下面。

3.16.1 ASC CDL

功能：通过调整红、蓝、绿三种颜色对应的参数值来改变图像色彩。

效果：如图 3–178 所示。

图 3–178

其“效果控件”面板如图 3–179 所示。

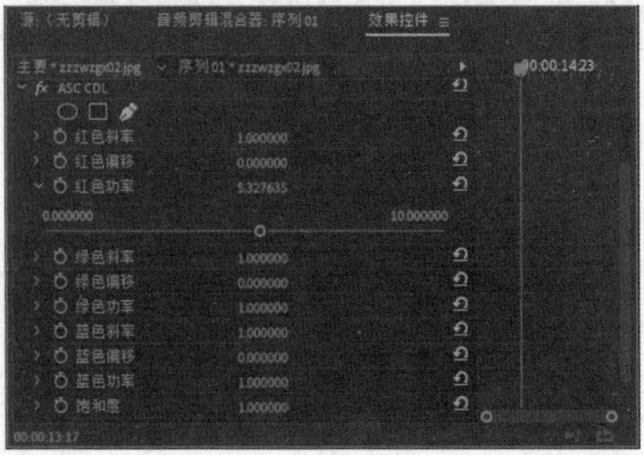

源:（无剪辑） 音频剪辑混合器: 序列 01 效果控件
主要 * zzzwzgx02.jpg 序列 01 * zzzwzgx02.jpg 00:00:14:23
fx ASC CDL
红色斜率 1.000000
红色偏移 0.000000
红色功率 5.327635
0.000000 10.000000
绿色斜率 1.000000
绿色偏移 0.000000
绿色功率 1.000000
蓝色斜率 1.000000
蓝色偏移 0.000000
蓝色功率 1.000000
饱和度 1.000000
00:00:13:17

图 3–179

参数就不做过多的说明了，只要亲自尝试一下，就会发现这个效果很实用很简单。

3.16.2　Lumetri 颜色

功能：实现专业级的视频调色和校色。在 Lumetri 颜色的颜色面板中，包括基本校正、创意、曲线、色轮和匹配、HSL 辅助、晕影六大功能模块，每个部分侧重于调色工作流程的特定任务。在调色时，通常还需要 Lumetri 范围面板来辅助，它可对影片的亮度和色度进行分析并显示为波形，对调色和校色工作提供了非常重要的参考。

效果：如图 3-180 所示。

图 3-180

其“效果控件”面板如图 3-181 所示。

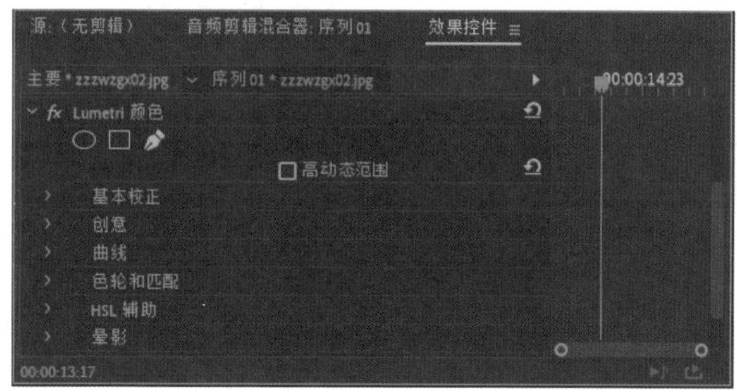

图 3-181

参数说明：

1. 基本校正模块

校正（或还原）色彩，包括应用 LUT、HDR 白色、白平衡及色调等进行校正，一般在这一步尽量还原相机所捕捉到的色彩和光影。

输入 LUT：可以使用 输入 LUT 作为

起点为剪辑进行分级调色，然后使用其他颜色控件做进一步调整。

提示：一般选择对应摄像机配套的LUT。LUTs文件通常分为校准类、技术类、创意类等，此处应用的通常是校准类。一般不要加载非官方提供的LUT文件。

白平衡：准确校正白平衡的方法通常有两种。

（1）当画面有明显的本该是黑白灰的区域时：

蒙版＋矢量示波器＋白平衡吸管

（2）当无法通过白平衡吸管确定白平衡时：

分量图＋调色工具（色温、色彩、曲线等）

色调：一般首先要设定好白色和黑色在亮度波形图上的位置，再去调整阴影和高光。

提示：

（1）所有滑块可以通过双击而复位。

（2）要使用“基本校正”模块中的“HDR白色”与“HDR高光”选项，需在Lumetri颜色面板控制菜单中开启“高动态范围”。

2. 创意模块

本模块中内置了大量Look预设，从而可以快速进行风格化套色。应用Look，随后可使用调整滑块做进一步的调整。这一步比较偏向个人直观和艺术创作的领域。目的是通过色调的调整，带给观众一种心理感受和氛围。在调色时，一般使用Lumetri范围面板上的“矢量示波器YUV”，以便观察视频的色彩分布。

强度：调整应用Look的强度。

调整：

· 淡化胶片：常用于实现怀旧效果。

· 锐化：用于调整边缘清晰度，正值增加边缘清晰度，负值减小边缘清晰度。

· 自然饱和度：还可以防止肤色的饱和度变得过高。

· 阴影色彩轮 | 高光色彩轮：调整阴影和高光中的色彩值（提示：空心轮表示未应用任何内容）。

· 色彩平衡：用于平衡剪辑中多余的洋红色或绿色。

3. 曲线模块

对图像色彩进行细致化处理。曲线工具组里有一大堆相当强大、非常实用的调色工具，常使用它们解决一些棘手的调色问题。除了应用常规RGB曲线以外，还可以利用色相与饱和度曲线、亮度与饱和度曲线等，依据不同的色相或饱和度或亮度等进行进一步处理。

RGB曲线：与常规的RGB曲线类似。主曲线控制亮度，此外，还可以单独调整红、绿、蓝通道曲线。一般情况下，需要配合波形图来进行处理。比如，可以结合蒙版与矢量示波器YUV来进行色彩校正。

色相与饱和度：选择色相范围并调整其饱和度水平。

色相与色相：选择色相范围并将其更改至另一色相。

色相与亮度：选择色相范围并调整其亮度。

亮度与饱和度：选择亮度范围并调整其饱和度。

饱和度与饱和度：选择饱和度范围并提高或降低其饱和度。

提示：

（1）按下 Shift 键可将控制点锁定，使其只能上下移动。

（2）默认情况下，吸管工具会对 5×5 像素的区域进行采样，并取选定颜色的平均值。按下 Ctrl|Cmd 键的同时使用吸管工具，可对更大的像素区域 (10×10) 进行采样。

4. 色轮和匹配模块

强化并统一调色效果。

色轮：类似于“三向颜色校正器”效果控件，如图 3-182 所示。通过三个色轮分别控制高光、阴影、中间调的颜色（色相和饱和度）及亮度。利用它们很容易实现诸如橙青色调等各类调色风格。

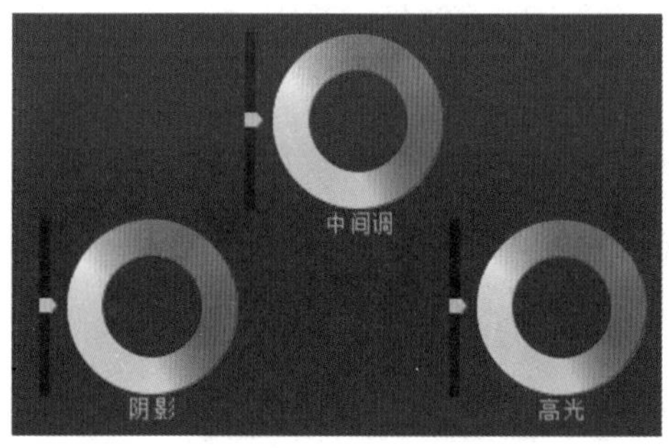

图 3-182

匹配：常用于比较整个序列中两个不同镜头的外观，确保一个场景或多个场景中的颜色和光线外观匹配。还可以使用此功能进行视频追色或套色。

匹配的方法与步骤：

（1）将参考视频拖入时间轴面板。

（2）选中要匹配颜色的剪辑。如果要匹配整个序列，则在参考视频的下一轨道新建调整图层，持续时间与序列相同，并选中调整图层。

（3）单击“比较视图”按钮。在节目窗口中，通过滑块将左侧拖到要参照的画面，再单击“应用匹配”按钮。如此，当前选中的剪辑，或者所有在调整图层下面轨道中的剪辑，它们的色调将变为与参照来源相同的色调。

提示：应用匹配后，色轮（如有必要，还包括“饱和度”滑块）更新，以反映自动颜色匹配算法应用的调整。

（4）在此基础上，再根据需要调整阴影、中间调和高光。

（5）调整完成后，关闭“比较视图”，并删除参照剪辑。

5. HSL 辅助模块

HSL 辅助是一个二级调色工具，是局部调色的利器。模块内的上下顺序反应了基本处理流程：首先通过“键”来选择区域并设置遮罩，然后通过“优化”来调整遮罩边缘，最后通过“更正”来调色。

提示：

（1）H：色相；S：饱和度；L：亮度。

（2）启用“彩色 | 灰色”遮罩显示功能，更方便定位要调整的色彩。选取范围确定之后，则可以关闭遮罩，然后使用更正模块进行色彩调整。

（3）更正模块内还可以通过三个色轮分别调整高光、阴影、中间调。

6. 晕影模块

应用晕影以实现在边缘逐渐淡出、中心处明亮的外观。晕影控件可控制边缘的大小、形状以及变亮或变暗量。

3.16.3 亮度与对比度

功能：调节画面的亮度和对比度。该效果同时调整所有像素的亮部区域、暗部区域和中间色区域，但不能对单一通道进行调节。

效果：如图 3–183 所示。

图 3–183

其“效果控件”面板如图 3–184 所示。

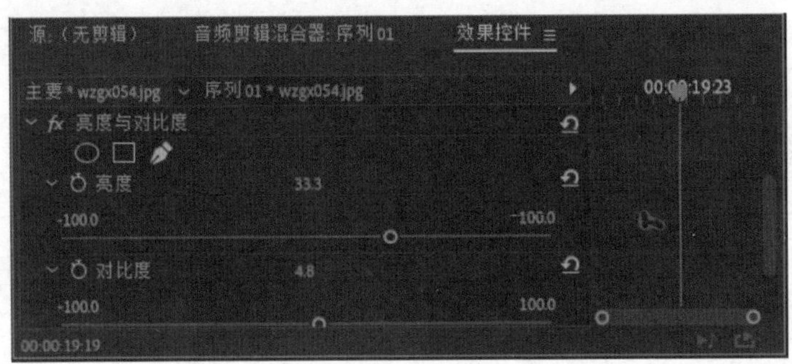

图 3–184

参数说明：

亮度：正值表示增加亮度，负值表示降低亮度。

对比度：正值表示增加对比度，负值表示降低对比度。

3.16.4 保留颜色

功能：从视频片段中吸取颜色，然后通过设置灰色的范围控制影像的显示。也就是通过设置一定的颜色范围来保留该色彩，将其他颜色置换为灰度效果。

效果：如图 3–185 所示。

图 3-185

其“效果控件”面板如图 3-186 所示。

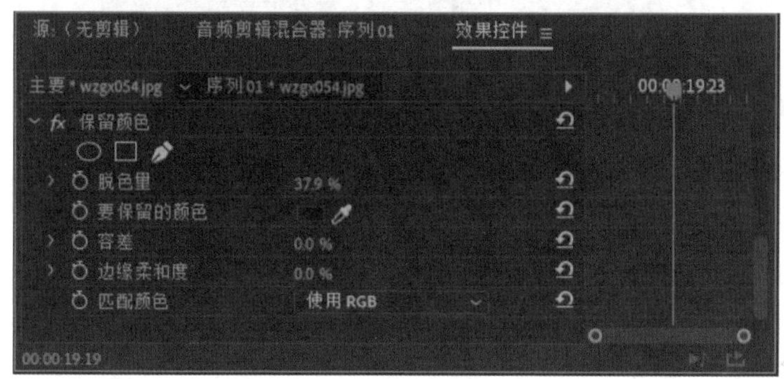

图 3-186

参数说明:

脱色量:设置改变颜色的程度。

要保留的颜色:选择图像中需要保留的颜色。

容差:设置图像颜色改变的范围。

边缘柔和度:设置该项将羽化被指定的区域边缘。

匹配颜色:选择两种颜色的类似设置准则,有使用 RGB 和使用色相两个选项供选择。

3.16.5 均衡

功能:改变图像中的图素数值,产生一个亮度或色彩比较一致的图像。

效果:如图 3-187 所示。

图 3-187

其“效果控件”面板如图 3-188 所示。

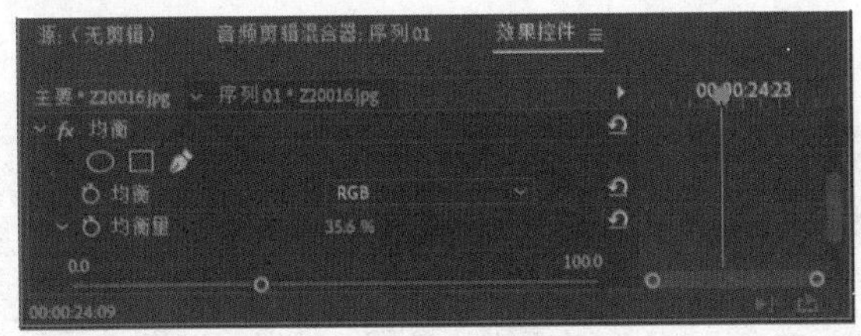

图 3-188

参数说明:

均衡：为图像选择一种设置模式。

· RGB：选择该选项，将平衡图像中的红、绿和蓝色。

· 亮度：选择该选项，亮度将以每个图像的亮度为基础平衡图像。

· Photoshop 样式：选择该选项，将重新分配素材的亮度数值，以便更好地平衡亮度层次。

均衡量：调整分配亮度数值。

3.16.6 更改为颜色

功能：将图像中的一种颜色更改为另一种颜色，并可以设置图像的色相、亮度和饱和度数值。

效果：如图 3-189 所示。

图 3-189

其“效果控件”面板如图 3-190 所示。

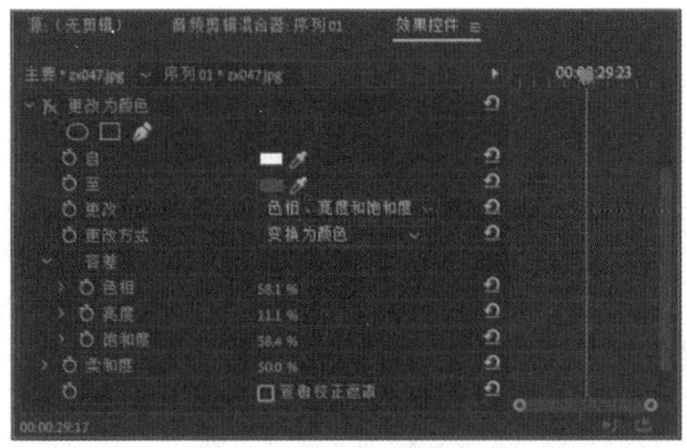

图 3-190

参数说明：

自：选择图像中更换的颜色。

至：选择将图像颜色更换为的颜色。

更改：设置色调被影响的通道。

·色相：选择该项只影响图像的色相。

·色相和亮度：选择该项将影响图像的色相和亮度。

·色相和饱和度：选择该项将影响图像的色相和饱和度。

·色相、亮度和饱和度：选择该项将影响图像的色相、亮度和饱和度。

更改方式：设置颜色的替换方式，可以是颜色设置或颜色改变。

·颜色设置：选择该选项，将设定影响目标颜色图素的变化。

·颜色变换：选择该项，把被影响目标颜色的图素数值用色调插值法改变颜色。

容差：设置图像改变颜色的范围。

柔和度：设置该参数设置可以软化更换颜色的边缘。

查看校正遮罩：将该复选框选中，图像的白色区域的彩色变化将受到影响，图像的黑色部分保留不变，图像的灰色区域将有较小的彩色变化影响。

3.16.7 更改颜色

功能：该特效可以通过色相、饱和度和亮度等对图像进行颜色的改变。

效果：如图 3-191 所示。

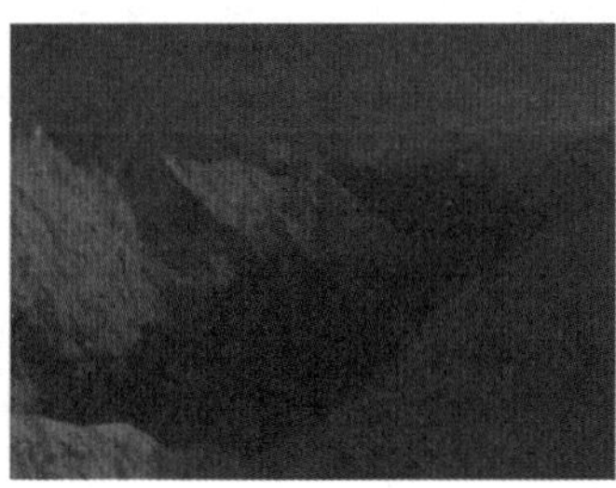

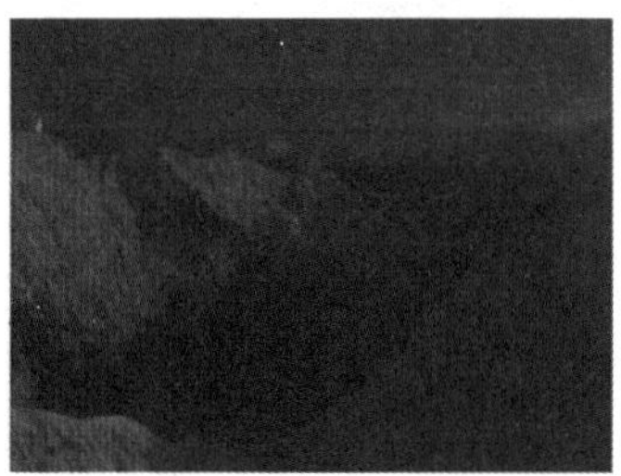

图 3-191

其“效果控件”面板如图 3-192 所示。

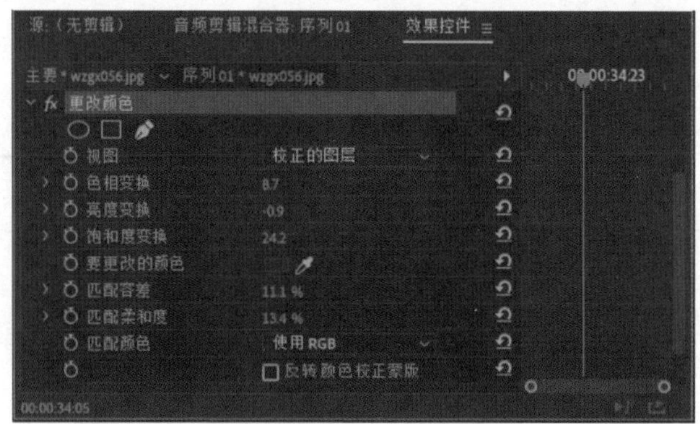

图 3-192

参数说明:

视图：用来设置校正形式，可以选择校正的图层和色彩校正蒙版。

色相变换：设置图像的色调数量，并在到达一定程度后调整挑选的颜色。

亮度变换：设置亮度值的增加或减少。

饱和度变换：增加或减少图像的饱和度值。

要更改的颜色：选择图像中要更改的颜色。

匹配容差：图像颜色校正之前，设置准许调整彩色匹配的范围。

匹配柔和度：设置图像的彩色校正柔和程度。

匹配颜色：选择两种颜色的类似设置准则。

反转颜色校正蒙版：选择该复选框，所有的颜色将会是反转显示颜色更改的结果。

3.16.8 色彩

功能：通过指定的颜色对图像进行颜色映射处理。

效果：如图 3-193 所示。

图 3-193

其“效果控件”面板如图 3-194 所示。

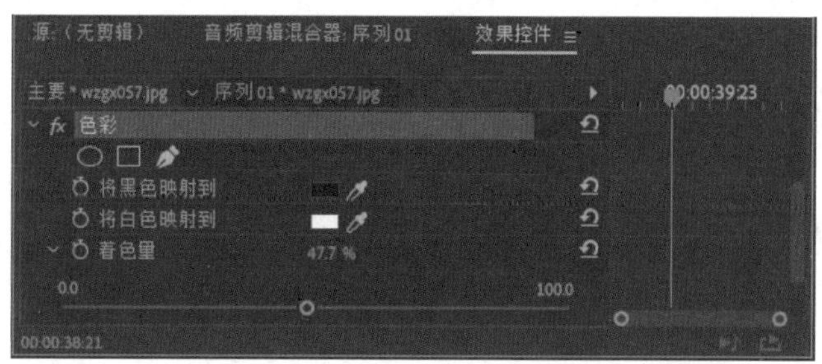

图 3-194

参数说明：

将黑色映射到：用于将图像中的黑色像素映射为该项所指定的颜色。

将白色映射到：用于将图像中的白色像素映射为该项所指定的颜色。

着色数量：用于控制图像颜色变化程度，调节滑块决定图像颜色变化的程度。

3.16.9　视频限制器

功能：限制素材（视频）的亮度和颜色。该特效可以让制作输出的视频在广播级限定范围内。

其“效果控件”面板如图 3-195 所示。

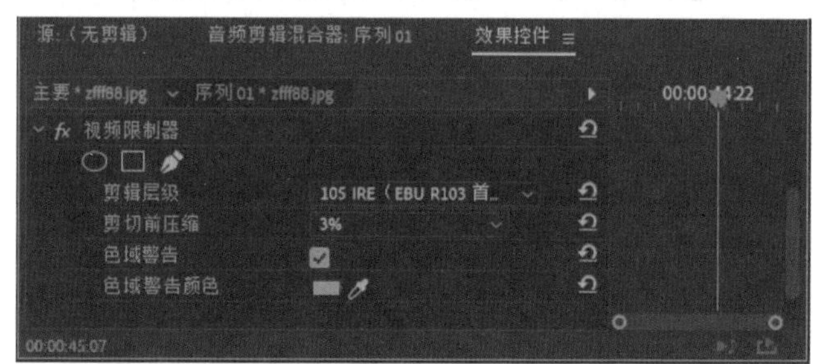

图 3-195

3.16.10　通道混合器

功能：对图像中的各个通道进行混合调节，虽然调节参数较为复杂，但是该特效可控性也更高。当需要改变影片色调时，该特效将是首选。

效果：如图 3-196 所示。

图 3-196

“通道合成”效果可以用当前颜色通道的混合值修改一个颜色通道。通过为每个通道设置不同的颜色偏移量，来校正图像的颜色。通过调节效果控制面板中各通道的滑块，可以调整各个通道的颜色信息。对各项参数的调节，控制着选定通道到输出通道的强度。

其“效果控件”面板如图 3-197 所示。

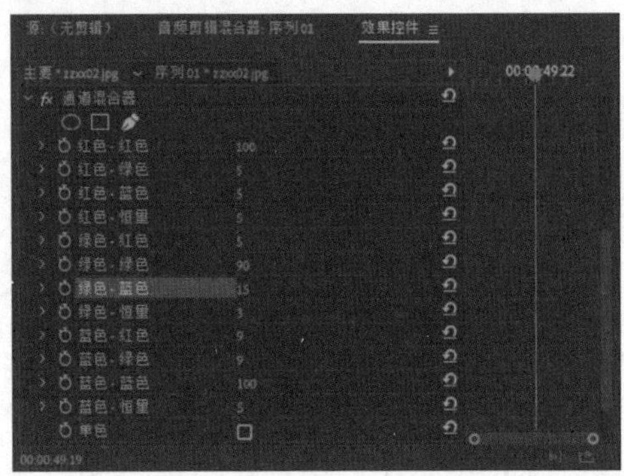

图 3-197

参数说明:

“红色—红色”“绿色—绿色”“蓝色—蓝色”：表示图像RGB模式，分别调整红、绿、蓝3个通道，其他类推。

“红色—绿色”“红色—蓝色”……：表示在红色通道中绿色所占的比例，其他类推。

单色：对所有输出通道应用相同的数值，产生包含灰阶的彩色图像。对于打算将其转换为灰度的图像，选择“单色”非常有用。如果先选择这个选项，然后又取消选择，就可以单独修改每个通道的混合，为图像创建一种手绘色调的效果。

3.16.11 颜色平衡

功能：改变素材中红色、绿色和蓝色的数量。每个滑动器在中央点（即值为0）时表示没有变化。当值为负数时素材指定的颜色将减少；当值为正数时素材指定的颜色将增强。当素材颜色增强时，选择“保留亮度”复选框，这样将维持图像的色调平衡。

效果：如图 3-198 所示。

图 3-198

其“效果控件”面板如图 3-199 所示。

源:（无剪辑） 音频剪辑混合器:序列01 效果控件 ≡
主要 * Z200118.jpg ⌄ 序列 01 * Z200118.jpg 00:00:54:22
fx 颜色平衡
阴影红色平衡 55.6
阴影绿色平衡 35.6
阴影蓝色平衡 54.4
中间调红色平衡 -54.4
中间调绿色平衡 -25.9
中间调蓝色平衡 57.8
高光红色平衡 5.0
高光绿色平衡 5.0
高光蓝色平衡 27.1
保持发光度
00:00:53:08

图 3-199

注意: 素材的性质设定不影响颜色平衡。

3.16.12 颜色平衡（HLS）

功能：通过调整色调、饱和度和明亮度对颜色的平衡度进行调节。

效果：如图 3-200 所示。

图 3-200

其“效果控件”面板如图 3-201 所示。

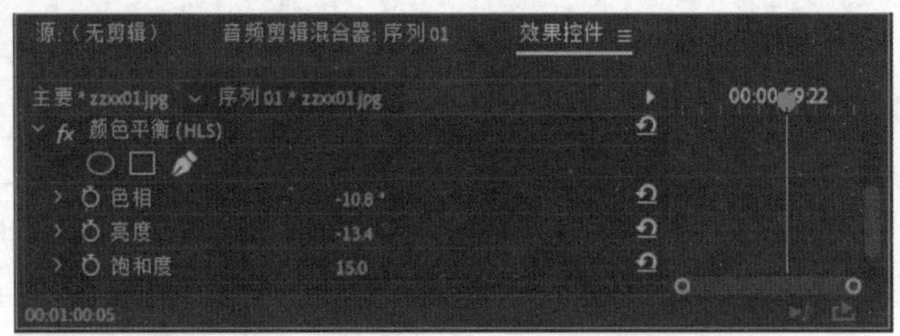

图 3-201

参数说明:

色相:控制图像色调。

亮度:控制图像亮度。

饱和度:控制图像饱和度。

3.17 风格化特效技术详解

本节为读者介绍“风格化”特效组下的 14 个特效的功能、效果演示与详细的参数介绍。

位置:位于“效果”窗口中的“视频效果”下面。

3.17.1 Alpha发光

功能:仅对具有 Alpha 通道的片段起作用,而且仅对第一个 Alpha 通道起作用。在 Alpha 通道指定的区域边缘,可以产生一种颜色渐衰减或切换到另一种颜色的效果。

效果:如图 3-202 所示。

图 3-202

其“效果控件”面板如图 3-203 所示。

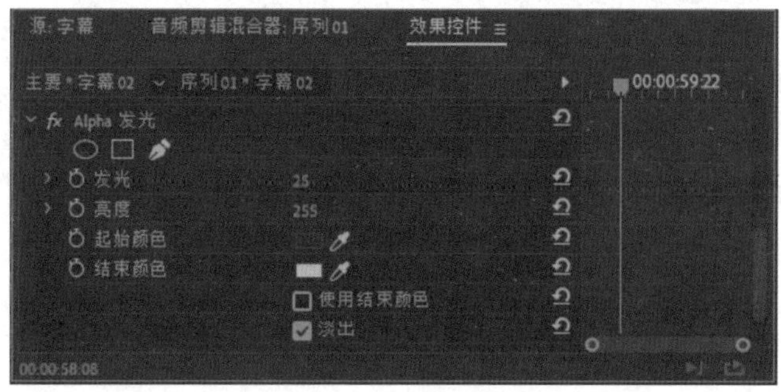

图 3-203

参数说明:

发光：控制颜色从Alpha通道扩散至边缘的大小。

亮度：控制颜色扩散的不透明度。

起始颜色：为辉光内部选择一种颜色。

结束颜色：为辉光外部选择一种颜色。

使用结束色：选择该复选框将应用“结束色”所选的颜色。

淡出：选择该复选框将从“起始色”渐变到“结束色”。

3.17.2 复制

功能：将屏幕分成几块，并在每一块中都显示整个图像，通过拖动滑块设置每行或每列的分块数目。使用该效果，可以轻松剪辑出多屏视频效果。

效果：如图 3-204 所示。

图 3-204

其“效果控件”面板如图 3-205 所示。

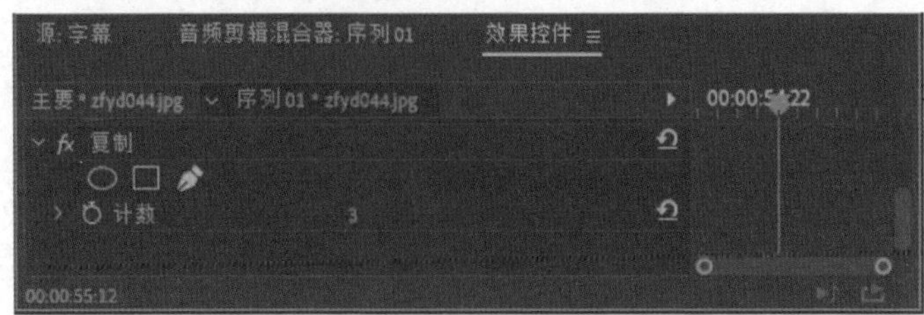

图 3-205

参数说明:

计数：设置每行或每列所复制的分块数目。

3.17.3　彩色浮雕

功能：锐化图像中物体的边缘并修改图像颜色。这个效果会从一个指定的角度使边缘产生高光。

效果：如图 3-206 所示。

图 3-206

其“效果控件”面板如图 3-207 所示。

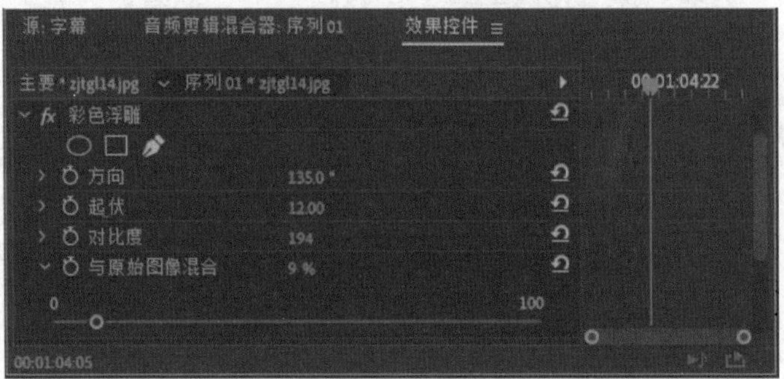

图 3-207

参数说明:

方向：调整浮雕的方向。

起伏：设置浮雕压制的明显高度。实际上是设定浮雕边缘最大加亮的宽度。

对比度：设置图像内容的边缘锐利度。就如增加参数值，加亮区变得更明显。

与原始图像混合：设置该参数，值越小上述设置项设置的效果越明显。

3.17.4 曝光过度

功能：产生一个正片与负片之间的混合，引起晕光效果。类似一张相片在显影时快速曝光。

效果：如图 3-208 所示。

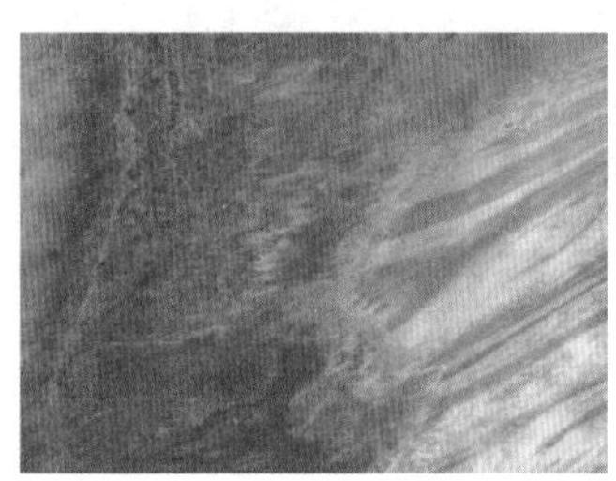
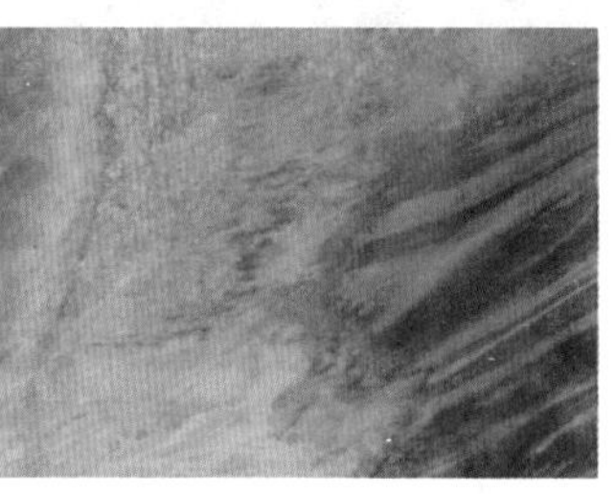

图 3-208

其“效果控件”面板如图 3-209 所示。

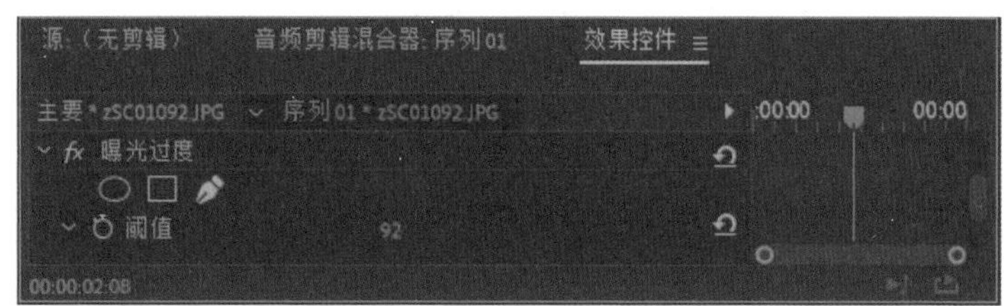

图 3-209

参数说明:

阈值：设置曝光程度，值越大效果越显著。

3.17.5 查找边缘

功能：识别图像中有显著变化和明显的边缘，边缘可以显示为白色背景上的黑线和黑色背景上的彩色线。

效果：如图 3-210 所示。

图 3-210

其“效果控件”面板如图 3-211 所示。

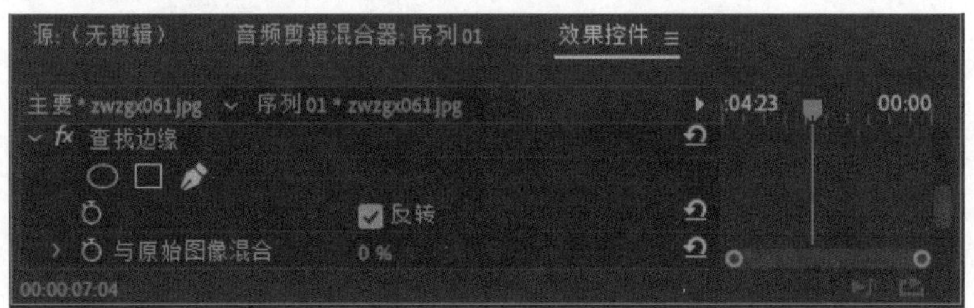

图 3-211

参数说明:

反转：当没有选择该复选框时，边缘出现如黑暗在白色背景上的线。当选中该复选框时，边缘出现如在黑色背景上的明亮线。

与原始图像混合：设置该参数，值越小上述设置项设置的效果越明显。

3.17.6 浮雕

功能：锐化图像中物体的边缘，并改变图像的原始颜色。

效果：如图 3-212 所示。

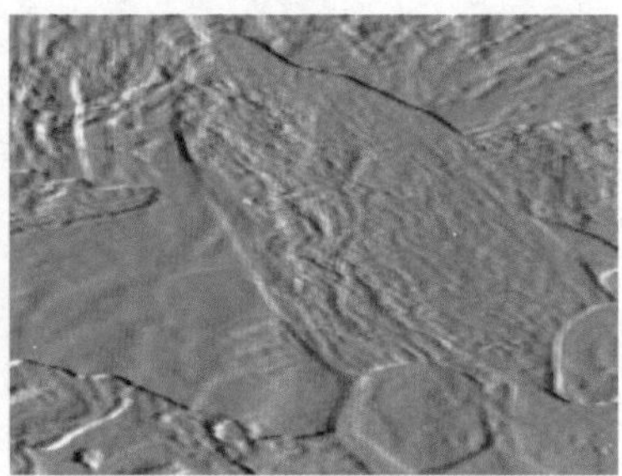

图 3-212

其“效果控件”面板如图 3–213 所示。

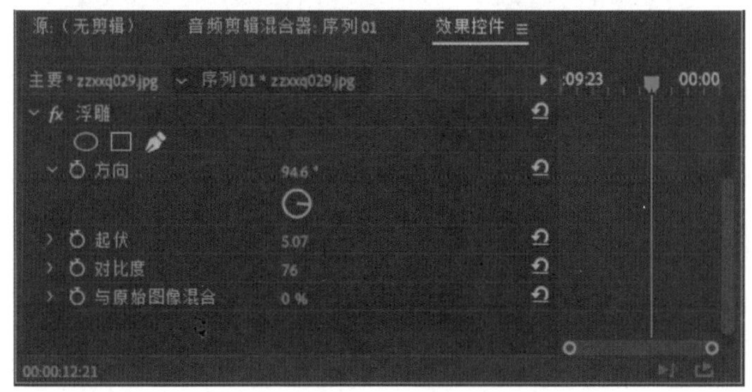

图 3–213

参数说明：

方向：调整浮雕的方向。

起伏：设置浮雕压制的明显高度。实际上是设定浮雕边缘最大加亮的宽度。

对比度：设置图像内容的边缘锐利度。就如增加参数值，加亮区变得更明显。

与原始图像混合：设置该参数，值越小上述设置项设置的效果越明显。

3.17.7　画笔描边

功能：应用画笔绘制图像边缘。

效果：如图 3–214 所示。

图 3–214

其“效果控件”面板如图 3–215 所示。

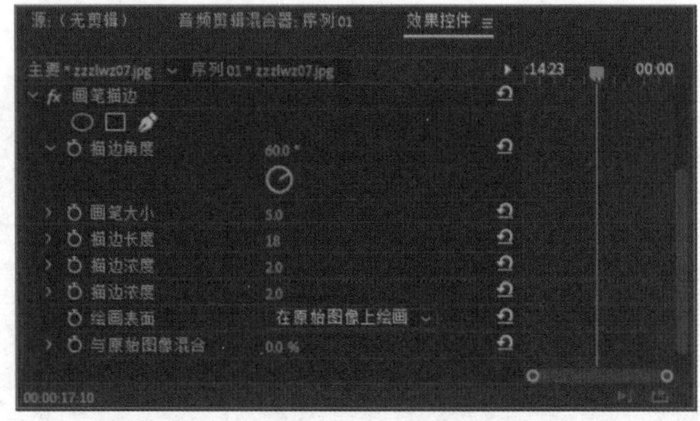

图 3-215

参数说明：

描边角度：设置笔画的角度。

画笔大小：设置图像刷子的大小。

描边长度：设置笔刷的长度。

描边浓度：用笔触的密度交叠处理刷子的笔画，产生有趣的视觉效果。

描绘随机性：设置笔画的随机变化量。

绘画表面：选择一种刷子的方式。

· 在原始图像上绘画：选择该项，笔画将从原始图像的顶端开始描绘。

· 在透明背景上绘画：选择该项，笔画将在透明层上显示。

· 在白色上绘画 | 在黑色上绘画：在白色或黑色的背景上显示笔画。

与原始图像混合：设置该参数，值越小上述设置项设置的效果越明显。

3.17.8 粗糙边缘

功能：将图像的边缘粗糙化，制作一种粗糙效果。

效果：如图 3-216 所示。

图 3-216

其“效果控件”面板如图 3-217 所示。

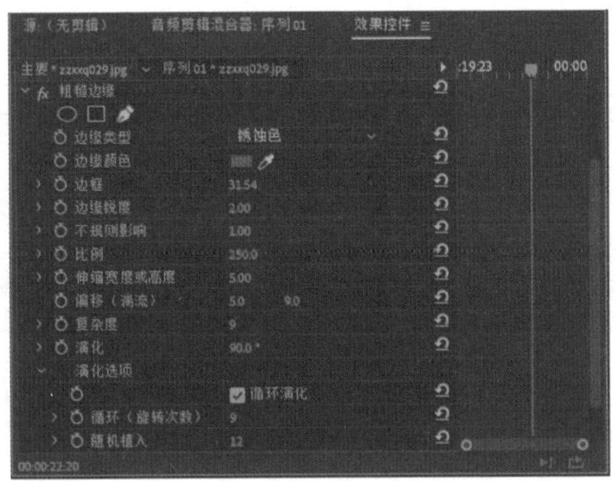

图 3-217

参数说明：

边缘类型：可从右侧的下拉菜单中选择用于粗糙边缘的类型。

边缘颜色：指定粗糙边缘时所使用的颜色。

边框：设置边缘的粗糙程度。

边缘锐度：设置边缘的锐化程度。

不规则影响：设置边缘的不规则程度。

比例：设置不规则的大小。

伸缩宽度或高度：碎片的拉伸强度。正值水平拉伸；负值垂直拉伸。

偏移（湍流）：设置边缘在拉伸时的位置。

复杂度：设置边缘的复杂程度。

演化：设置边缘的角度。

演化选项：该选项组控制进化的循环设置。

· 循环演化：勾选该复选框，启用循环进化功能。

· 循环（旋转次数）：设置循环的次数。

· 随机植入：设置循环进化的随机性。

3.17.9　纹理

功能：使素材产生具有其他素材的纹理效果。

效果：如图 3-218（a）（原图）和图 3-218（b）（合成后的效果）所示。

图 3-218（a）

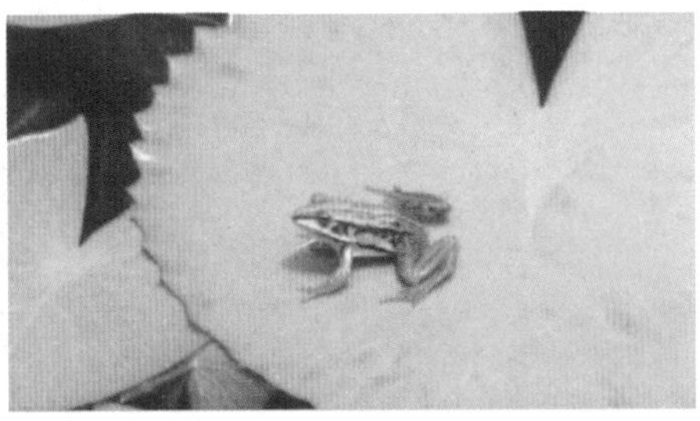

图 3-218（b）

其“效果控件”面板如图 3-219 所示。

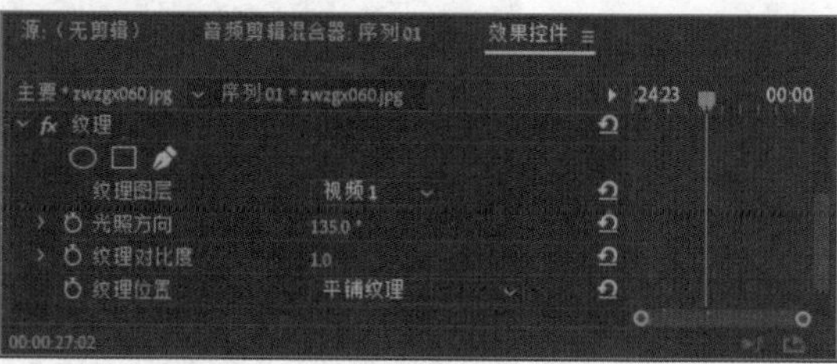

图 3-219

参数说明:

纹理图层：选择与素材混合的视频轨道。

光照方向：设置光线的角度。

纹理对比度：设置纹理显示的强度。

纹理位置：选择一种模式，确定产生的效果如何应用。

3.17.10 色调分离

功能：将图像中的颜色信息减小，产生颜色的分离效果，可以模拟手绘效果。

效果：如图 3-220 所示。

图 3-220

其“效果控件”面板如图 3-221 所示。

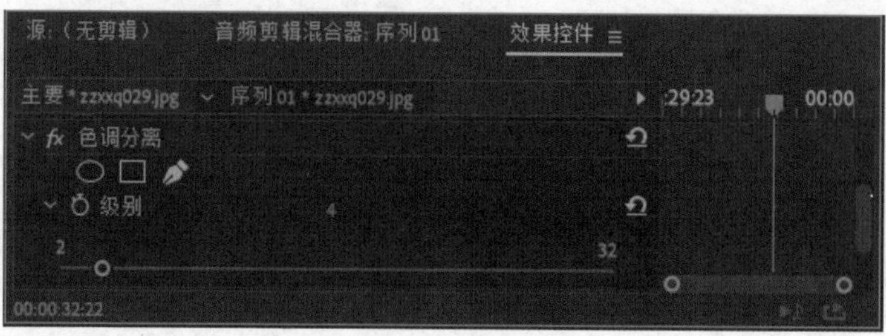

图 3-221

参数说明：

级别：设置颜色分离的级别。值越小，颜色信息就越少，分离效果越明显。

3.17.11　闪光灯

功能：使素材在播放的过程中产生颜色闪动的效果。

效果：如图 3–222 所示。

图 3–222

其“效果控件”面板如图 3–223 所示。

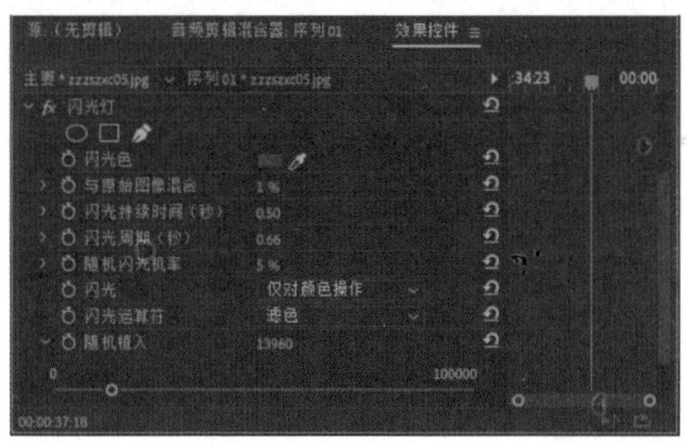

图 3–223

参数说明：

闪光色：选择闪动的颜色。

与原始图像混合：设置选择颜色与素材的混合度（即颜色的不透亮度）。

闪光持续时间（秒）：设置颜色在播放中持续的时间。

闪光周期（秒）：设置颜色在播放中出现的间隔时间。

随机闪光概率：设置颜色在播放中出现闪动的速率。

闪光：选择颜色在素材上操作的位置。

· 仅对颜色操作：选择该项后，将只在所有的颜色中运算。

· 使图层透明：选择该项使播放过程中产生效果时，原素材将变成透明。

闪光运算符：为颜色与素材选择一个混合模式。

随机植入：设置在播放中出现“闪光”频率。

3.17.12 阈值

功能：将素材的颜色调整为黑白色。

效果：如图 3-224 所示。

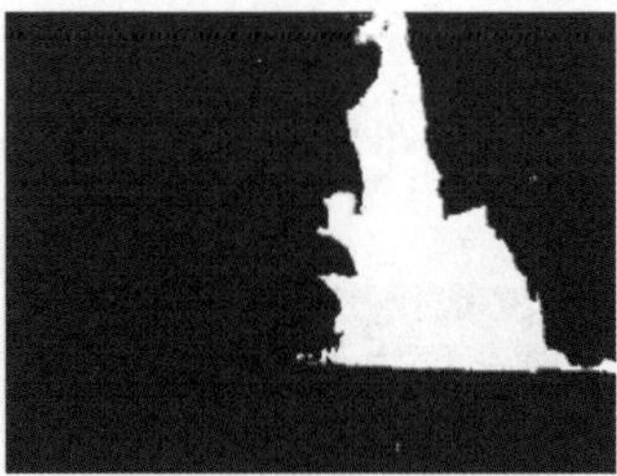

图 3-224

其“效果控件”面板如图 3-225 所示。

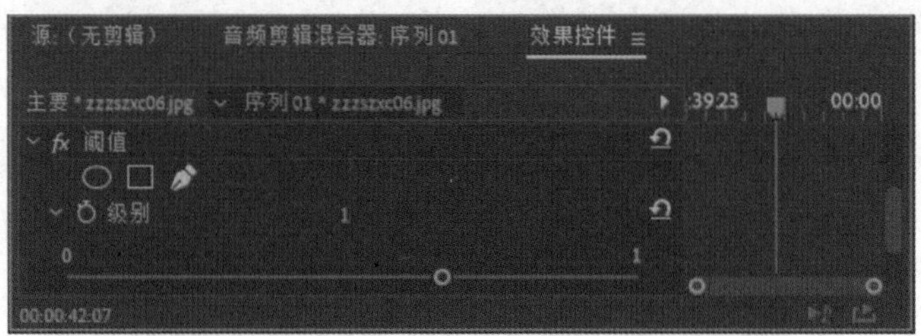

图 3-225

参数说明：

级别：调整黑色在图像中所占比例。

3.17.13 马赛克

功能：使用大量的单色矩形填充一个图像。

效果：如图 3-226 所示。

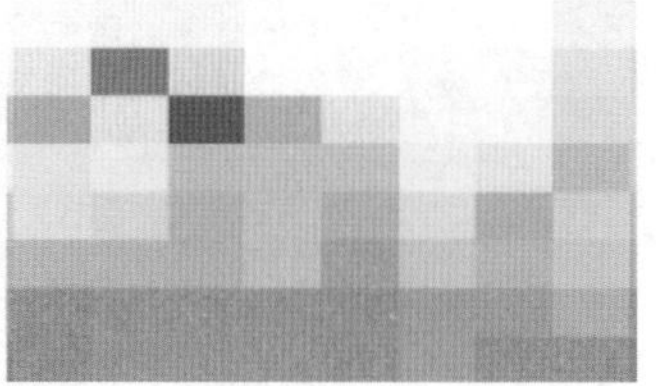

图 3-226

其“效果控件”面板如图 3-227 所示。

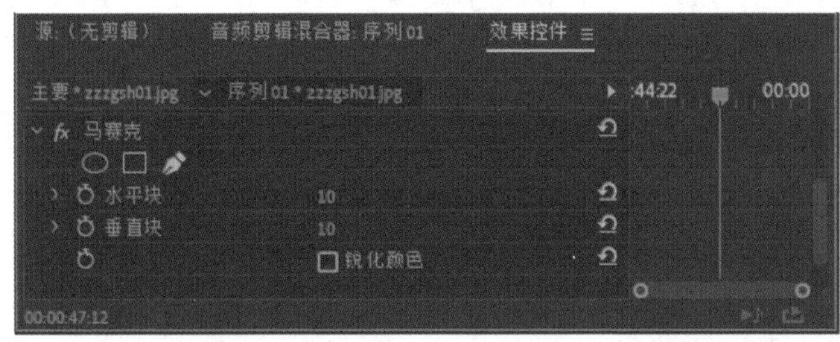

图 3-227

参数说明:

水平块：设置马赛克宽度。

垂直块：设置马赛克高度。

锐化颜色：将该复选框选中，锐化图像素材。

3.18 视频特效演练

本章详细介绍了 Premiere Pro 2020 的各个视频特效功能、效果控件面板及参数说明，接下来通过一个具体的实例使读者进一步了解 Premiere Pro 2020 视频特效的实际应用。本案例最终影像效果如图 3-228 所示。

图 3-228

图 3-228（续）

为了解析方便和清晰，接下来引入一些静态图像素材作为讲解的基础。

3.18.1 新建项目与导入素材

操作详解：

（1）在 Premiere Pro 2020 欢迎界面单击“新建项目”或在运行 Premiere Pro 2020 的过程中执行“文件”|“新建”|“项目”菜单命令后，可以在弹出的“新建项目”对话框中新建项目，选择保存文件路径，输入保存文件名“Vide”，如图 3-229 所示。然后单击“确定”按钮。

（2）在“新建项目”对话框中设置完毕后，单击“确定”按钮，在弹出的“新建序列”对话框中按照图 3-230 所示进行设置。最后单击“确定”按钮，进入 Adobe Premiere Pro 2020 的界面。

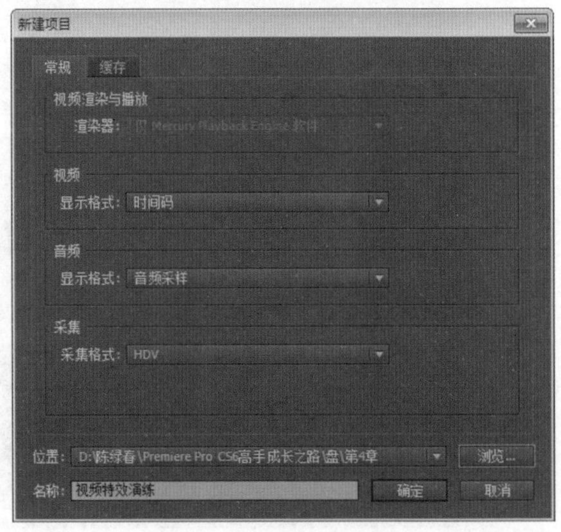

图 3-229

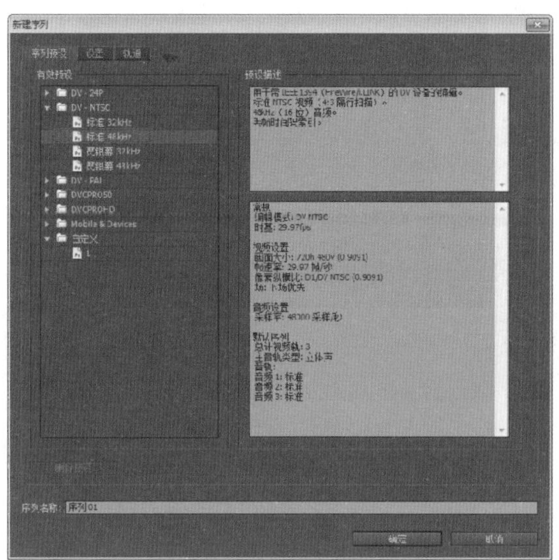

图 3-230

（3）执行“文件”|“导入”命令，在弹出的“导入”对话框中选择“第3章”文件夹中的图片素材“vide01.jpg”、“vide02.jpg”、“vide03.jpg”、“vide04.jpg”、“vide05.jpg”、“vide06.jpg”、“vide07.jpg”、“vide08.jpg”、“vide09.jpg”和“vide10.jpg”这10文件，然后单击“确定”按钮。图片素材效果如图3-231所示。

图 3-231

（4）导入后所有的素材被陈列于“项目”窗口的列表中，如图3-232所示。

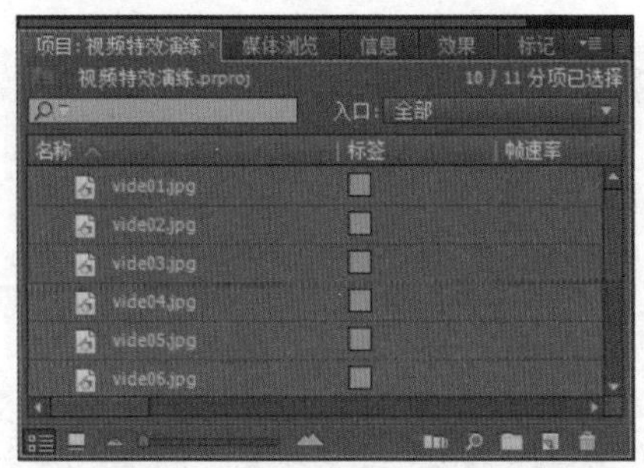

图 3-232

3.18.2 剪辑素材

操作详解：

（1）将导入的素材拖入 V1 视频轨道中，如图 3-233 所示。

（2）在“节目”监视器窗口中依次调整素材在窗口中的显示大小，方法为双击监视器窗口中的素材，然后拉动控制点进行调节，使其刚好铺满监视器窗口，如图 3-234 所示（这里仅列出一个，其他素材效果类似）。

图 3-233

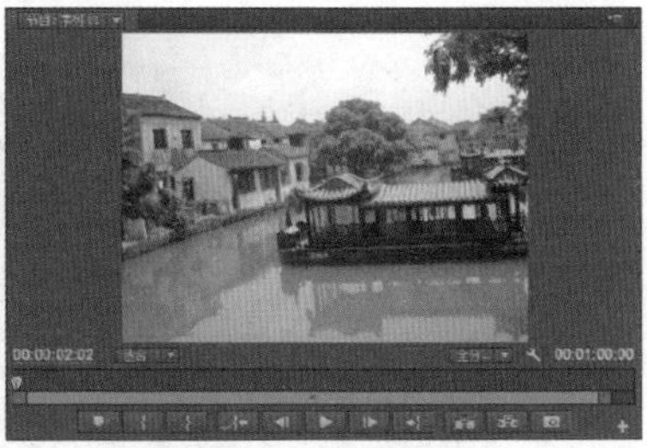

图 3-234

3.18.3 添加视频特效与设置动画

操作详解：

（1）单击 V1 视频轨道中的素材“vide01.jpg”。在“效果”窗口中，将“视频效果”下的“变换”特效组下的“摄影机视图”特效拖入 V1 视频轨道中的“vide01.jpg”素材上面。将时间标记移动到“vide01.jpg”素材的开始处，在其“效果控件”面板中分别单击“经度”和“纬度”前面的“切换动画”按钮，创建两个关键帧，在其“效果控件”面板按照图 3-235 所示进行设置。

效果如图3–236所示。

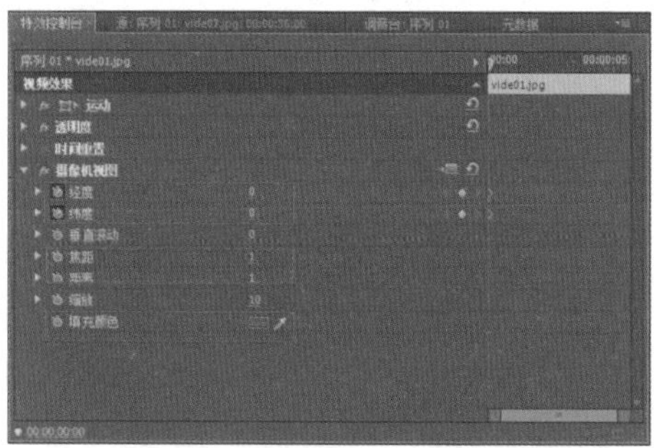

图 3–235

图 3–236

（2）将时间标记移动到00:00:05:24处，然后在其“效果控件”面板按照图3–237所示进行设置。

效果如图3–238所示。

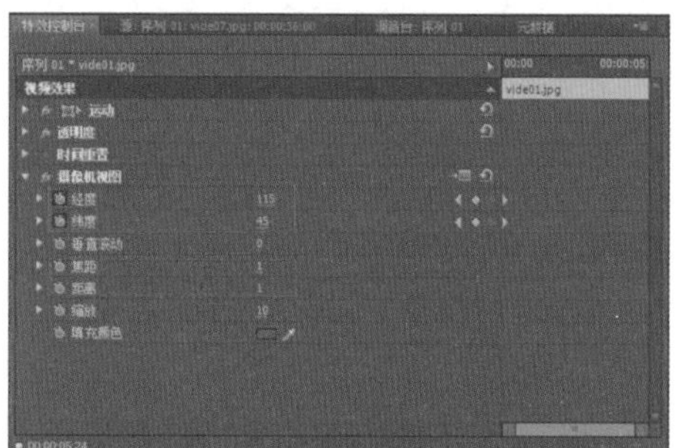

图 3–237

图 3–238

（3）单击V1视频轨道中的素材“vide02.jpg”。在“效果”窗口中，将“视频效果”下的“变换”特效组下的“垂直翻转”和“羽化边缘”特效拖入V1视频轨道中的“vide02.jpg”素材上面，将时间标记移动到00:00:06:00处，在其“效果控件”面板中按照图3–239所示进行设置。

效果如图3–240所示。

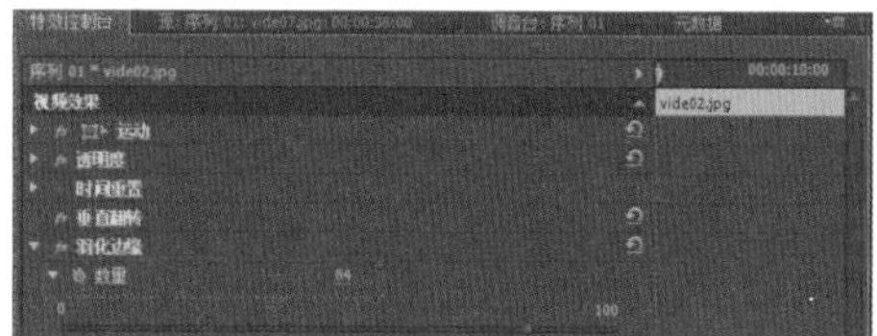

图 3–239

图 3–240

提示：可以对同一素材使用多个特效。

（4）单击 V1 视频轨道中的素材“vide03.jpg”。在“效果”窗口中，将“视频效果”下的“杂色与颗粒”特效组下的“灰尘与划痕”特效拖入 V1 视频轨道中的“vide03.jpg”素材上面。将时间标记移动到 00:00:12:00 处，在其“效果控件”面板中分别单击“半径”前面的“切换动画”按钮，创建关键帧，然后在其“效果控件”面板按照图 3-241 所示进行设置。

效果如图 3-242 所示。

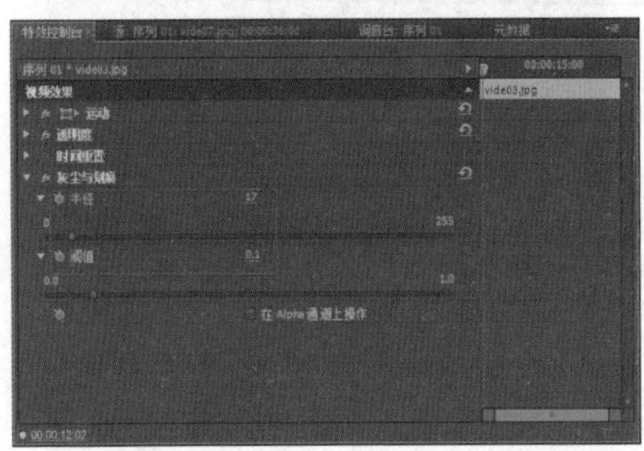

图 3-241

图 3-242

（5）单击 V1 视频轨道中的素材“vide03.jpg”。在“效果”窗口中，将“视频效果”下的“杂色与颗粒”特效组下的“杂色 Alpha”特效拖入 V1 视频轨道中的“vide03.jpg”素材上面。将时间标记移动到 00:00:18:00 处，在其“效果控件”面板中选择“杂色”类型为“统一动画”。分别单击“数量”、“溢出”和“杂色相位”前面的“切换动画”按钮，创建关键帧，然后在其“效果控件”面板按照图 3-243 所示进行设置。

效果如图 3-244 所示。

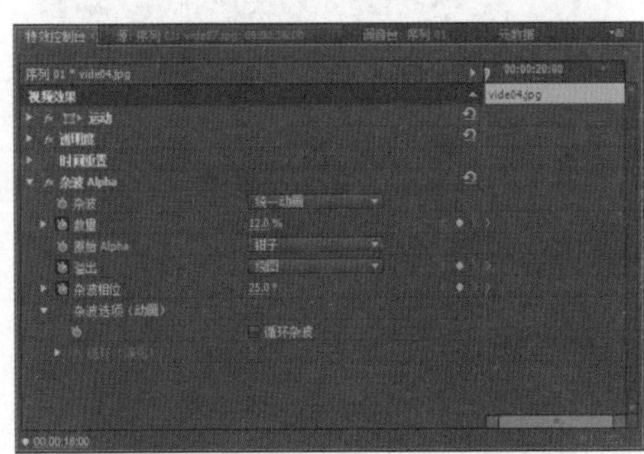

图 3-243

图 3-244

（6）将时间标记移动到 00:00:23:24 处，然后在其“效果控件”面板按照图 3-245 所示进行设置。

效果如图 3-246 所示。

（7）单击 V1 视频轨道中的素材“vide05.jpg”。在“效果”窗口中，将“视频效果”下的“扭曲”特效组下的“偏移”特效拖入 V1 视频轨道中的“vide05.jpg”素材上面。将时间标记移动到 00:00:24:00 处，在其“效果控件”面板中分别单击“将中心转换为”和“与原始图像混合”前面的“切换动画”按钮，创建关键帧，然后在其“效果控件”面板按照图 3-247 所示进行设置。

效果如图 3-248 所示。

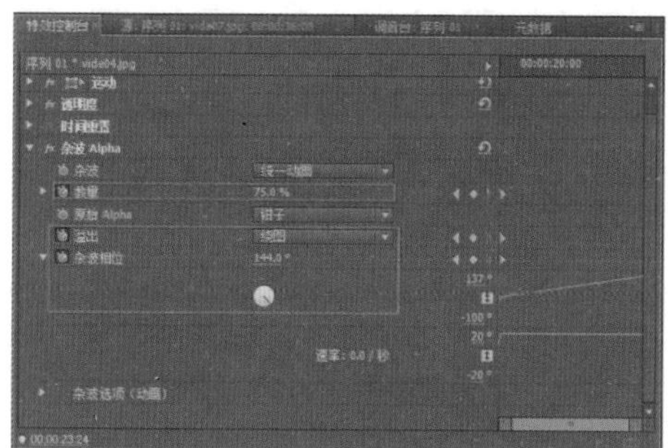

图 3-245

图 3-246

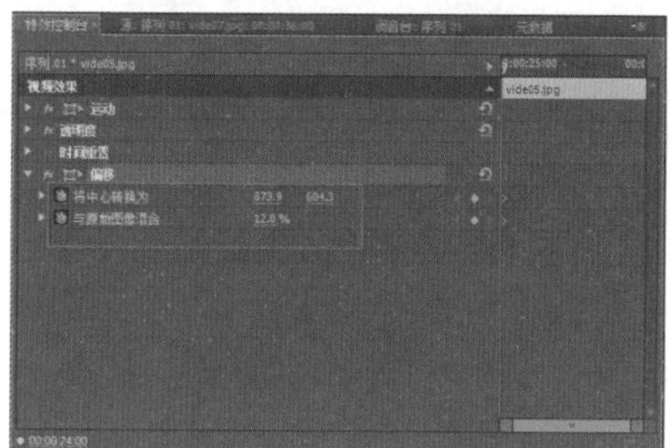

图 3-247

图 3-248

（8）将时间标记移动到00:00:29:24处，然后在其“效果控件”面板按照图3-249所示进行设置。

效果如图3-250所示。

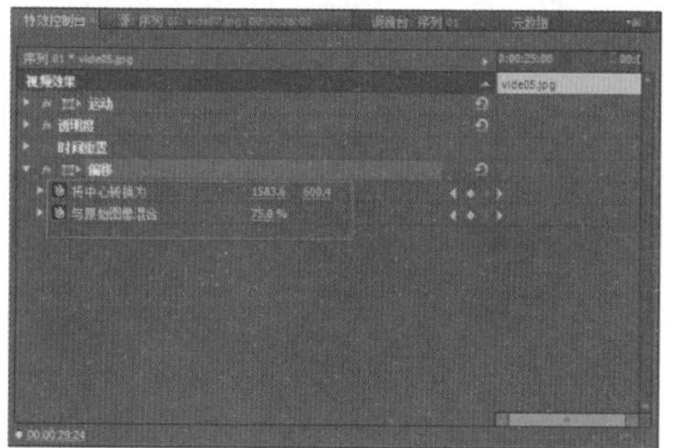

图 3-249

图 3-250

（9）单击V1视频轨道中的素材“vide06.jpg”。在“效果”窗口中，将“视频效果”下的“扭曲”特效组下的“湍流置换”特效拖入V1视频轨道中的“vide06.jpg”素材上面，并在其“效果控件”面板中将“数量”设置为100，“演化”设置为60°。

效果如图3-251所示。

（10）单击V1视频轨道中的素材“vide07.jpg”。在“效果”窗口中，将“视频效果”下的“扭曲”特效组下的“旋转扭曲”特效拖入V1视频轨道中的“vide07.jpg”素材上面。在其“效果控件”面板按照图3-252所示进行设置。

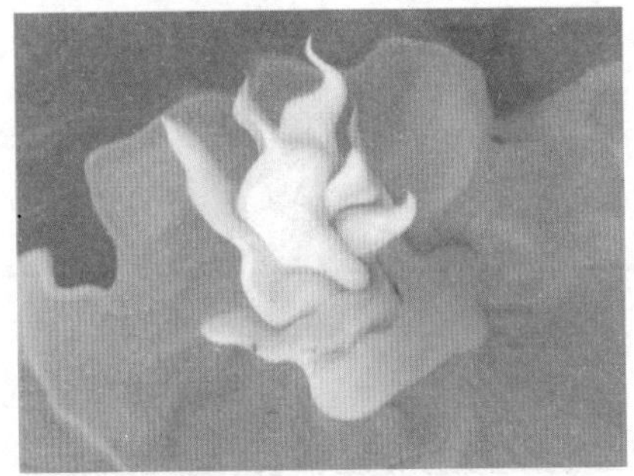
图 3-251

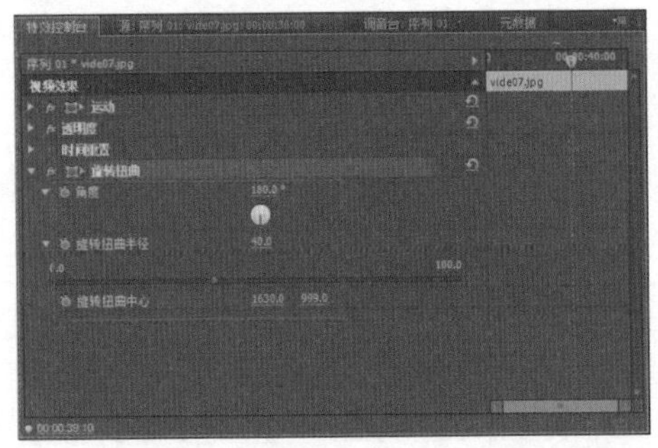
图 3-252

效果如图 3-253 所示。

（11）单击 V1 视频轨道中的素材“vide08.jpg”。在“效果”窗口中，将“视频效果”下的“风格化”特效组下的“浮雕”特效拖入 V1 视频轨道中的“vide08.jpg”素材上面，在其“效果控件”面板按照如图 3-254 所示进行设置。

图 3-253

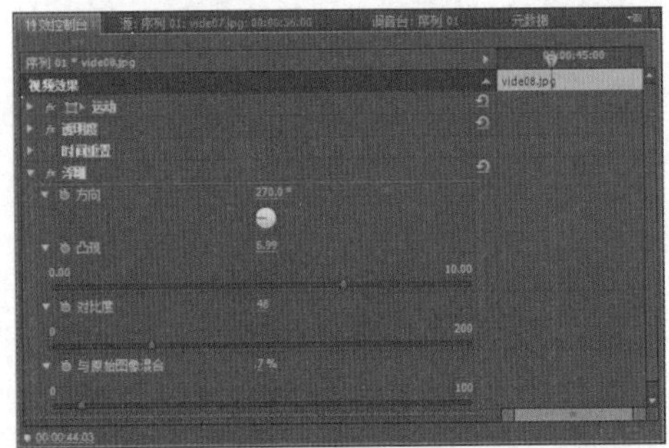
图 3-254

效果如图 3-255 所示。

（12）单击 V1 视频轨道中的素材“vide09.jpg”。在“效果”窗口中，将“视频效果”下的“生成”特效组下的“油漆桶”特效拖入 V1 视频轨道中的“vide09.jpg”素材上面，在其“效果控件”面板按照如图 3-256 所示进行设置。

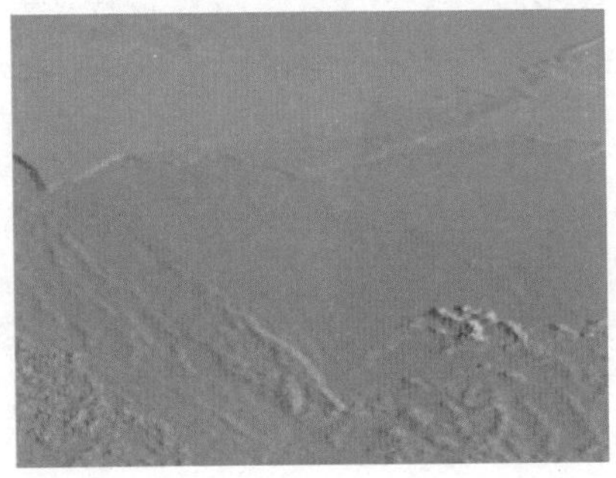
图 3-255

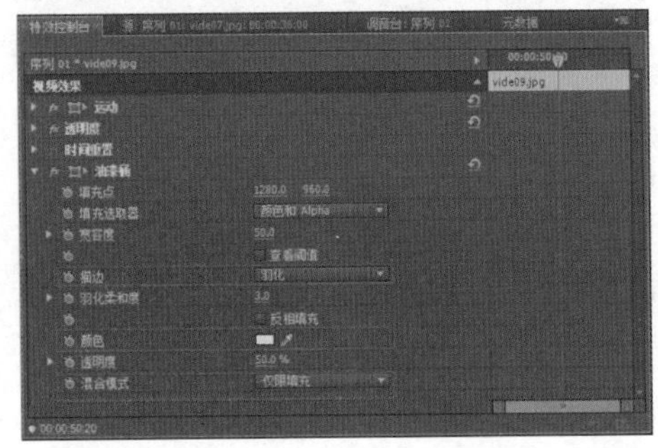
图 3-256

效果如图 3-257 所示。

（13）单击 V1 视频轨道中的素材“vide10.jpg”。在“效果”窗口中，将“视频效果”下的“过时”特效组下的“快速模糊”特效拖入 V1 视频轨道中的“vide10.jpg”素材上面，在其“效果控件”面板按照图 3-258 所示进行设置。

图 3-257

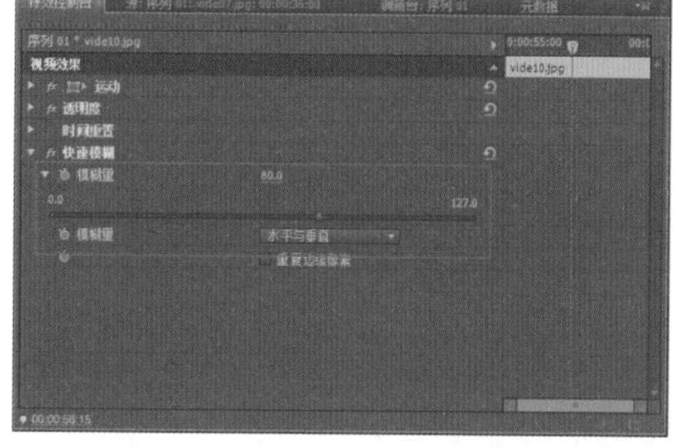

图 3-258

效果如图 3-259 所示。

（14）将“时间轴”窗口中的时间标记移动到 00:00:00:00 处，按空格键，就可以在“节目”监视器窗口中预览最终的效果了。

（15）最后执行“文件”|“保存”命令或按 Ctrl+S 快捷键保存项目。

如果要输出影片，其详细操作请参照本书第 8 章进行。

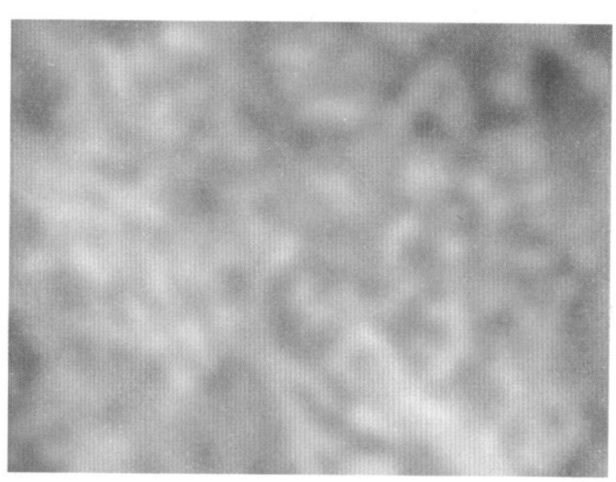

图 3-259

第 4 章

抠像与叠加

本章将学习如何在 Premiere Pro 2020 中对影片素材进行抠像和视频叠加的设置方法和技能，熟练掌握这两种技术对于剪辑人员来说是非常重要的。

本章主要内容与学习目的

4.1 认识抠像与视频叠加

4.1.1 认识抠像

在进行合成时，经常需要将不同的对象合成到一个场景中去，可以使用 Alpha 通道来完成合成工作。但是，在实际工作中，能够使用 Alpha 通道进行合成的影片非常少，因为摄像机是无法产生 Alpha 通道的，这时候，抠像特效就显得非常必要了。

除了必须具备高精度的素材外，功能强大的抠像工具也是呈现完美抠像效果的先决条件。在 Premiere Pro 2020 中提供了 9 种优质的抠像效果。利用多种抠像特效，可以轻易地剔除影片中的背景。不同的抠像方式适用于不同的素材。如果使用一种模式不能实现完美的抠像效果，可以试试其他的抠像方式。同时，还可以对抠像过程实现动画操作，这对于比较复杂的抠像素材非常有用。

在进行抠像叠加合成画面时，至少需要在抠像层和背景层上下两个轨道上安置素材。并且抠像层在背景层之上，这样，在为对象设置抠像效果后，才可以透出底下的背景层，如图 4-1 所示。

选择好抠像素材后，在“效果”窗口中“视频特效”栏的“键控”文件夹下，可以找到 Premiere Pro 2020 的抠像特效，如图 4-2 所示。

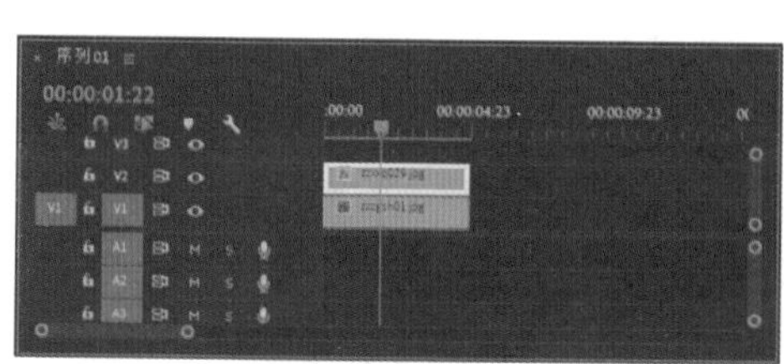

图 4-1

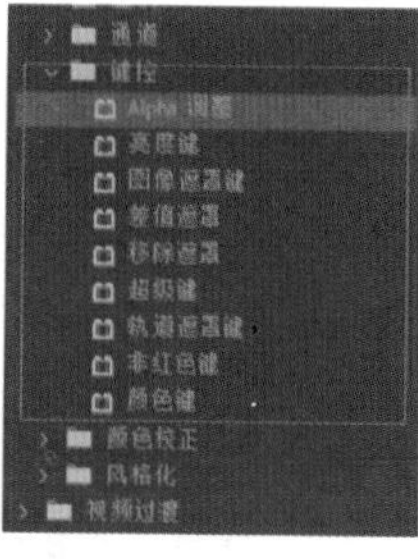

图 4-2

4.1.2 视频叠加

视频叠加指的是，在编辑视频时，当一个素材需要与另外一个素材融为一体时，把上一层视频轨道中的素材编辑成淡入淡出的效果，使上一层视频轨道中的素材在下一层视频轨道中的素材画面中忽隐忽现，如图 4-1 所示。这是视频编辑中常用的一种视频效果。

注意： 要应用叠加效果的素材必须放在视频轨道 2 或以上的轨道中。

4.1.3 一个简单的叠加特效案例

下面通过制作一个具体的案例，来说明视频叠加是如何实现的。

（1）启动 Premiere Pro 2020，新建一个项目文件，然后将文件 jd01.jpg 和 jd02.jpg 导入“项目”窗口中，如图 4–3 所示。

（2）将上面两个素材分别拖入“时间轴”窗口视频 2 和视频 3 的轨道中，如图 4–4 所示，并调整其刚好在节目监视器窗口中满屏显示。其中，素材 jd02.jpg 是要应用叠加效果的素材，jd01.jpg 是作为背景素材使用的。

（3）单击视频 3 轨道中的素材 jd02.jpg，在其“效果控件”面板中展开“视频特效”下的“不透明度”一项，将“混合模式”设置为“正常”，如图 4–5 所示。

图 4–3

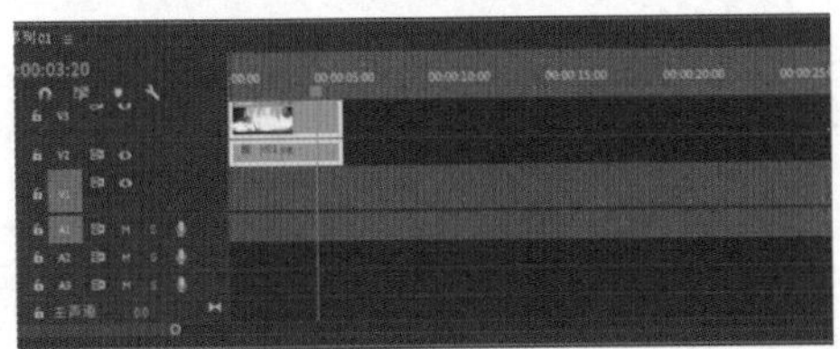

图 4–4

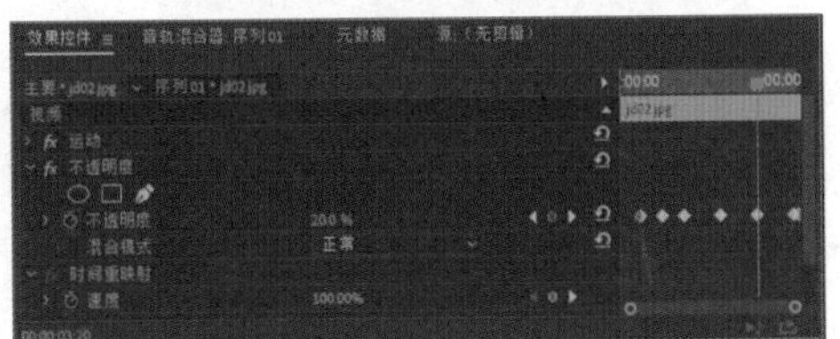

图 4–5

（4）在视频 3 轨道中，将时间标记拖动到 00:00:00:15 处，然后将“效果控件”面板中“视频特效”下的“不透明度”一项的值修改为 80%，此时“节目”监视器窗口中的效果如图 4–6 所示。

（5）在视频 3 轨道中，将时间标记拖动到 00:00:01:05 处，然后将“效果控件”面板中“视频特效”下的“不透明度”一项的值修改为 60%，此时“节目”监视器窗口中的效果如图 4–7 所示。

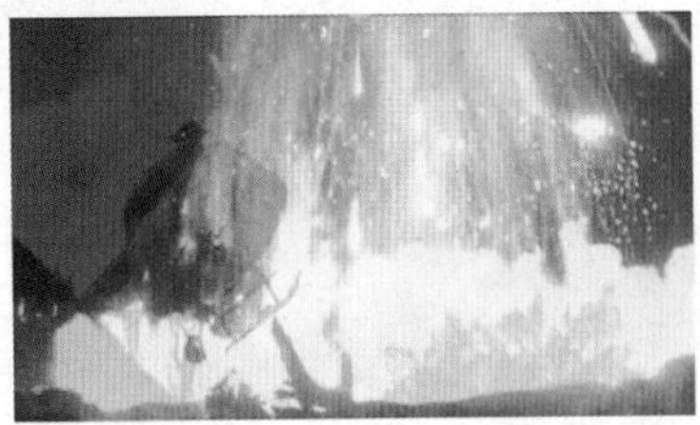

图 4–6

图 4–7

（6）在视频 3 轨道中，将时间标记拖动到 00:00:01:20 处，然后将“效果控件”面板中“视频特效”下的“不透明度”一项的值修改为 40%，此时“节目”监视器窗口中的效果如图 4–8 所示。

（7）在视频 3 轨道中，将时间标记拖动到 00:00:02:20 处，然后将“效果控件”面板中“视频特效”下的“不透明度”一项的值修改为 30%，此时“节目”监视器窗口中的效果如图 4–9 所示。

图 4-8

图 4-9

（8）在视频 3 轨道中，将时间标记拖动到00:00:03:20处，然后将“效果控件”面板中“视频特效”下的“不透明度”一项的值修改为 20%，此时“节目”监视器窗口中的效果如图 4-10 所示。

（9）在视频 3 轨道中，将时间标记拖动到00:00:04:20处，然后将“效果控件”面板中“视频特效”下的“不透明度”一项的值修改为 10%，此时“节目”监视器窗口中的效果如图 4-11 所示。

图 4-10

图 4-11

（10）单击“文件”|“另存为”，将项目文件保存为“叠加特效案例演示 .prproj”。然后将时间标记移动到素材左边，然后按键盘上的空格键，就可以对编辑的效果进行预览了。

到此为止，这个叠加特效就制作完成了。

如果，我们将视频 3 轨道中的素材 jd02.jpg 对应的“效果控件”面板中的“视频特效”下的“混合模式”设置为“叠加”，那么我们最终观看到的效果就会如图 4-12 所示了。

图 4-12

从上面这个案例我们可以看到，视频素材的“效果控件”面板中的“不透明度”一项，对视频的叠加效果的影响是非常关键的。那么，我们以后在进行后期剪辑操作时，当要进行类似操作时，一定要善于利用好这一项。

4.2 抠像特效技术详解

本节为读者介绍“键控”特效组下面自带的 14 个抠像特效的功能、效果演示与详细的参数介绍。

位置：位于“效果”窗口中的“视频特效”下面。

4.2.1 Alpha 调整

功能：通过控制素材的 Alpha 通道来实现抠像效果。

效果：如图 4–13 所示［图 4–13（a）为原素材，图 4–13（b）为抠像后的效果］。

图 4–13（a）

其“效果控件”面板如图 4–14 所示。

图 4–13（b）

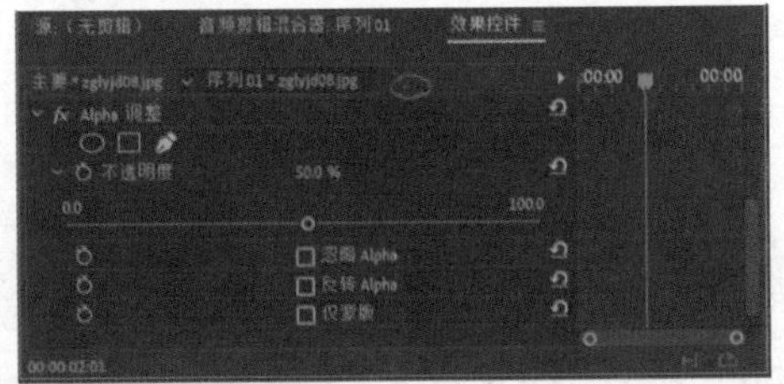

图 4–14

参数说明：

不透明度：调整特效实现效果的不透明程度。

忽略 Alpha：选中该复选项，将忽略素材的 Alpha 通道，而不让其产生透明。

反转 Alpha：选中该复选框，将反转抠像效果。

仅蒙版：选中该复选项，素材中不是透明处将作为遮罩。

4.2.2　亮度键

功能：在键出图像的灰度值的同时保持它的色彩值，常用来在纹理背景上附加影片，以使附加的影片覆盖纹理背景。

效果：如图 4–15 所示［图 4–15（a）为原素材，图 4–15（b）为抠像后的效果］。

图 4–15（a）

其“效果控件”面板如图 4–16 所示。

图 4–15（b）

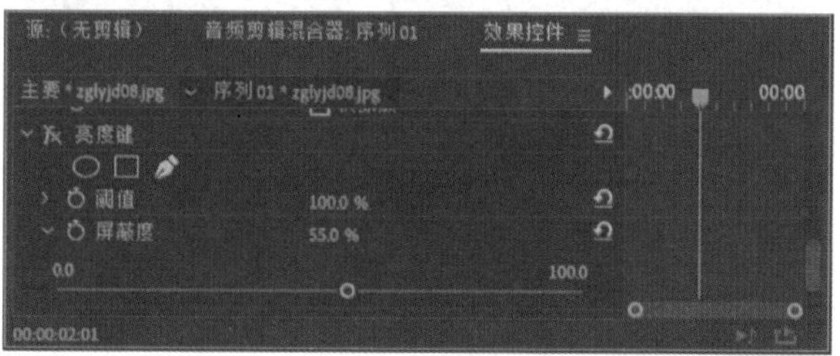

图 4–16

注意： 在使用“亮度键”特效的时候，如果用大范围的灰度值图像进行编辑，效果会很好，因为“亮度键”特效只键出图像的灰度值，而不键出图像的彩色值。通过拖动参数面板中“阈值”和“屏蔽度”滑块，来控制要附加的灰度值，并调节这些灰度值的亮度。

4.2.3　图像遮罩键

功能：使用一张指定的图像作为蒙版。蒙版是一个轮廓图，在为对象定义蒙版后，将建立一个透明区域，该区域将显示其下层图像。蒙版图像的白色区域使对象不透明，显示当前对象；黑色区域使对象透明，显示背景对象；灰度区域为半透明，混合当前图像与背景对象。

效果：如图 4–17 所示［图 4–17（a）为原素材，图 4–17（b）为抠像后的效果］。

图 4-17（a）

可以选择“反向”选项，其“效果控件”面板如图 4-18 所示。

图 4-17（b）

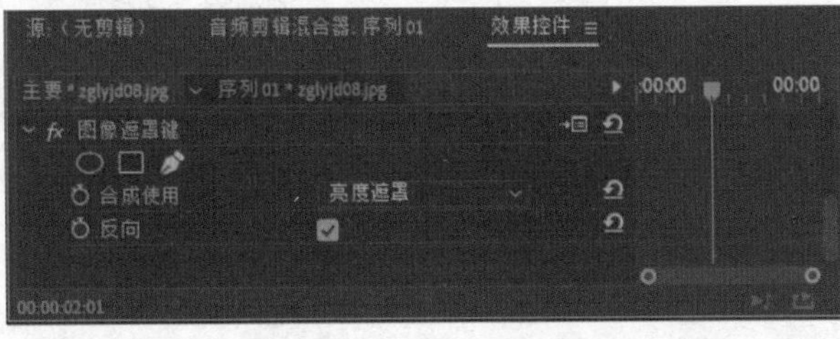

图 4-18

使用方法：在素材的“效果控件”面板中“图像遮罩键”右侧单击“设置”按钮，在弹出的“选择遮罩图像”对话框（图 4-19 所示）中选择作为蒙版的图像，然后单击“确定”按钮。

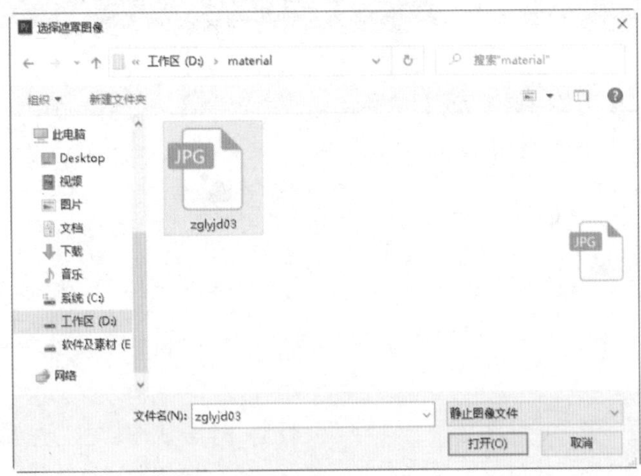

图 4-19

注意：在 Premiere Pro 2020 中使用“图像遮罩键”，遮罩文件必须使用英文文件名以及英文路径存放文件，否则监视器画面会是黑屏，什么都看不到！

4.2.4　差值遮罩

功能：通过一个对比蒙版与抠像对象进行比较，然后将抠像对象中位置和颜色与对比蒙版中相同的像素键出。在无法使用纯色背景抠像的大场景拍摄中，这是一个非常有用的抠像效果。

效果：如图 4–20 所示［图 4–20（a）为原素材，图 4–20（b）为抠像后的效果］。

图 4–20（a）

图 4–20（b）

其“效果控件”面板如图 4–21 所示。

源: zglyjd09.jpg　音频剪辑混合器: 序列 01　效果控件 ≡
主要 * zglyjd08.jpg　序列 01 * zglyjd08.jpg　00:00　00:00
fx 差值遮罩
视图　最终输出
差值图层　视频 1
如果图层大小不同　居中
匹配容差　17.0 %
匹配柔和度　12.0 %
差值前模糊　3.4
00:00:02:01

图 4–21

注意：“差异遮罩”特效对拍摄设备有非常苛刻的要求。为了保证两遍拍摄有完全相同的轨迹，必须使用计算机精密控制的“监控器”设备才能达到效果。

4.2.5 移除遮罩

功能：将已经添加蒙版特效的素材的彩色边缘移除。

效果：如图 4–22 所示（以上面的“差值遮罩”抠像的第二个效果为素材）。

图 4–22

其“效果控件”面板如图 4–23 所示。

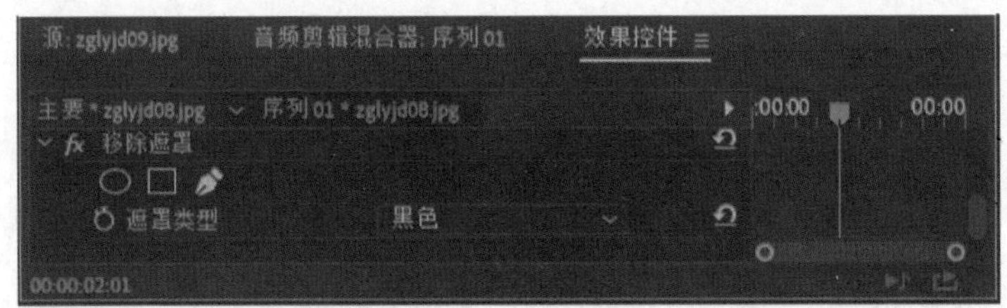

图 4–23

参数说明：

遮罩类型：在其下拉选项框中选择移除“白色”或“黑色”。

4.2.6 超级键

功能：使用指定颜色或相似颜色调整图像的容差值等来显示图像透明度。也可以使用它来修改图像的色彩显示。该特效功能较为强大，可多加使用。

效果：如图 4–24 所示。

图 4–24

其“效果控件”面板如图 4–25 所示。

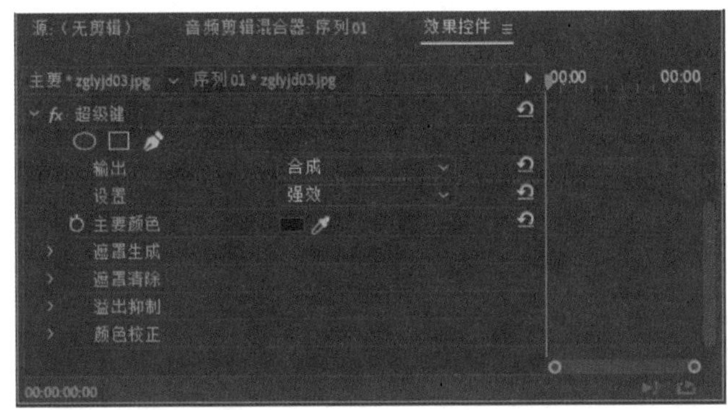

图 4–25

4.2.7　轨道遮罩键

功能：把序列中一个轨道上的影片作为透明用的蒙板，可以使用任何素材片段或静止图像作为轨道蒙板，通过像素的亮度值定义轨道蒙板层的透明度。在屏幕中的白色区域不透明，黑色区域可以创建透明的区域，灰色区域可以生成半透明区域。

效果：如图 4–26 所示［图 4–26（a）为原素材，图 4–26（b）为抠像后的效果］。

图 4–26（a）

为了创建叠加片段的原始颜色，可以用灰度图像作为屏蔽，其“效果控件”面板如图 4–27 所示。

图 4–26（b）

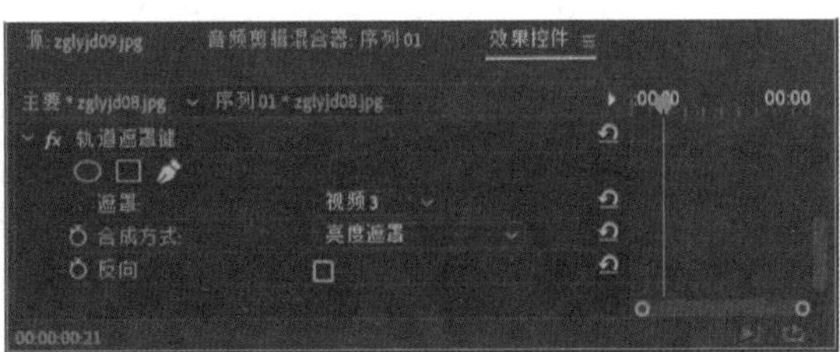

图 4–27

"轨道遮罩键"特效与"图像遮罩键"特效的工作原理相同，都是利用指定蒙板对当前抠像对象进行透明区域定义，但是"轨道遮罩键"特效更加灵活。由于使用时间轴中的对象作为蒙板，所以可以使用动画蒙板或者为蒙板设置运动。

在"遮罩"项的下拉列表中需要指定作为蒙板使用的轨道。

> **注意：**
>
> （1）一般情况下，一个轨道的影片作为另一个轨道影片的蒙板使用后，应该关闭该轨道显示。
>
> （2）作为遮罩的素材必须放置于上一层视频轨道中。

4.2.8 非红色键

功能：在蓝、绿色背景的画面上创建透明。

效果：如图 4-28 所示。

图 4-28

其"效果控件"面板如图 4-29 所示。

源: zglyjd09.jpg　音频剪辑混合器: 序列 01　效果控件 ≡
主要 * zglyjd07.jpg　序列 01 * zglyjd07.jpg　:00:00　00:00
fx 非红色键
阈值　100.0 %
屏蔽度　0.0 %
去边　绿色
平滑　低
仅蒙版
00:00:00:21

图 4-29

参数说明：

阈值：设置素材中的蓝色或绿色，决定素材的透明区域。向左边拖动滑动器将增加素材透明程度。当将滑动器拖动到最左端时，素材将会完全透明。

屏蔽度：设置素材中除红、蓝和绿这三种颜色以外颜色的不透明值。

指定颜色通道：将素材中绿色或蓝色的边缘移除，并在移除边缘上涂上红色。

平滑：用于设置抠像交界处的不透明程度。

仅蒙版：选中该复选框，将显示素材的 Alpha 通道。黑色表现透明的区域，白色表现不透明的区域，灰色则表现部分透明的区域。

注意：“非红色键”特效是单独应用于素材本身的，其本身就是蒙版。

4.2.9 颜色键

功能：在素材中选择一种颜色或一个颜色范围，并将它们透明。

效果：如图 4–30 所示（图 4–30（a）为原素材，图 4–30（b）为抠像后的效果）。

图 4–30（a）

其“效果控件”面板如图 4–31 所示。

图 4–30（b）

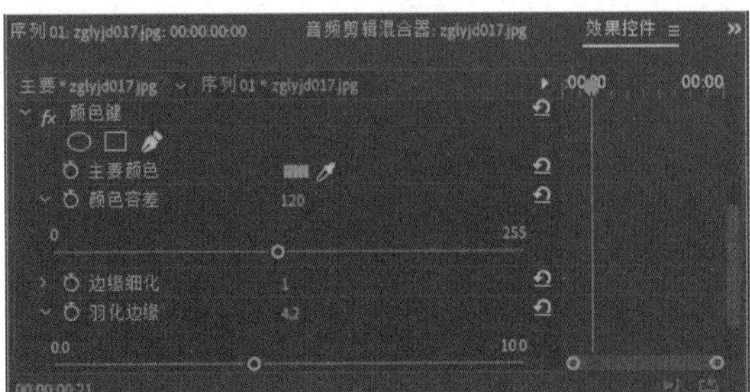

图 4–31

4.3 亮度键经典抠像特效演练

本案例使用“亮度键”抠像特效来对一组镜头进行抠像技巧解析和练习，其最终影像效果如图 4-32 所示。

图 4-32

4.3.1 新建项目与导入素材

（1）在 Premiere Pro 2020 欢迎界面单击“新建项目”或在运行 Premiere Pro 2020 的过程中执行“文件”|“新建”|“项目”菜单命令后，可以在弹出的“新建项目”对话框中新建项目，选择保存文件路径，输入保存文件名“色键抠像经典案例解析”，如图 4-33 所示。然后单击“确定”按钮。

（2）执行“文件”|“新建”|“序列”菜单命令，在弹出的“新建序列”对话框中按照如图 4-34 所示进行设置。最后单击“确定”按钮。

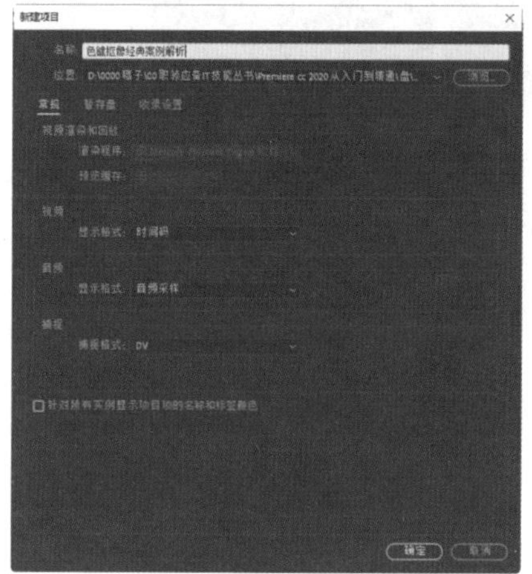

图 4-33

图 4-34

（3）执行“文件”|“导入”命令，在弹出的“导入”对话框中选择素材资料中的“第 4 章”文件夹中的视频素材“basketball.mov”和“焰火(有声).avi”文件，然后单击“确定”按钮。如图 4-35 所示为原抠像视频素材“basketball.mov”系列中的一组镜头。

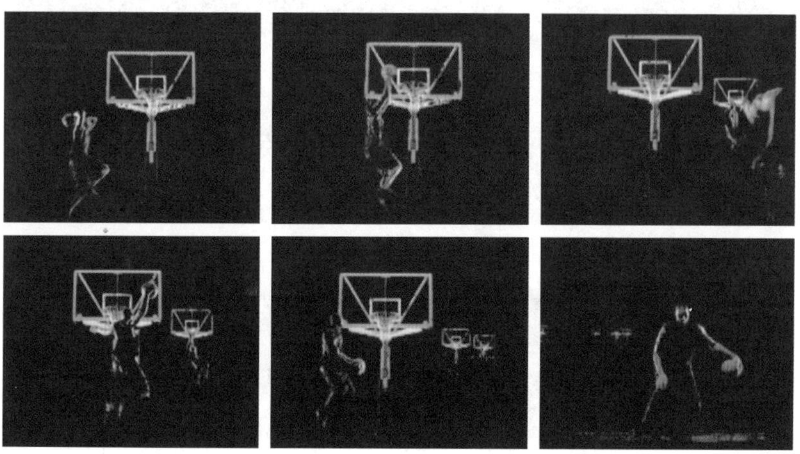

图 4-35

图 4-36 所示是作为背景素材“焰火 (有声).avi”的一组镜头。

图 4-36

（4）导入后的视频素材“basketball.mov”和“焰火 (有声).avi”被陈列于“项目”窗口的列表中，如图 4-37 所示。

（5）将导入的视频素材“焰火 (有声).avi”拖入“时间轴”窗口的 V1 轨道中，将视频素材“basketball.mov”拖入“时间轴”窗口的 V2 轨道中，如图 4-38 所示。

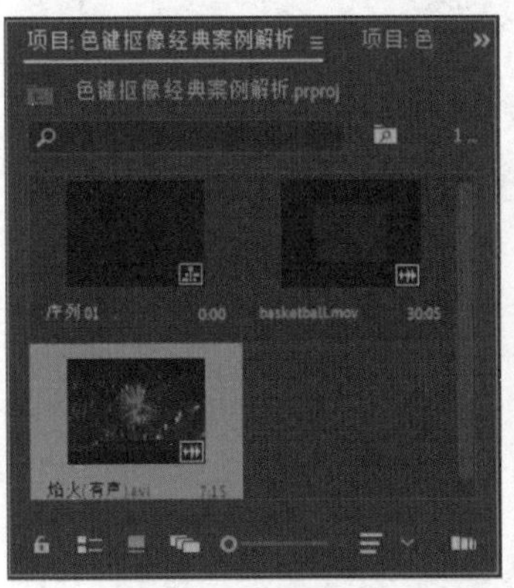

图 4-37

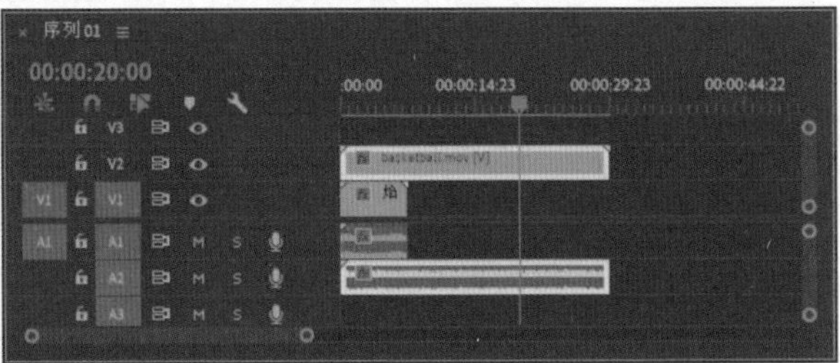

图 4-38

注意：在第一次将项目窗口中的素材拖入视频轨道上的时候，会弹出如图 4-39 所示警告对话框，单击“保持现有设置”即可。

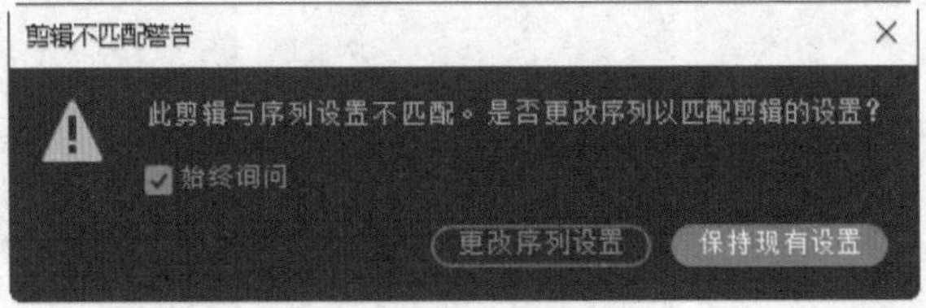

图 4-39

4.3.2 剪辑素材

（1）观察“时间轴”窗口中两个视频轨道中的素材发现，它们的长度不一样。接下来，右击V1轨道中的视频素材“焰火(有声).avi”，从弹出菜单中选择“素材速度|持续时间”，在弹出的“素材速度|持续时间”对话框中将“持续时间”设置为00:00:20:00，如图4-40所示。对V2轨道中的视频素材“basketball.mov”进行同样的设置。

此时两段素材的长度都变成了20秒，其长度保持了一致，如图4-41所示。

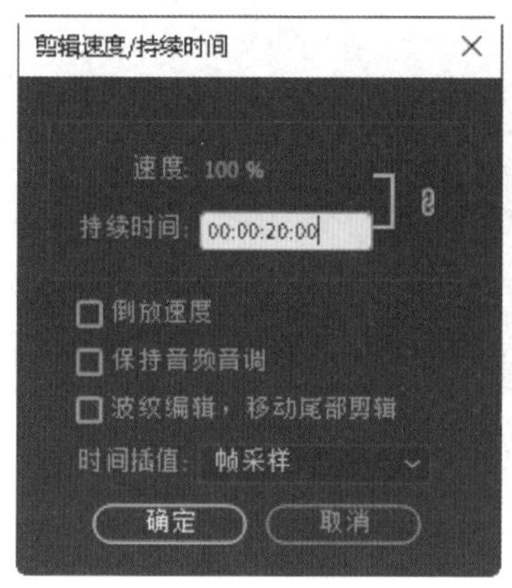

图4-40

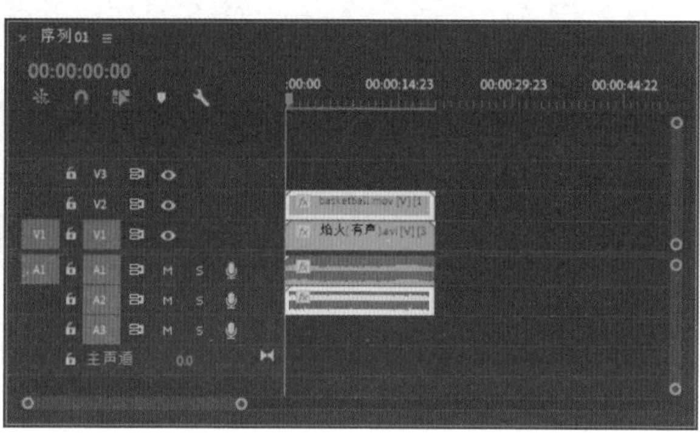

图4-41

（2）右击V1轨道中的视频素材“焰火(有声).avi”，从弹出菜单中选择“取消链接”，分离素材的音频和视频部分，然后删除音频轨道中的音频素材。并对V2轨道中的视频素材“basketball.mov”进行同样的处理，此时“时间轴”窗口如图4-42所示。

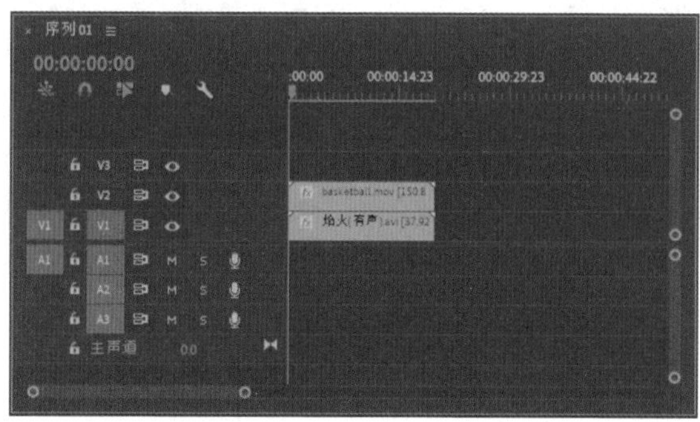

图4-42

（3）右击V2轨道中的素材，在菜单中单击“启用”项将其屏蔽，屏蔽掉该素材在节目监视器窗口中的显示。然后单击V1轨道中的视频素材“焰火(有声).avi”，在“节目”监视器窗口中调整素材在窗口中的显示大小，使其刚好铺满监视器窗口。调整好后，再右击V2中的素材，单击菜单中的“启用”项将其轨道启用。

4.3.3 抠像

（1）单击V2轨道中的素材“basketball.mov”。在“效果”窗口中，将“视频特效”下的“键控”特效组下的“亮度键”特效拖入V2轨道中的素材上面。

（2）将时间标记移动到00:00:00:12处，单击选中该素材，在其“特效控制”面板中展开特效“亮度键”，按照如图4–43所示进行设置。

此时“节目”监视器窗口中的效果如图4–44所示。

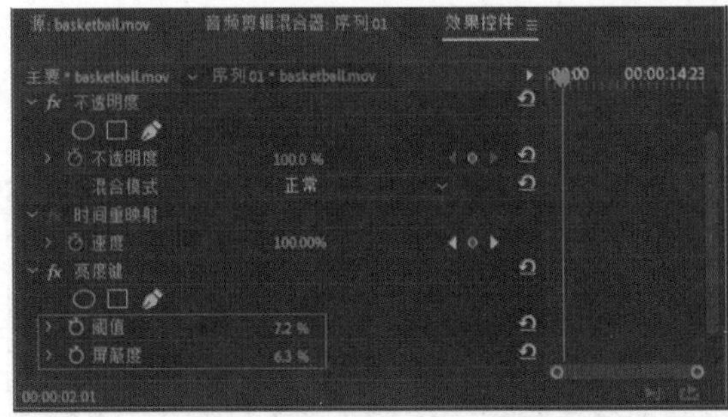

图 4–43

图 4–44

（3）单击V2轨道中的素材“basketball.mov”，然后在“特效控制”面板中单击“运动”，然后切换到“节目”监视器窗口中，使用控制手柄调整图像的位置，如图4–45所示。

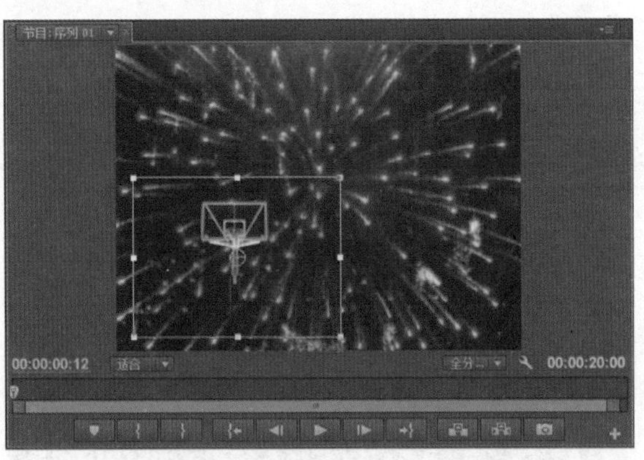

图 4–45

（4）将“时间轴”窗口中的时间标记移动到00:00:00:00处，按空格键，就可以在“节目”监视器窗口中预览最终的效果了。

（5）最后执行“文件”|“保存”命令或按Ctrl+S快捷键保存项目。

如果要输出影片，其详细操作请参照本书第8章进行。

对于上述案例，还可以通过在“特效控制”面板中对“位置”“不透明度”“时间重映射”等运动参数设置关键帧来实现更为复杂的抠像运动动画，限于篇幅，本章不做演示，读者可自己尝试。

第 5 章

字幕特效实战演练

本章主要内容与学习目的

本章以大量的实例，为读者讲解如何在影片中添加字幕及运用字幕特技的技术和技巧。对于一个剪辑人员来说，对于影片字幕的制作技术是必须掌握的。

5.1 Premiere Pro 2020 字幕窗口工具简介

本节先来为读者介绍 Adobe Premiere Pro 2020 的字幕工具栏。这是一个比较重要的环节，它们是创建文本和图形的基本工具，所以一定要熟练掌握。

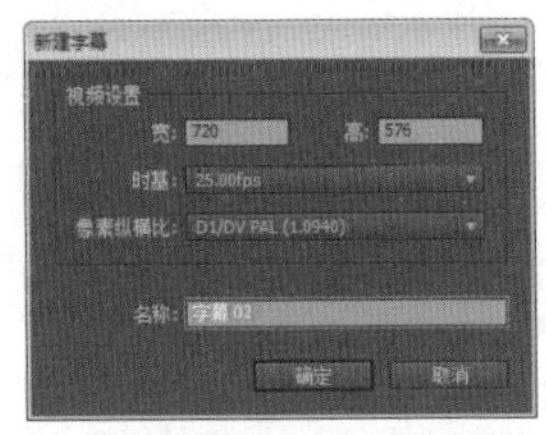

图 5-1

执行“文件”|“新建”|“旧版标题”菜单命令，在弹出的如图5-1所示“新建字幕”对话框中设置字幕宽高、时间基准、像素宽高比和输入新建字幕的名称。

设置完成后单击“确定”按钮进入字幕设计窗口，如图5-2所示。“字幕设计”窗口左侧工具栏中包括生成、编辑文字与物体的工具。要使用工具做单个操作，在工具箱中单击该工具；要使用一个工具做多次操作，在工具箱中双击该工具。工具栏在字幕设计窗口的左侧，如图5-3所示。

图 5-2

图 5-3

各工具说明如下：

选择工具：用于选择一个物体或文字块。按住 Shift 键使用选择工具可选择多个物体，直接拖动对象句柄改变对象区域和大小。对于贝赛尔曲线物体来说，还可以使用选择工具编辑节点。

旋转工具：旋转对象。

文字工具：创建并编辑文字。

垂直文字工具：创建竖排文本。

区域文字工具：创建段落文本。区域文字工具与普通文字工具的不同在于，它建立文本的时候，首先要限定一个范围框，调整文本属性，范围框不会受到影响。

垂直区域文字工具：创建竖排段落文本。

路径文字工具：创建一段平行于路径排列的文本。

垂直路径文字工具：创建一段垂直于路径排列的文本。

钢笔工具：创建复杂的曲线。

删除锚点工具：在线段上减少控制点。

添加锚点工具：在线段上增加控制点。

转换锚点工具：产生一个尖角。

直线工具：创建一条直线。

切角矩形工具：创建一个矩形，并且对该矩形的边界进行剪裁控制。

椭圆工具：绘制椭圆。按住 Shift 键可建立一个正圆。

矩形工具：绘制矩形。

圆角矩形工具：创建一个带有圆角的矩形。

圆角矩形工具：创建一个偏圆的矩形。

楔形工具：创建一个三角形。

弧形工具：创建一个圆弧。

5.2 插入图形作为 LOGO

在 Premiere Pro 2020 中创建字幕时，可以单独插入一个图形作为字幕，也可以在文字前面插入图形。Premiere Pro 2020 支持以下众多格式的图形文件：AI File，Bitmap，EPS File，PCX，Targa，png，ico，jpg，TIFF、PSD 等。

单独插入一个图形作为字幕的操作步骤如下：

（1）执行“文件”|“新建”|“旧版标题”菜单命令，在弹出的如图 5-4 所示“新建字幕”对话框中设置字幕宽高、时间基准、像素宽高比和输入新建字幕的名称。设置完成后单击“确定”按钮进入字幕设计窗口。

（2）右击字幕窗口的文字输入区域，在弹出菜单中选择“图形”|“插入图形”命令，在弹出的“输入图像为标记”对话框中，找到存储要插入的图形所在的文件夹，选择文件然后单击“打开”按钮插入即可，如图 5-5 所示。

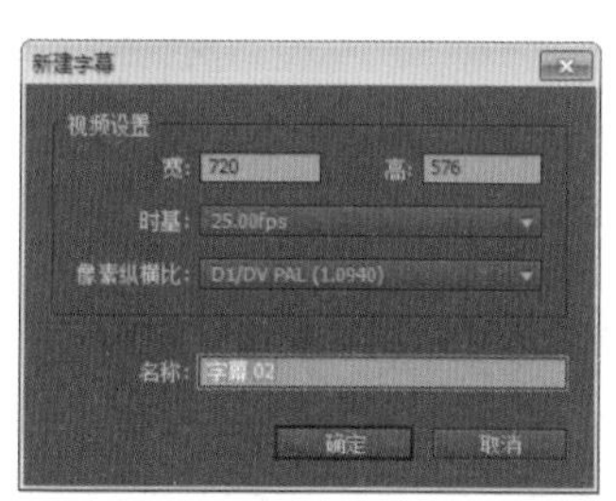

图 5-4

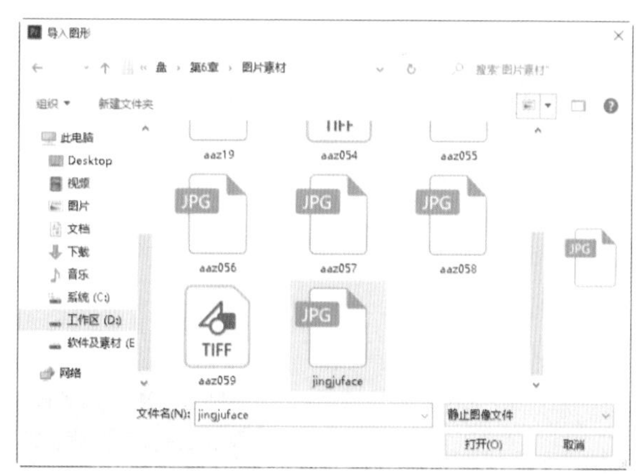

图 5-5

（3）插入的图形如图 5-6 所示。如果图形文件含有透明信息，Premiere Pro 2020 也可以完美地再现这些透明，以达成最好的合成效果。

（4）我们可以根据需要调整其位置和大小，添加阴影等，还可以配上文字，效果如图 5-7 所示。

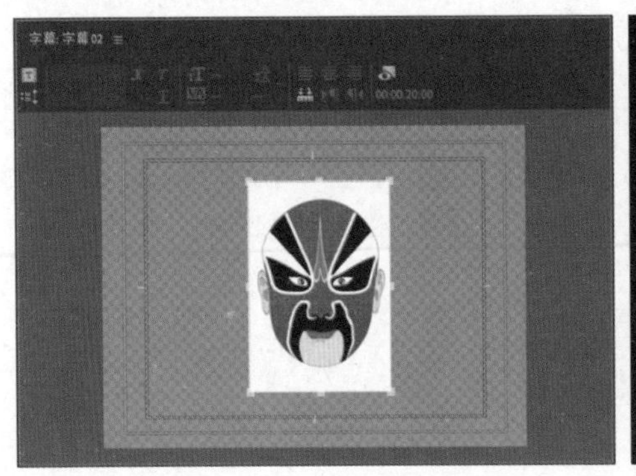

图 5-6

图 5-7

注意：在对文本进行整体修改的时候，也会影响插入的图形。如果不希望影响图形或者单独地对图形进行修改，可以使用文字工具T对对象进行单独修改。

5.3 路径文字字幕

本例主要是使用文字输入工具来实现。

操作步骤如下：

（1）执行“文件”|“新建”|“旧版标题”菜单命令，在弹出的如图 5-8 所示“新建字幕”对话框中设置字幕宽高、时间基准、像素宽高比和输入新建字幕的名称。设置完成后单击“确定”按钮进入字幕设计窗口。

（2）选择工具箱中的垂直路径文字工具。

（3）移动光标到窗口中，这时光标变为钢笔工具，在要输入文字的位置上单击。

（4）移动鼠标到另一个位置，再单击鼠标，将会出现一条直线，即载入路径，如图 5-9 所示。

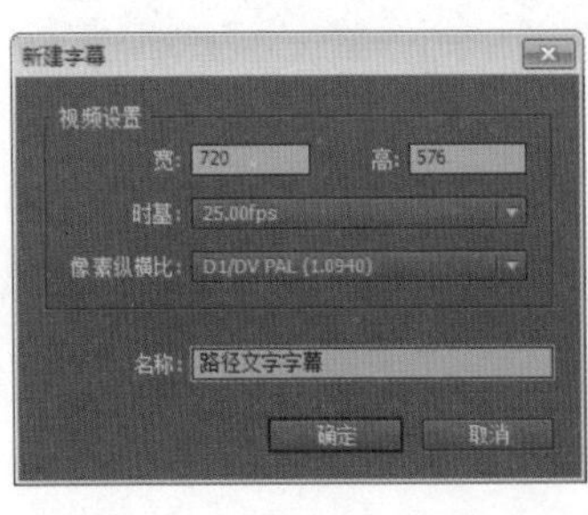

图 5-8

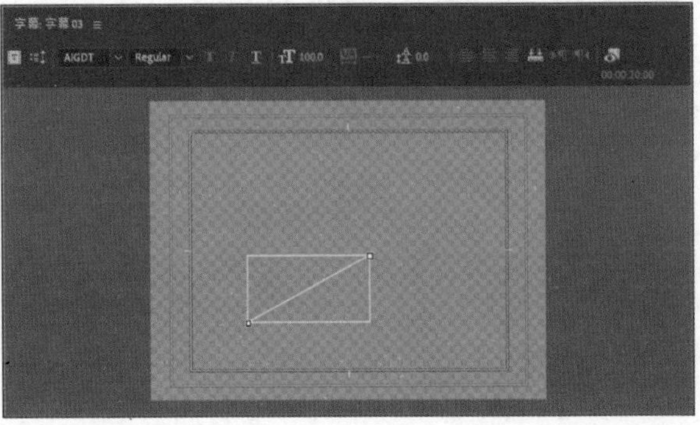

图 5-9

（5）选择文字工具 T，在路径上单击并输入文字即可。使用选择工具 ▶ 可以调整路径的控制点以改变文字的排列形状，如图 5–10 所示。

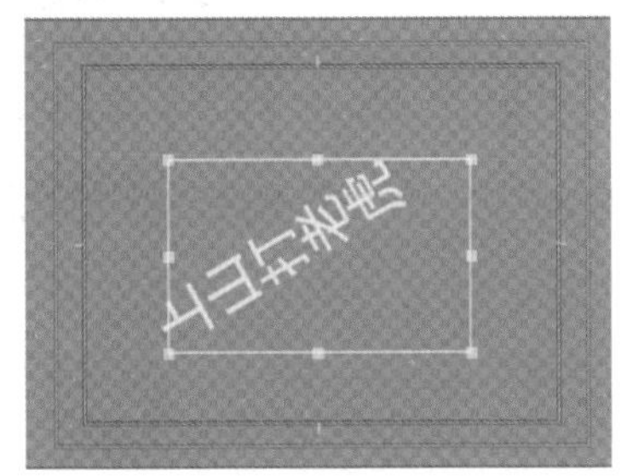

图 5–10

5.4 带光晕效果的字幕

现在来看看如何为视频轨道中的素材（图 5–11）添加一个具有光晕效果的字幕。

图 5–11

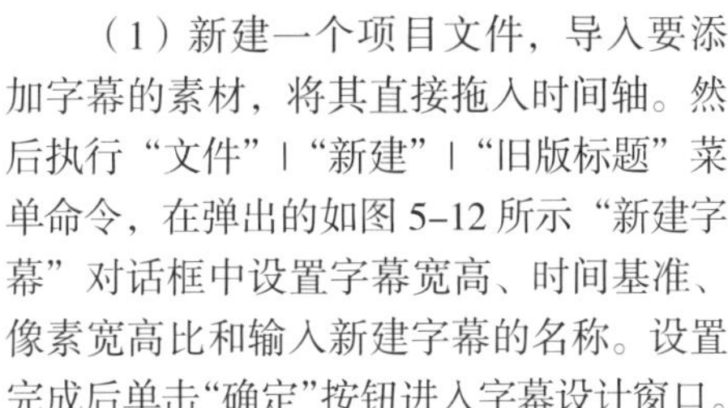

（1）新建一个项目文件，导入要添加字幕的素材，将其直接拖入时间轴。然后执行“文件”|“新建”|“旧版标题”菜单命令，在弹出的如图 5–12 所示“新建字幕”对话框中设置字幕宽高、时间基准、像素宽高比和输入新建字幕的名称。设置完成后单击“确定”按钮进入字幕设计窗口。

（2）在工具栏中单击“显示背景视频” 按钮，显示视频轨道上的素材。选择文字工具 T，单击编辑区，输入文字。然后单击选择工具 ▶，调整文字的位置，如图 5–13 所示。

图 5–12

图 5–13

（3）选中字幕设计窗口右侧的“填充”参数栏下面的“光泽”选项，如图 5–14 所示，在这里就可以为对象添加光晕，产生金属的迷人光泽。

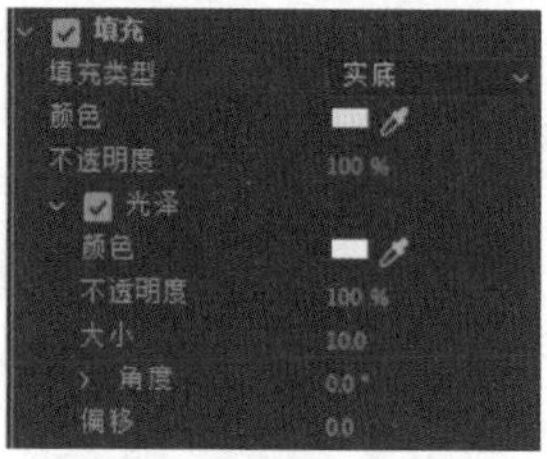

图 5–14

参数说明：

① 颜色：用于指定光泽的颜色。

② 不透明度：控制光泽的不透明度。

③ 尺寸：控制光泽的大小。

④ 角度：调整光泽的方向。

⑤ 偏移：用于对光泽位置产生偏移。

（4）为文字指定填充类型、颜色、不透明度、尺寸、角度和偏移值，如图 5–15 所示。其中颜色值为“360945”。

（5）最后的效果如图 5–16 所示。

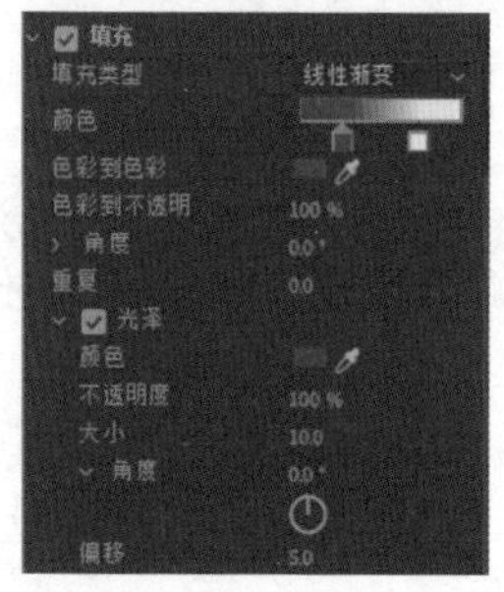

图 5–15

图 5–16

5.5 带阴影效果的字幕

激活在字幕设计窗口右侧的“阴影”参数栏，可以为对象设置一个投影。参数设置栏如图 5–17 所示。

颜色：可以指定投影的颜色。

不透明度：控制投影的不透明度。

角度：控制投影角度。

距离：控制投影距离对象的远近。

大小：控制投影的大小。

扩展：控制投影的柔度，较高的参数将产生柔和的投影。

效果如图 5–18 所示。

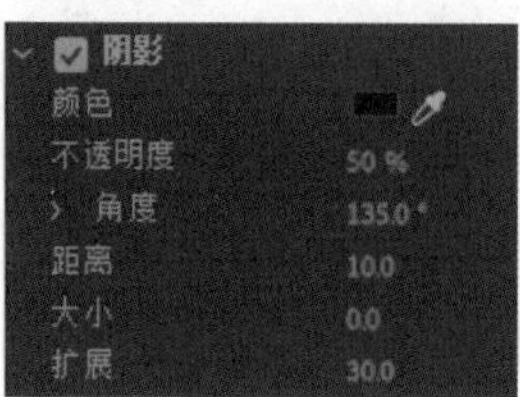

图 5–17

图 5–18

5.6 颜色渐变的字幕

在字幕设计窗口右侧的“填充”参数栏下的“填充类型”下拉列表中，可以选择使用如下三种方式的颜色渐变来填充文字，如图5-19所示。在缺省情况下，使用“实底”方式进行填充，可以单击“颜色”栏，在弹出的对话框中指定对象的颜色。

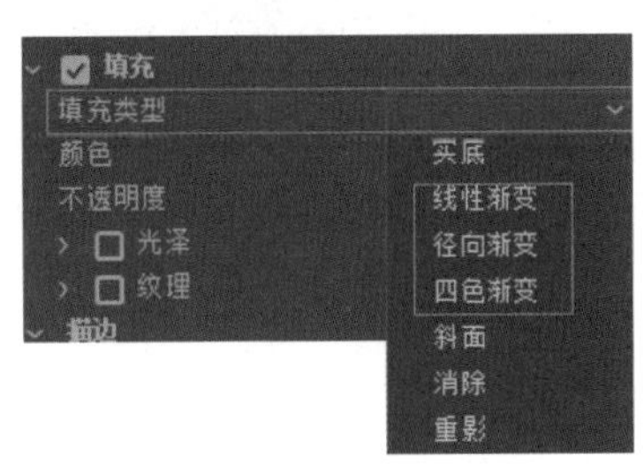

图5-19

参数说明：

（1）线性渐变：当选择“线性渐变”进行填充时，“颜色”栏变为如图5-20所示的渐变颜色栏。可以分别单击两个颜色滑块，在弹出的对话框中选择渐变开始和渐变结束的颜色。选择颜色滑块后，按住鼠标左键可以拖动滑块改变位置，以决定该颜色在整个渐变色中所占的比例。

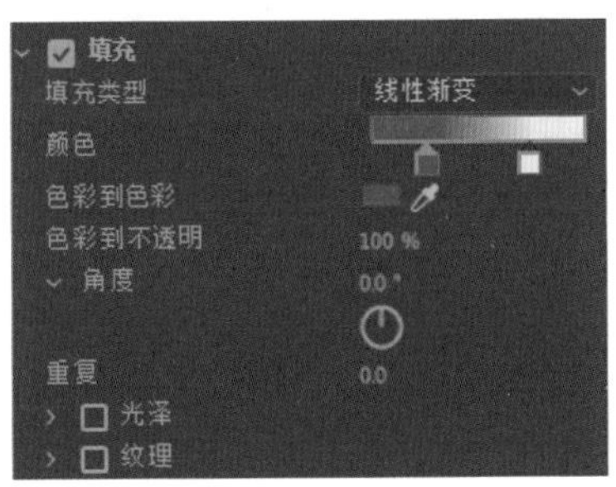

图5-20

（2）径向渐变：“径向渐变”同“线性渐变”类似。不同点在于，“线性渐变”由一条直线发射出去，而“径向渐变”则通过圆心向外发射。效果如图5-21所示。

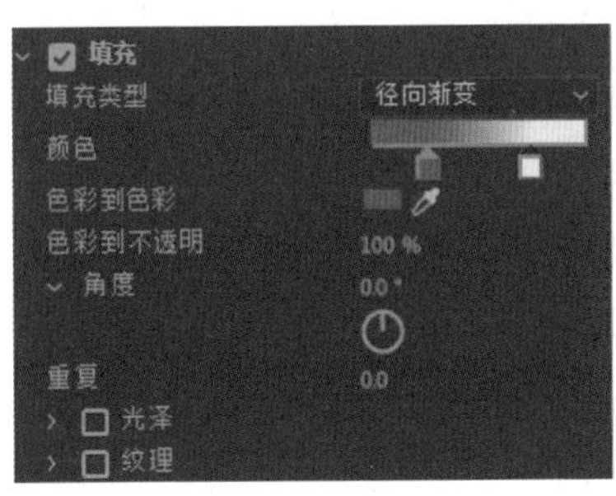

图5-21

（3）四色渐变：同上面两种渐变类似，但是四角上的颜色块允许重新定义，如图5-22所示，效果如图5-23所示。

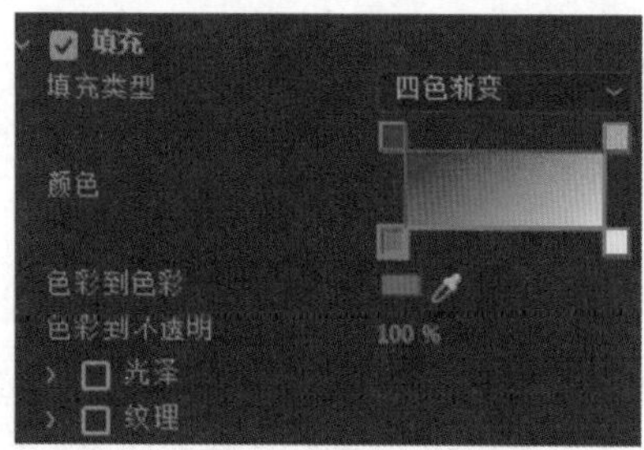

图 5-22

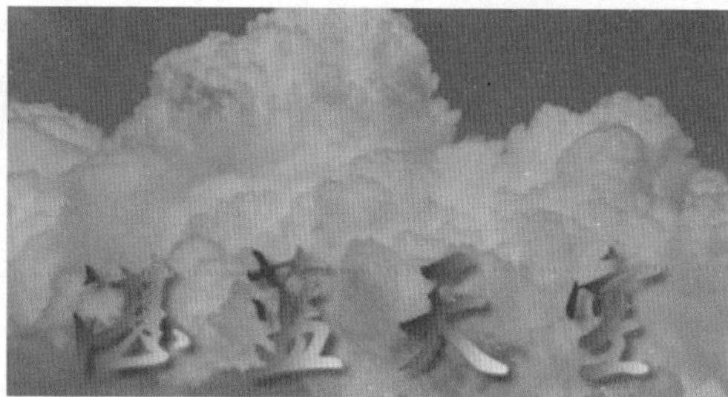

图 5-23

5.7 带材质效果的字幕

在进行字幕设计时，可以为所创建的字幕指定一个材质对象，将其特性应用到该字幕上。在字幕设计窗口右侧的"旧版标题属性"中，有两处可以应用材质的地方，一处是"填充"参数栏下的"纹理"项，如图 5-24 所示。另外一处就是"背景"参数栏下的"纹理"项，如图 5-25 所示。两者的设置都是一样的，不同的是"背景"参数栏下的"纹理"项不是作用于字幕本身，而是与字幕对应的视频轨道上的素材对象发生作用，在这里不做详细讲述。

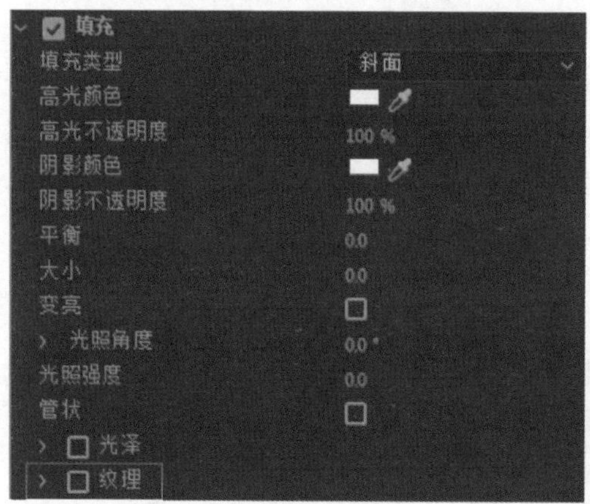

图 5-24

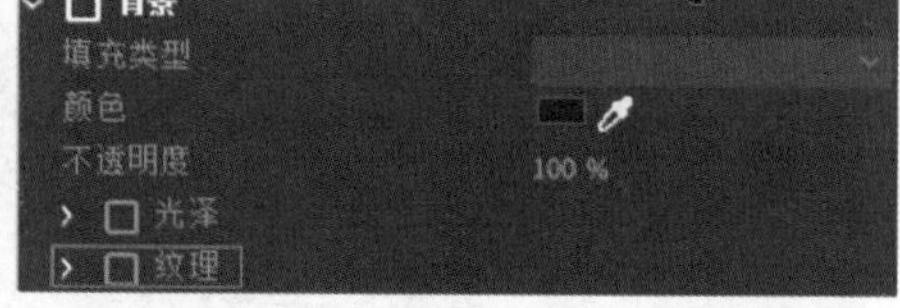

图 5-25

下面是对"填充"参数栏下的"纹理"项的参数说明：

（1）随对象翻转 | 随对象旋转：参数被选择时，当对象移动旋转时，材质也会跟着一起动。

（2）缩放：可以对材质进行缩放，可以在"水平"和"垂直"栏中水平或垂直缩放材质图大小。

（3）对齐：主要用于对齐材质，调整材质的位置。

（4）混合：主要设置材质与原字幕混合的程度和方式（“背景”参数栏下的“纹理”项下的“混合”参数用于设置材质与字幕对应的视频轨道上的素材对象混合的程度和方式）。

首先为字幕对象指定一个填充纹理。单击“纹理”右侧小方块，弹出“选择纹理图像”对话框，如图5-26所示，在此可以选择一个图像作为纹理。

在“选择材质图像”对话框中单击“打开”按钮，将选择的材质应用到对象上，如图5-27所示。可以看到，小方块中显示选定的材质。

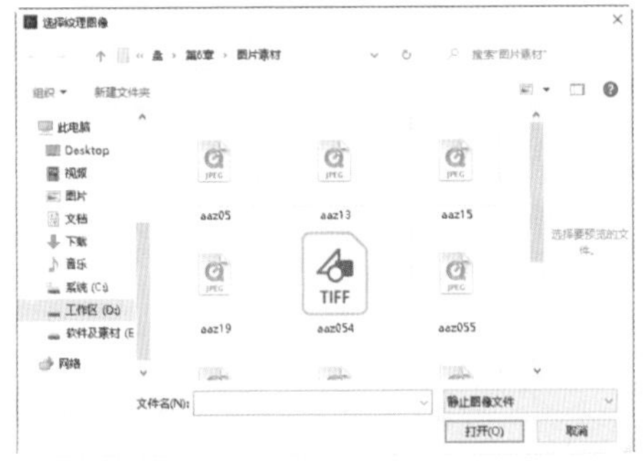

图5-26

图5-27

5.8 应用字幕样式

字幕样式位于字幕设计窗口下方的“旧版标题样式”中，如图5-28所示。

如果要为一个对象应用预设的字幕样式，只需要选择该对象，然后在编辑窗口下方单击“旧版标题样式”栏中的样式即可，如图5-29所示。

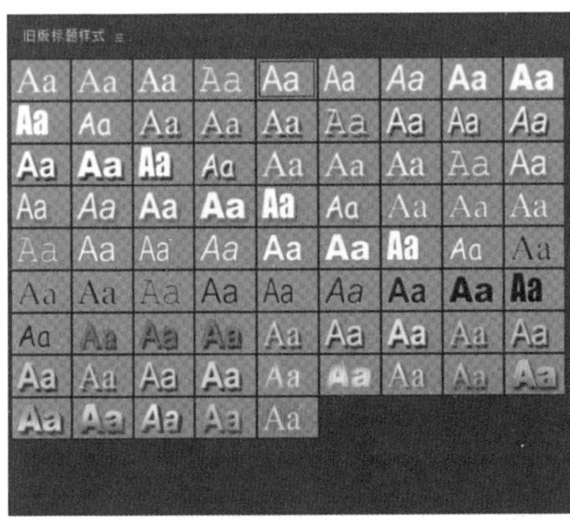

图5-28

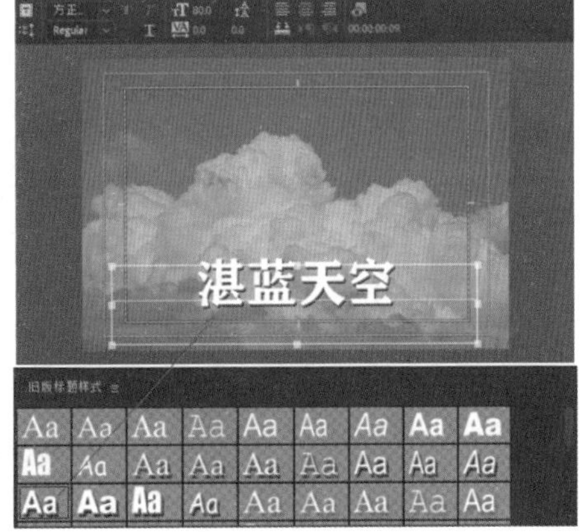

图5-29

提示：如果文字是中文，应用“旧版标题样式”栏中的样式后，可能会出现乱码，这个时候需要在右侧的“旧版标题属性”下的“字体系列”下拉列表中为文字选择一种中文字体，才能正常显示。

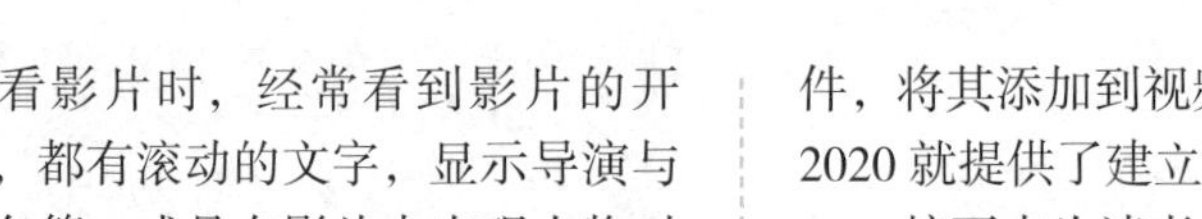

5.9 创建动态字幕

在观看影片时，经常看到影片的开头和结尾，都有滚动的文字，显示导演与演员的姓名等。或是在影片中出现人物对白的文字。这些文字可以使用视频编辑软件，将其添加到视频画面中。Premiere Pro 2020 就提供了建立中文字幕这一功能。

接下来为读者介绍几类常见的动态字幕的制作方法。

5.9.1 文字从远处飞来

该效果的制作主要使用“运动”和“透明”设置项来实现。本案例效果如图 5-30 所示。

图 5-30

1. 新建项目与导入素材

（1）在 Premiere Pro 2020 欢迎界面单击“新建项目”或在运行 Premiere Pro 2020 的过程中执行“文件”|“新建”|“项目”菜单命令后，可以在弹出的“新建项目”对话框中新建项目，选择保存文件路径，输入保存文件名“从远处飞来的文字”，如图 5–31 所示。

（2）在“新建项目”对话框中设置完毕后，单击“确定”按钮。

（3）执行“文件”|“导入”命令，在弹出的“导入”对话框中选择“第 5 章|图片素材”文件夹中的“aaz059.tif”，然后单击“确定”按钮。导入的素材效果如图 5–32 所示。

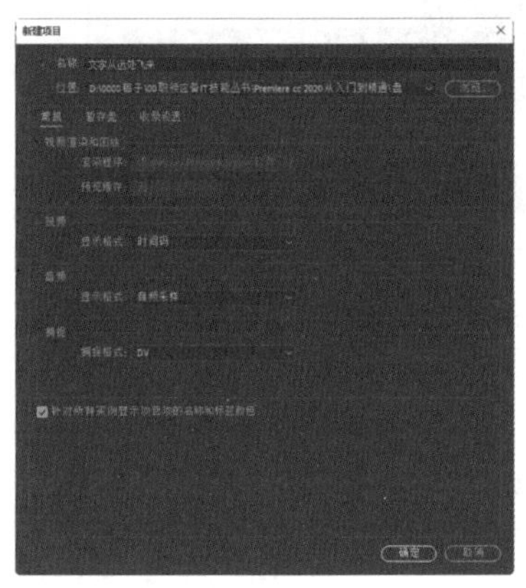

图 5–31

图 5–32

（4）导入后的素材被陈列于“项目”窗口的列表中，如图 5–33 所示。

（5）将导入的素材拖入“时间轴”窗口中，创建序列并自动放置于 V1 轨道上，如图 5–34 所示。

图 5–33

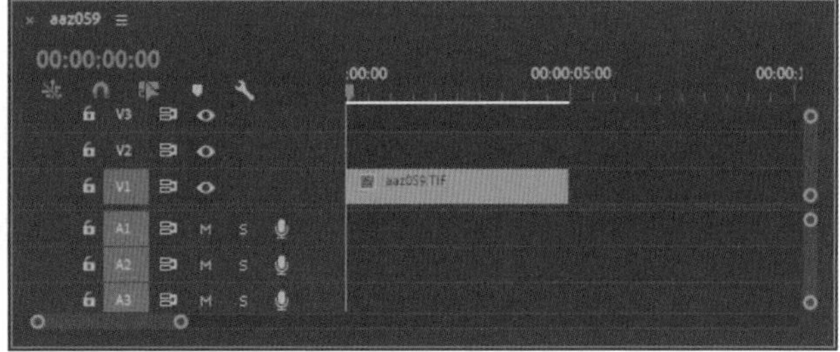

图 5–34

2. 剪辑素材

右击 V1 轨道中的素材“aaz059.tif”，从弹出菜单中选择“素材速度|持续时间”，在弹出的“素材速度|持续时间”对话框中按照如图 5–35 所示进行设置。设置后，素材长度被拉长到 10 秒。

然后在“节目”监视器窗口中调整好素材显示的大小和位置。

3. 创建字幕

（1）执行“文件”|“新建”|“旧版标题”菜单命令，在打开的“新建字幕”对话框中输入字幕名称“空山鸟飞绝”，如图 5-36 所示。

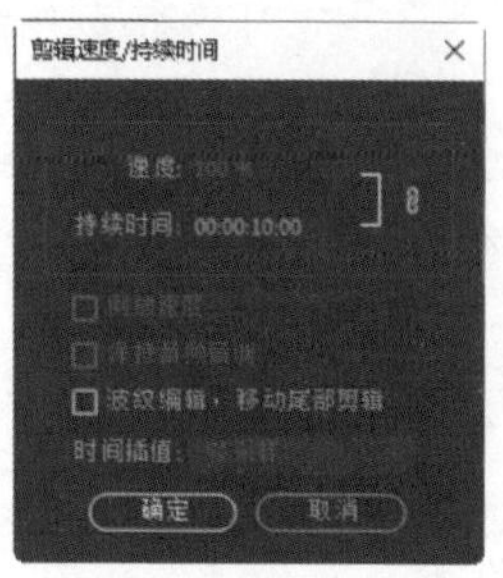
图 5-35

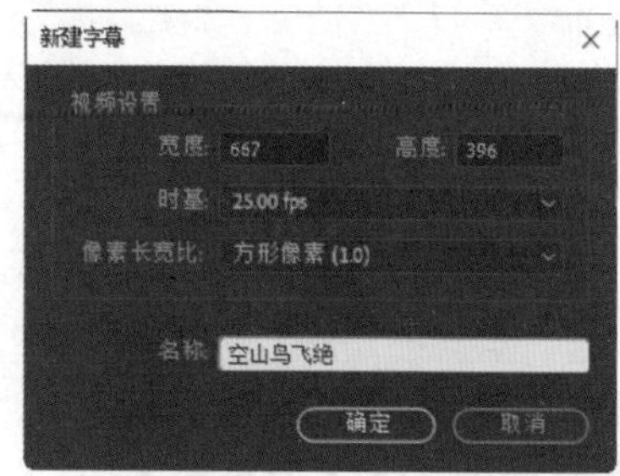

图 5-36

（2）单击“确定”按钮，进入字幕设计窗口，在工具栏中选择文字工具，单击编辑区，输入文字“空山鸟飞绝”。然后单击选择工具，调整文字的大小和位置，如图 5-37 所示。

（3）使用选择工具选中输入的文字，单击“旧版标题样式”列表框中的一种字体样式为文字设置属性，然后在右侧的“旧版标题属性”下的“字体系列”下拉列表中选择一种中文字体以保证该中文文字的正常显示，如图 5-38 所示。

图 5-37

图 5-38

（4）最后单击字幕设计窗口右上角的“关闭”按钮关闭字幕编辑器窗口。这样，刚才所创建的字幕就被陈列在“项目”窗口的列表中了，它可以作为一个素材被使用，如图 5-39 所示。

4. 合成字幕

（1）将“项目”窗口中的字幕素材拖到“时间轴”窗口的 V2 轨道中，如图 5-40 所示。

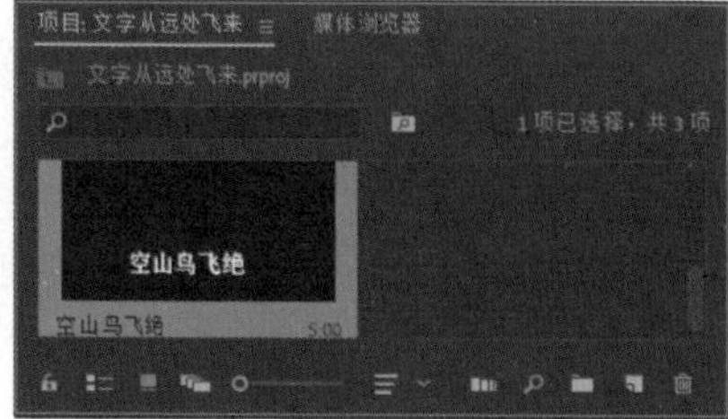

图 5-39

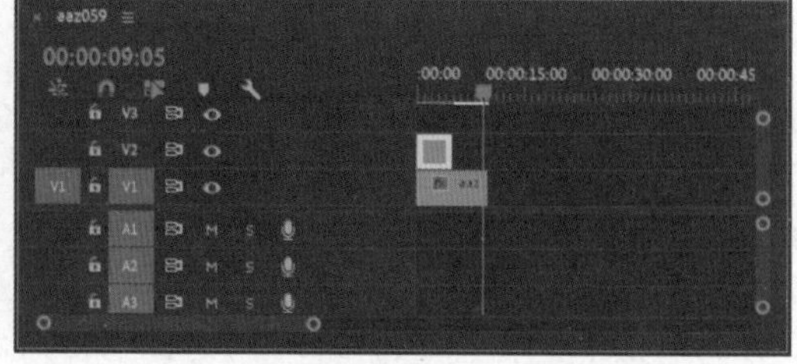

图 5-40

（2）右击 V2 轨道中的字幕素材，从弹出菜单中选择“素材速度 | 持续时间”，在弹出的“素材速度 | 持续时间”对话框中按照如图 5–41 所示进行设置。

这样字幕素材在轨道中的长度就与 V1 轨道中的素材对齐了，如图 5–42 所示。

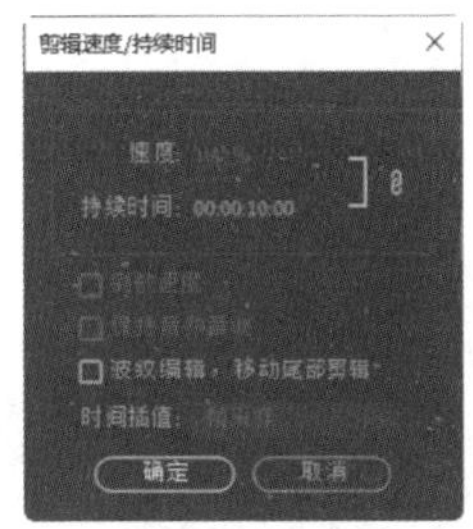

图 5–41

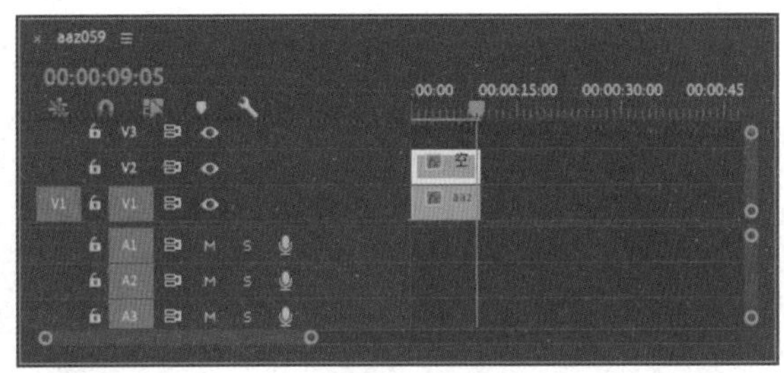

图 5–42

（3）将时间标记移动到素材开头处，选中 V2 轨道中的字幕素材，在其“效果控件”面板中展开“运动”项，分别单击“位置”和“缩放”左边的“切换动画”按钮插入关键帧，并按照如图 5–43 所示进行设置。

（4）单击“效果控件”面板中的“运动”，在“节目”监视器窗口中调整字幕的位置，如图 5–44 所示。

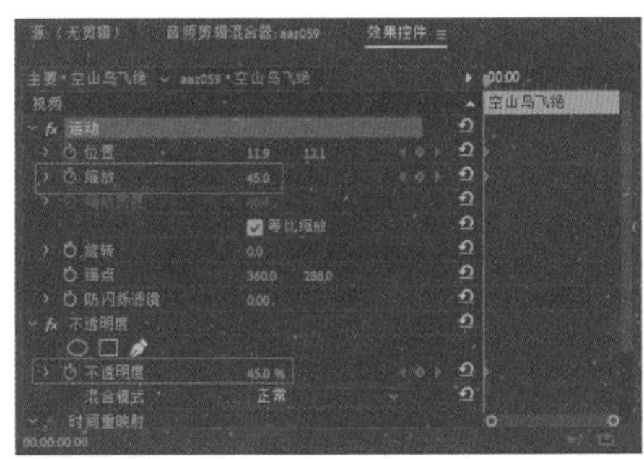

图 5–43

图 5–44

（5）将时间标记移动到 00:00:04:12 处，然后按照如图 5–45 所示进行设置。

（6）单击“效果控件”面板中的“运动”，在“节目”监视器窗口中调整字幕的位置，如图 5–46 所示。

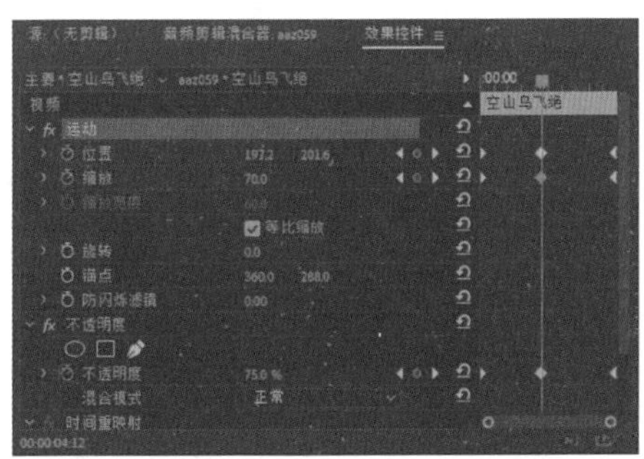
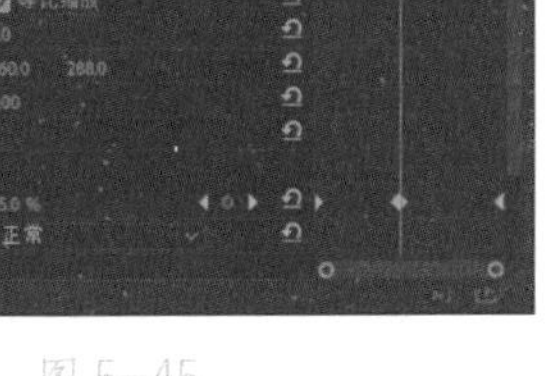

图 5–45

图 5–46

（7）将时间标记移动到 00:00:09:24 处，然后按照如图 5-47 所示进行设置。

（8）单击“效果控件”面板中的“运动”，在“节目”监视器窗口中调整字幕的位置，如图 5-48 所示。

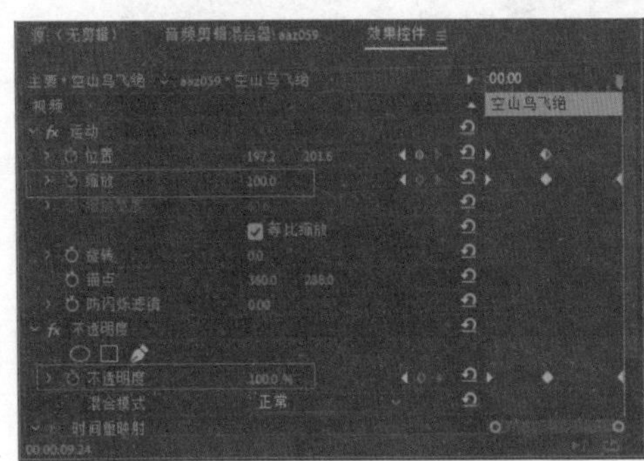

图 5-47

图 5-48

（9）将“时间轴”窗口中的时间标记移动到 00:00:00:00 处，按空格键，就可以在“节目”监视器窗口中预览最终的效果了。

（10）最后执行“文件”|“保存”命令或按 Ctrl+S 快捷键保存项目。

如果要输出影片，其详细操作请参照本书第 8 章进行。

5.9.2　流动文字效果

该效果的制作主要使用视频特效“湍流置换”来实现。本例效果如图 5-49 所示。

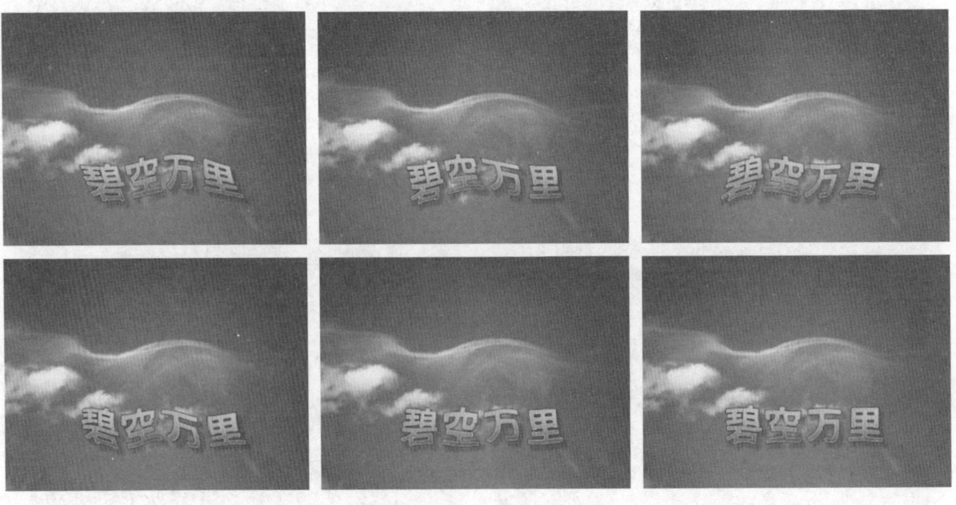

图 5-49

1. 新建项目与导入素材

（1）在 Premiere Pro 2020 欢迎界面单击“新建项目”或在运行 Premiere Pro 2020 的过程中执行“文件”|“新建”|“项目”菜单命令后，可以在弹出的“新建项目”对话框中新建项目，选择保存文件路径，输入保存文件名“流动文字效果”，如图 5-50 所示。然后单击“确定”按钮。

（2）在“新建项目”对话框中设置完毕后，单击“确定”按钮。

（3）执行“文件”|“导入”命令，在弹出的“导入”对话框中选择“第 5 章|图片素材”文件夹中的“aaz13.jpg”，然后单击“确定”按钮。导入的素材效果如图 5-51 所示。

（4）导入后的素材被陈列于“项目”窗口的列表中，如图 5-52 所示。

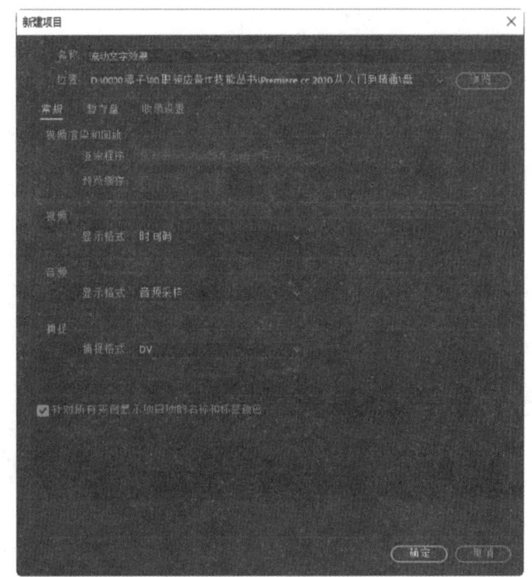

图 5-50

图 5-51

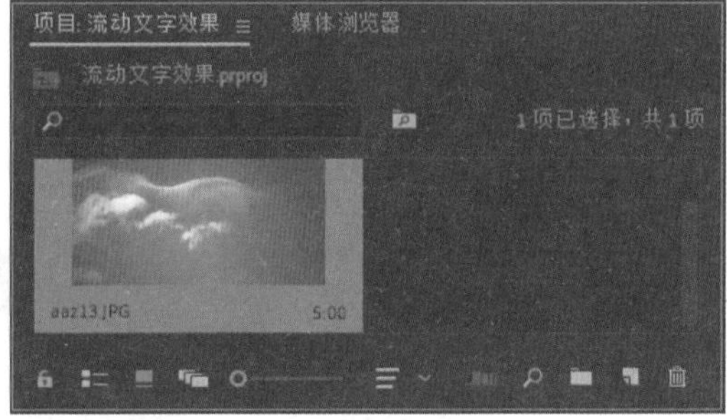

图 5-52

（5）将导入的素材拖入“时间轴”窗口中，创建序列并自动放置于 V1 轨道上，如图 5-53 所示。

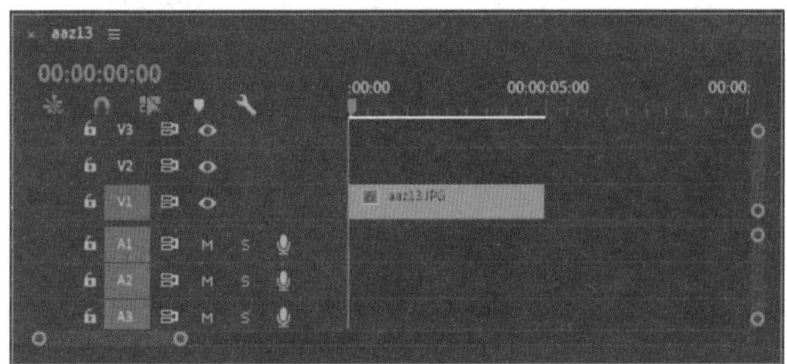

图 5-53

2. 剪辑素材

右击 V1 轨道中的素材“aaz13.tif”，从弹出菜单中选择“素材速度 | 持续时间”，在弹出的“素材速度 | 持续时间”对话框中按照如图 5-54 所示进行设置。设置后，素材长度被拉长到 10 秒。

然后在“节目”监视器窗口中调整好素材显示的大小和位置。

3. 创建字幕

（1）执行“文件” | “新建” | “旧版标题”菜单命令，在打开的“新建字幕”对话框中输入字幕名称“碧空万里”，如图 5-55 所示。

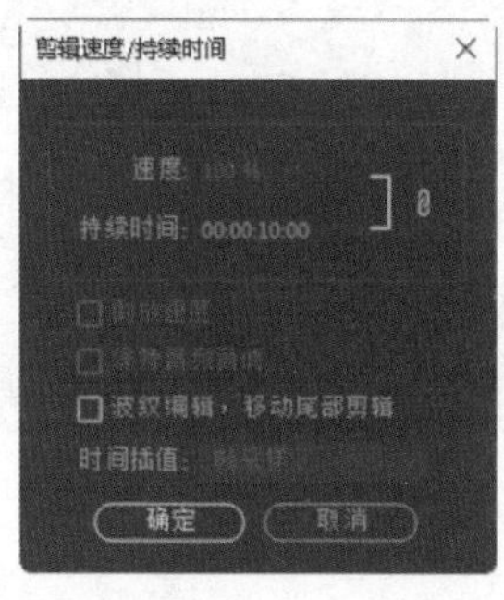

图 5-54

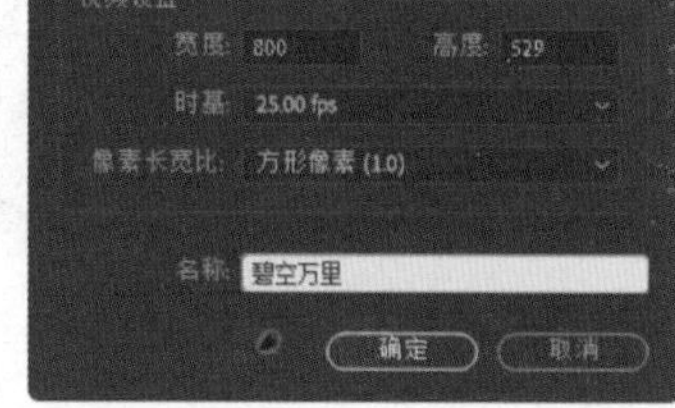

图 5-55

（2）在“新建字幕”对话框中设置完之后，单击“确定”按钮。进入字幕设计窗口，在工具栏中选择文字工具 T，单击编辑区，输入文字“碧空万里”。然后单击选择工具，调整文字的位置，如图 5-56 所示。

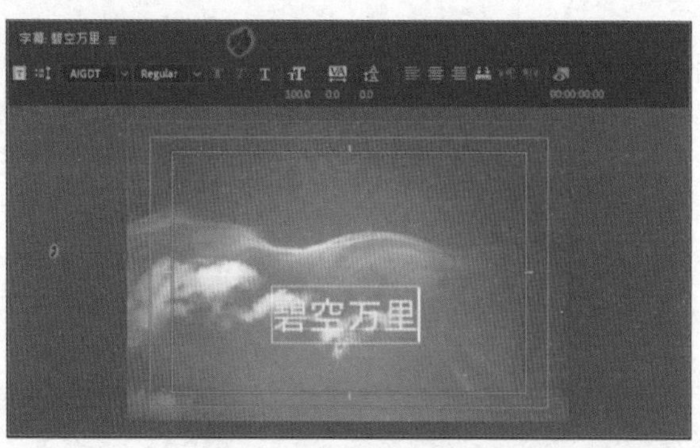

图 5-56

（3）使用“选择工具”按钮选中输入的文字，单击“旧版标题样式”列表框中的一种字体样式为文字设置属性，然后在右侧的“旧版标题属性”下的“字体系列”下拉列表中选择一种中文字体以保证该中文文字的正常显示，如图 5-57 所示。

（4）最后单击字幕设计窗口右上角的“关闭”按钮关闭字幕编辑器窗口。这样，刚才所创建的字幕就被陈列在“项目”窗口的列表中了，它可以作为一个素材被使用，如图 5-58 所示。

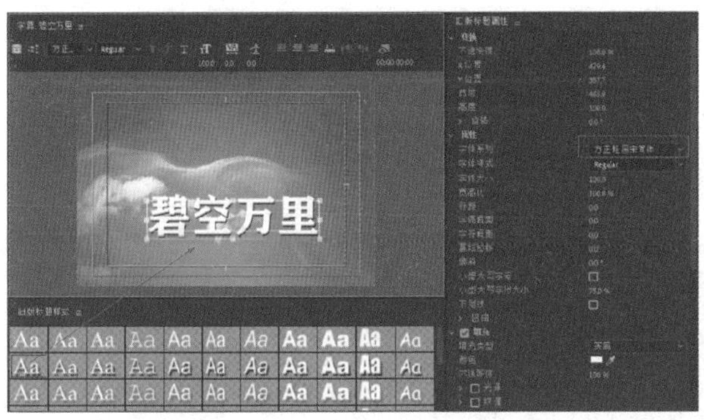

图 5-57

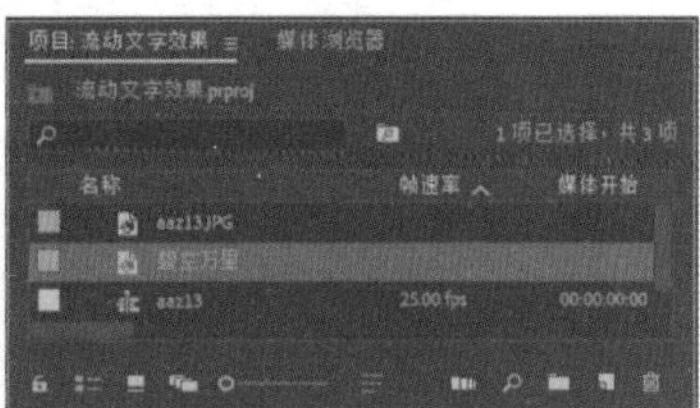

图 5-58

4. 合成字幕

（1）将“项目”窗口中的字幕素材拖到“时间轴”窗口的V2轨道中，如图5-59所示。

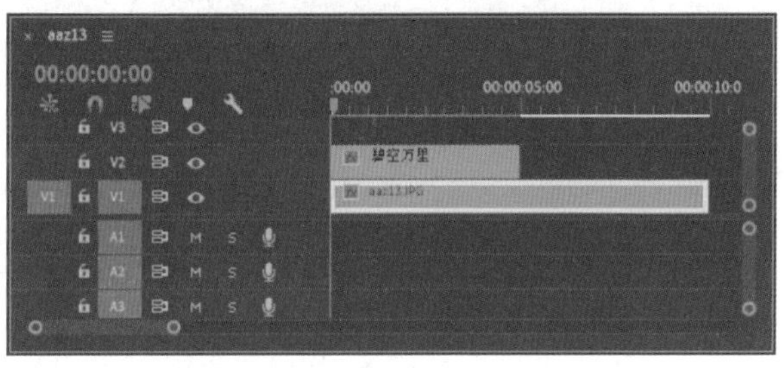

图 5-59

（2）右击V2轨道中的字幕素材，从弹出菜单中选择“素材速度|持续时间”，在弹出的“素材速度|持续时间”对话框中按照如图5-60所示进行设置。

这样，字幕素材在轨道中的长度就与V1轨道中的素材对齐了，如图5-61所示。

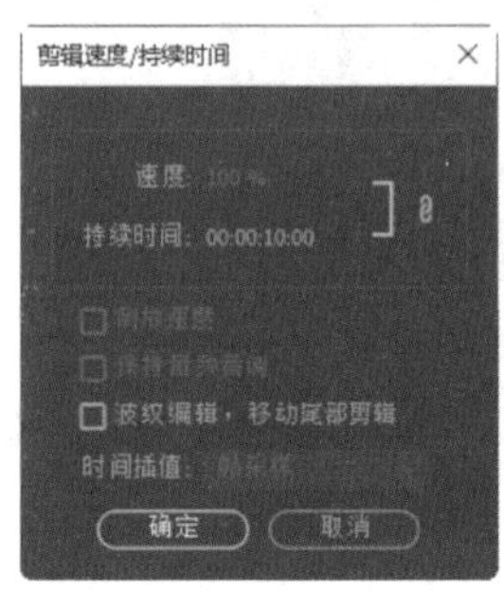

图 5-60

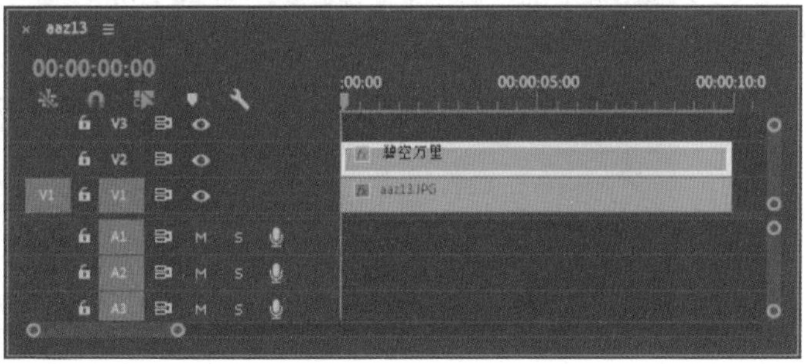

图 5-61

（3）将“效果”窗口中“视频特效”|“扭曲”文件夹下的特效“湍流置换”拖入到“时间轴”窗口的字幕上。

（4）确保时间标记移动到V1轨道第一段素材的起始端，在字幕的“效果控件”面板中，展开特效“湍流置换”的卷展栏，按照如图5-62所示进行设置。

（5）将时间标记移动到V1轨道第一段素材的末端，然后按照如图5-63所示进行设置。

（6）将“时间轴”窗口中的时间标记移动到00:00:00:00处，按空格键，就可以在“节目”监视器窗口中预览最终的效果了。

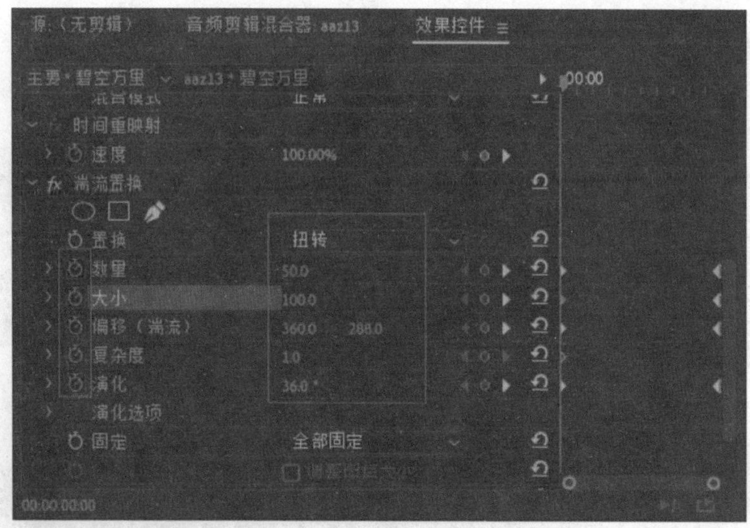

图 5-62

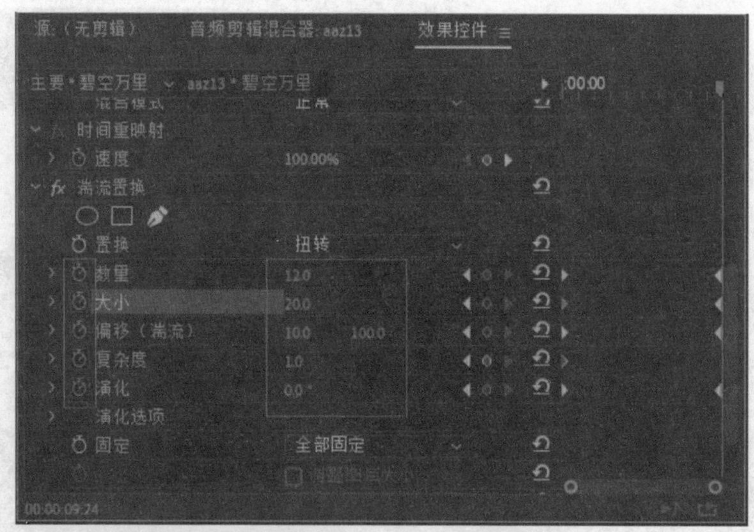

图 5-63

（7）最后执行“文件”|“保存”命令或按 Ctrl+S 快捷键保存项目。

如果要输出影片，其详细操作请参照本书第 8 章进行。

5.9.3 旋转文字效果

该效果的制作主要是使用了“旋转”对文字进行设置。本案例最终影像效果如图 5-64 所示。

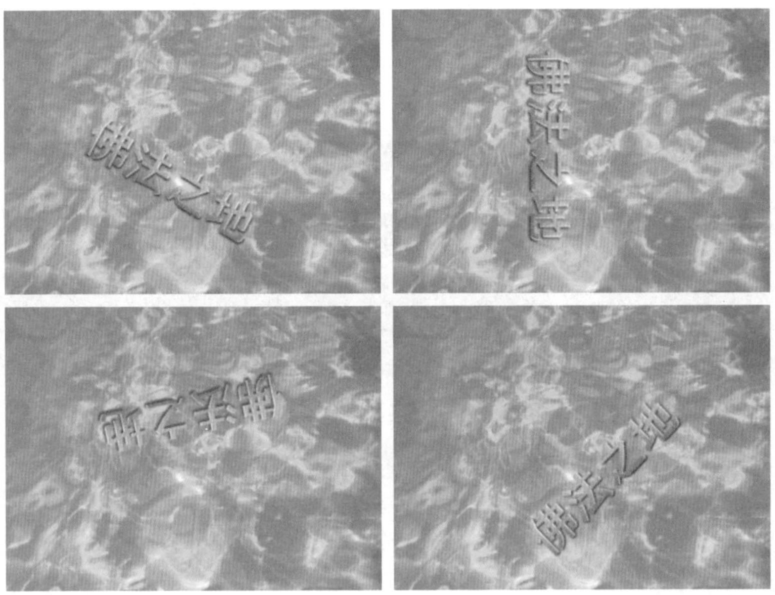

图 5-64

1. 新建项目与导入素材

（1）在 Premiere Pro 2020 欢迎界面单击“新建项目”或在运行 Premiere Pro 2020 的过程中执行“文件”|“新建”|“项目”菜单命令后，可以在弹出的“新建项目”对话框中新建项目，选择保存文件路径，输入保存文件名“旋转文字效果”，如图 5-65 所示。然后单击“确定”按钮。

（2）在“新建项目”对话框中设置完毕后，单击“确定”按钮。

（3）执行“文件”|“导入”命令，在弹出的“导入”对话框中选择“第 5 章|图片素材”文件夹中的“aaz15.jpg”，然后单击“确定”按钮。导入的素材效果如图 5-66 所示。

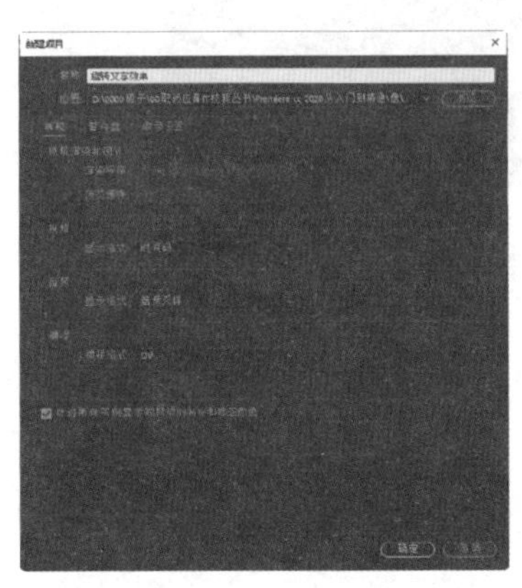

图 5-65

图 5-66

（4）导入后的素材被陈列于“项目”窗口的列表中，如图 5-67 所示。

（5）将导入的素材拖入“时间轴”窗口中，创建序列并自动放置于 V1 轨道上，如图 5-68 所示。

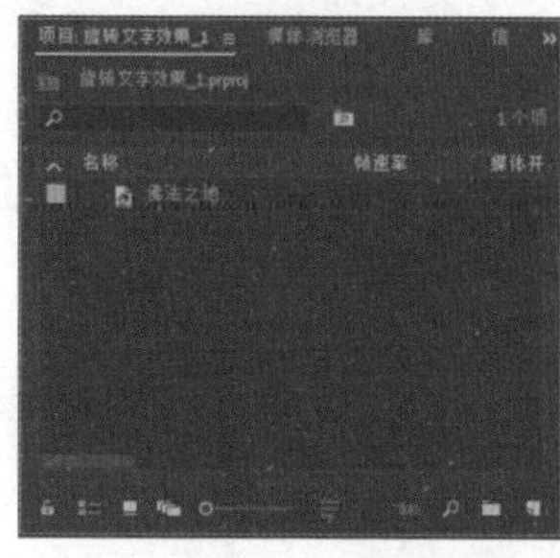

图 5-67

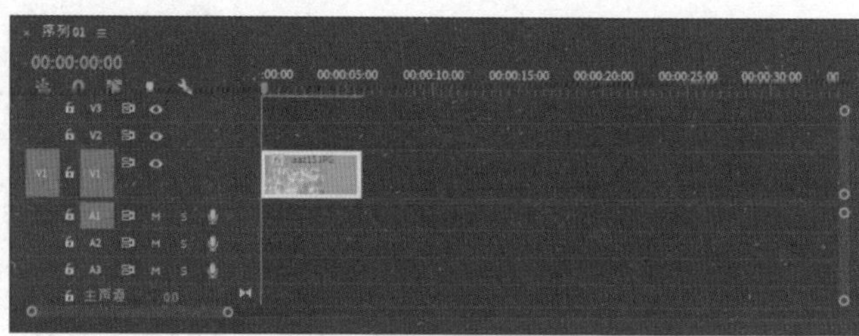

图 5-68

2. 剪辑素材

右击“时间轴”窗口中的 V1 轨道中的素材“aaz15.jpg”，从弹出菜单中选择“素材速度 | 持续时间”，在弹出的“素材速度 | 持续时间”对话框中按照如图 5-69 所示进行设置。设置后，素材长度被拉长到 10 秒。

然后在“节目”监视器窗口中调整好素材显示的大小和位置。

3. 创建字幕

（1）执行“文件” | “新建” | “旧版标题”菜单命令，在打开的“新建字幕”对话框中输入字幕名称“佛法之地”，图 5-70 所示。

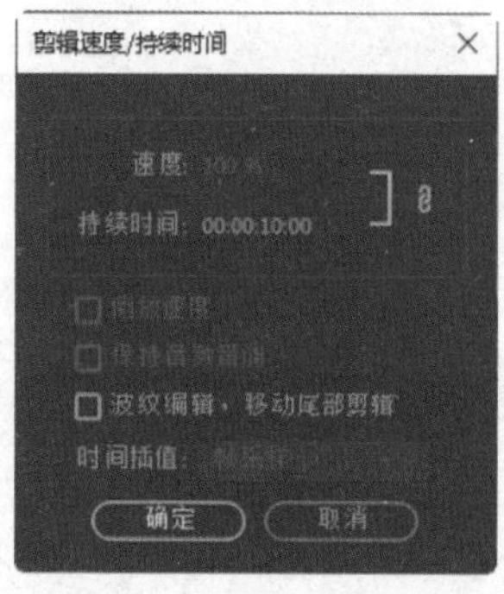

图 5-69

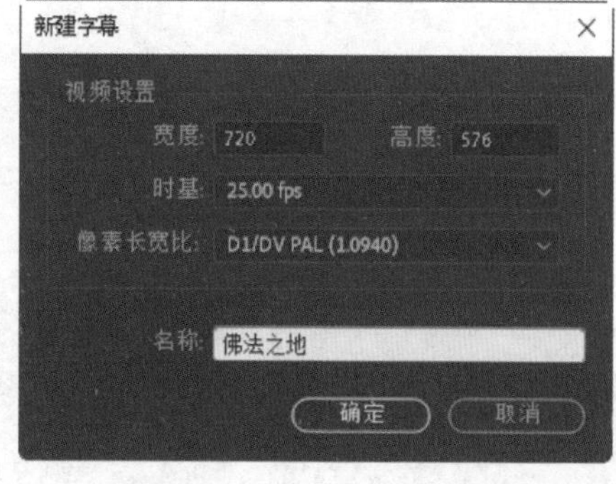

图 5-70

（2）在“新建字幕”对话框中设置完之后，单击“确定”按钮。进入字幕设计窗口，在工具栏中选择文字工具T，单击编辑区，输入文字“佛法之地”。然后单击选择工具▶，调整文字的位置，如图 5-71 所示。

（3）使用选择工具▶选中输入的文字，然后单击“旧版标题样式”列表框中的一种字体样式，自动为选中的文字进行格式设置，如图 5-72 所示。如果文字不能正常显示，就在右侧的“旧版标题属性”下的“字体系列”下拉列表中选择一种中文字体以保证该中文文字的正常显示。

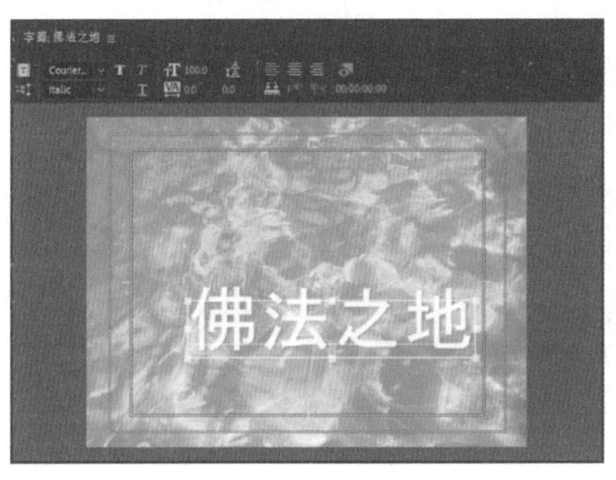

图 5-71

图 5-72

（4）最后单击字幕设计窗口右上角的“关闭”按钮关闭字幕编辑器窗口。这样，刚才所创建的字幕就被陈列在“项目”窗口的列表中了，它可以作为一个素材被使用，如图 5-73 所示。

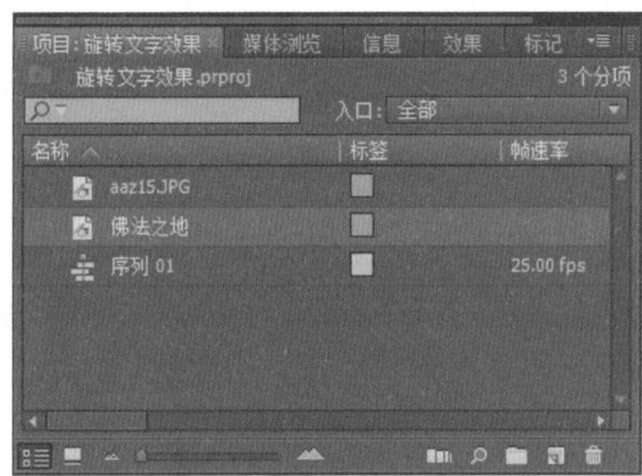

图 5-73

4. 合成字幕

（1）将“项目”窗口中的字幕素材拖到“时间轴”窗口的 V2 轨道中，如图 5-74 所示。

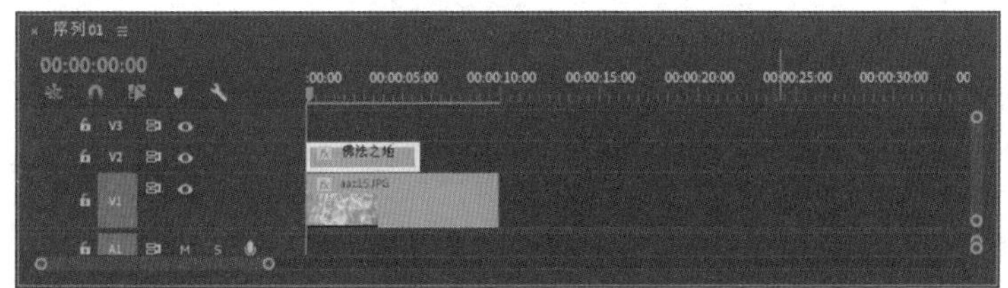

图 5-74

（2）选中 V2 轨道中的字幕素材，然后单击“效果控件”面板中的“运动”，在“节目”监视器窗口中调整文字“佛法之地”的位置，如图 5-75 所示。

图 5-75

（3）右击 V2 轨道中的字幕素材，从弹出菜单中选择“素材速度 | 持续时间”，在弹出的“素材速度 | 持续时间”对话框中按照如图 5-76 所示进行设置。

这样，字幕素材在轨道中的长度就与 V1 轨道中的素材对齐了，如图 5-77 所示。

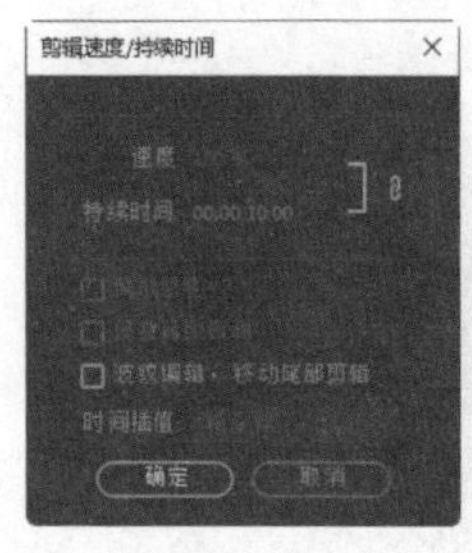

图 5-76

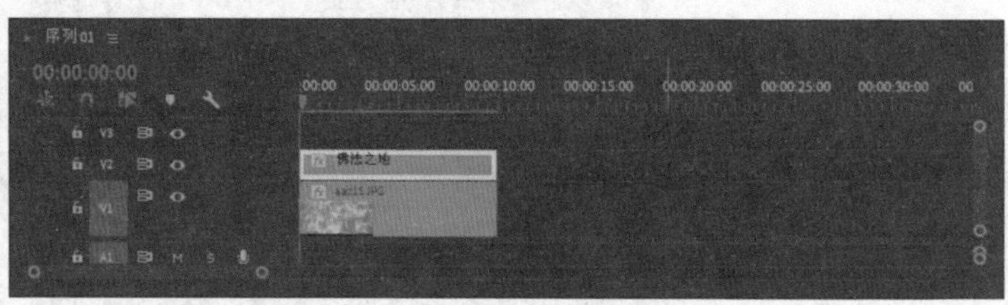

图 5-77

（4）将时间标记移动到素材开头处，选中 V2 轨道中的字幕素材，在其“效果控件”面板中展开“运动”项，单击“旋转”左边的“切换动画”按钮插入关键帧，并按照如图 5-78 所示进行设置。

效果如图 5-79 所示。

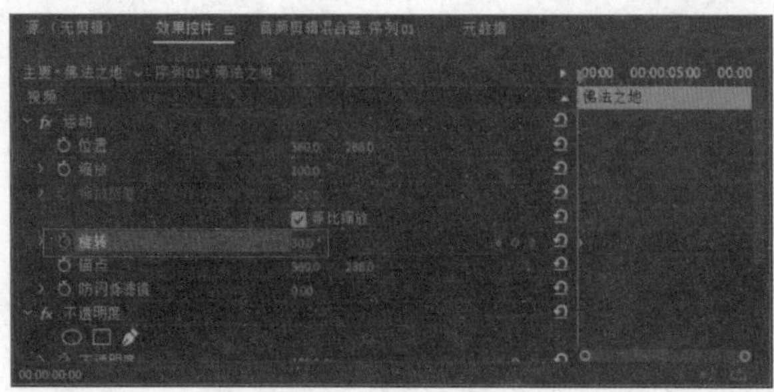

图 5-78

图 5-79

（5）将时间标记移动到 00:00:09:24 处，然后按照如图 5-80 所示进行设置。也就是将旋转角度设置为 360°。

效果如图 5-81 所示。

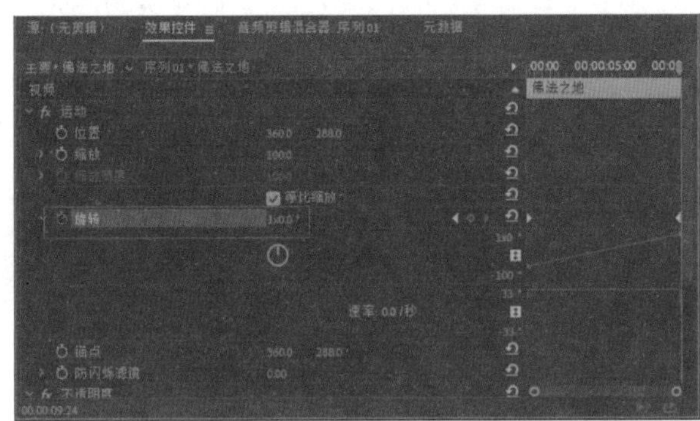

图 5-80

图 5-81

（6）将“时间轴”窗口中的时间标记移动到 00:00:00:00 处，按空格键，就可以在“节目”监视器窗中预览最终的效果了。

（7）最后执行“文件”|“保存”命令或按 Ctrl+S 快捷键保存项目。

如果要输出影片，其详细操作请参照本书第 8 章进行。

5.9.4 爬行字幕效果

在影视剧结束后都会出现一些文字向上滚动，这种效果就叫作“滚屏字幕效果”。该效果主要使用字幕设计界面中的“滚动|游动选项”对话框来实现。

本例效果如图 5-82 所示。

图 5-82

1. 新建项目与导入素材

（1）在 Premiere Pro 2020 欢迎界面单击“新建项目”或在运行 Premiere Pro 2020 的过程中执行“文件”|“新建”|“项目”菜单命令后，可以在弹出的“新建项目”对话框中新建项目，选择保存文件路径，输入保存文件名“爬行字幕效果”，如图 5–83 所示。然后单击“确定”按钮。

（2）在“新建项目”对话框中设置完毕后，单击“确定”按钮。

（3）执行“文件”|“导入”命令，在弹出的“导入”对话框中选择“第 5 章|图片素材”文件夹中的“aaz19.jpg”，然后单击“确定”按钮。导入的素材效果如图 5–84 所示。

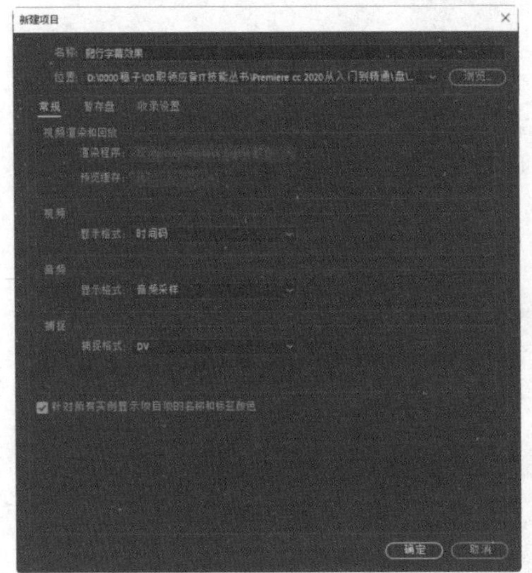

图 5–83

图 5–84

（4）导入后的素材被陈列于“项目”窗口的列表中，如图 5–85 所示。

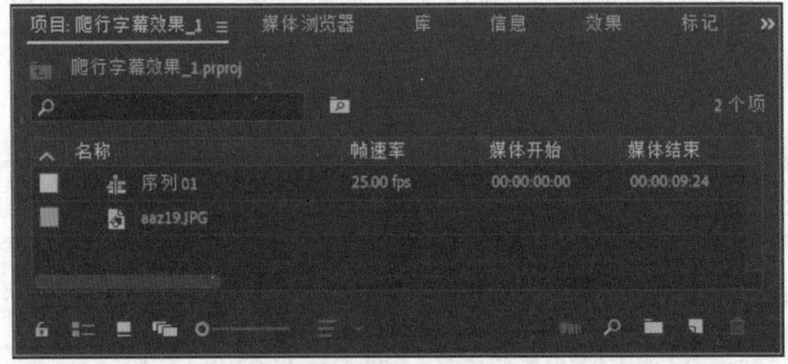

图 5–85

（5）将导入的素材拖入“时间轴”窗口中，创建序列并自动放置于 V1 轨道上，如图 5–86 所示。

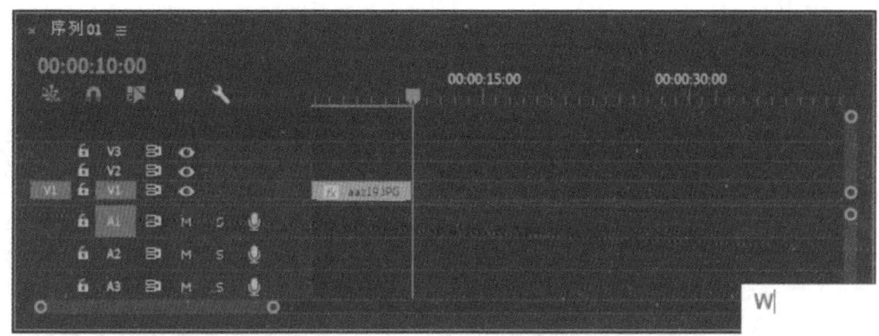

图 5-86

2. 剪辑素材

右击"时间轴"窗口中的 V1 轨道中的素材"aaz19.jpg"，从弹出菜单中选择"素材速度 | 持续时间"，在弹出的"素材速度 | 持续时间"对话框中按照如图 5-87 所示进行设置。设置后，素材长度被拉长到 10 秒。

然后在"节目"监视器窗口中调整好素材显示的大小和位置。

3. 创建字幕

（1）执行"文件" | "新建" | "旧版标题"菜单命令，在打开的"新建字幕"对话框中输入字幕名称"爬行字幕"，如图 5-88 所示。

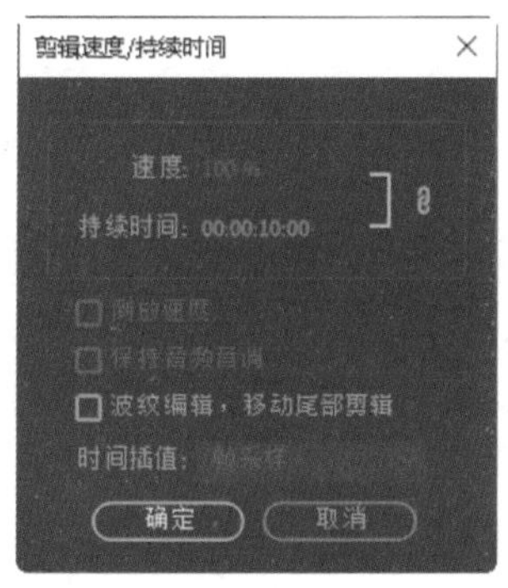

图 5-87

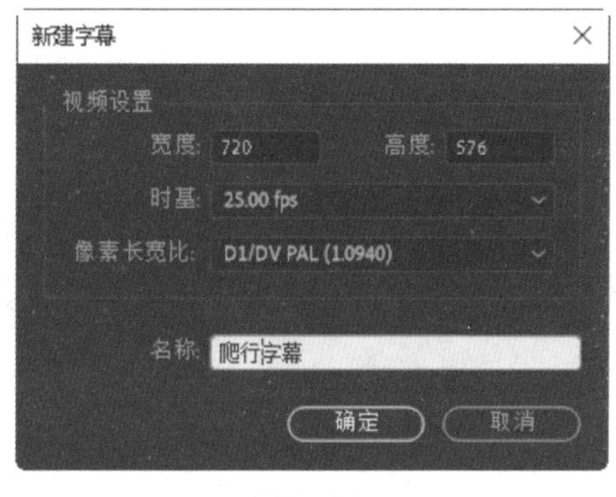

图 5-88

（2）在"新建字幕"对话框中设计完之后，单击"确定"按钮。进入字幕设计窗口，在工具栏中选择文字工具T，单击编辑区，输入一段文字"你见，或者不见我 我就在那里 不悲不喜 你念，或者不念我 情就在那里 不来不去"。然后单击选择工具，调整文字的位置，并为文字设置中文字体和大小，如图 5-89 所示。

（3）使用选择工具选中输入的文字，然后单击"旧版标题样式"列表框中的一种字体样式，自动为选中的文字进行格式设置，如图 5-90 所示。如果文字不能正常显示，就在右侧的"旧版标题属性"下的"字体系列"下拉列表中选择一种中文字体以保证该中文文字的正常显示。

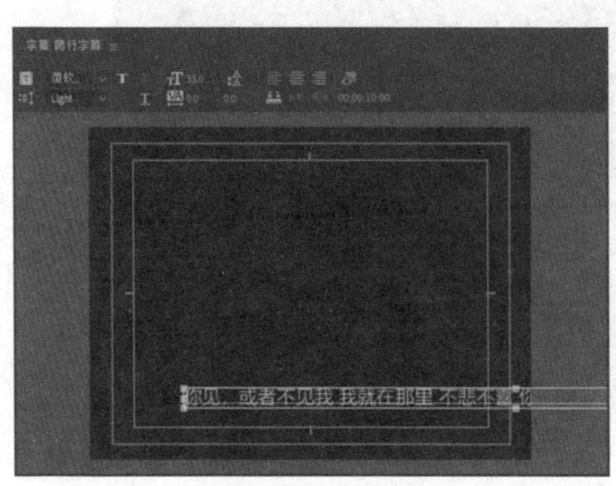

图 5-89

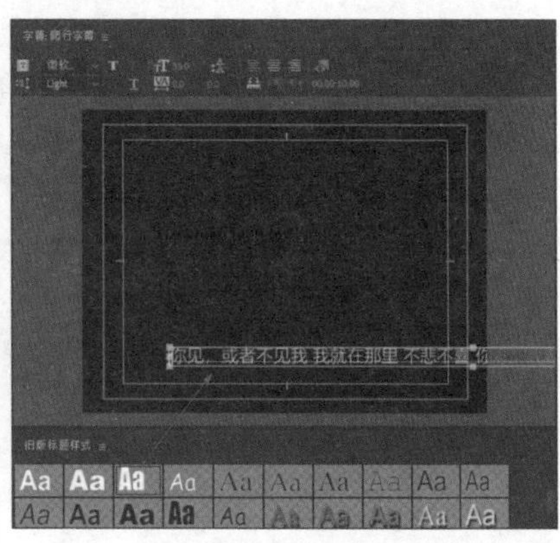

图 5-90

（4）单击编辑器左上角的“滚动|游动选项”按钮，在弹出的“滚动|游动选项”对话框中按照如图 5-91 所示进行设置。然后单击“确定”按钮。

（5）最后单击字幕设计窗口右上角的“关闭”按钮关闭字幕编辑器窗口。这样，刚才所创建的字幕就被陈列在“项目”窗口的列表中了，它可以作为一个素材被使用，如图 5-92 所示。

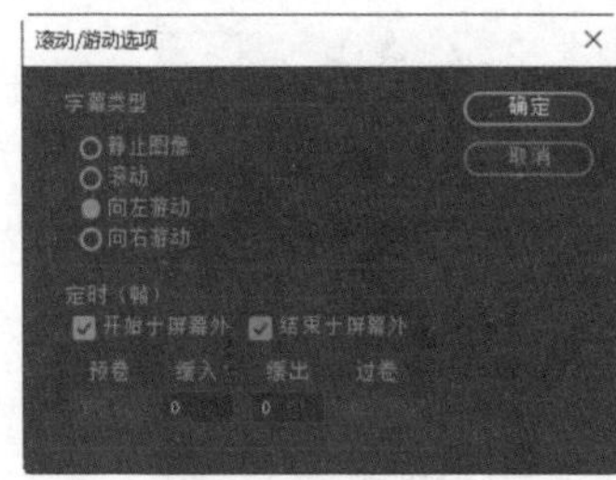

图 5-91

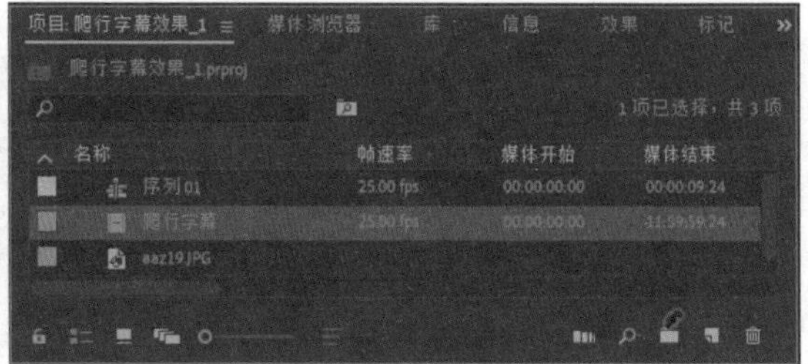

图 5-92

4. 合成字幕

（1）将“项目”窗口中的字幕素材拖到“时间轴”窗口的 V2 轨道中，如图 5-93 所示。

（2）右击 V2 轨道中的字幕素材，从弹出菜单中选择“素材速度|持续时间”，在弹出的“素材速度|持续时间”对话框中按照如图 5-94 所示进行设置。

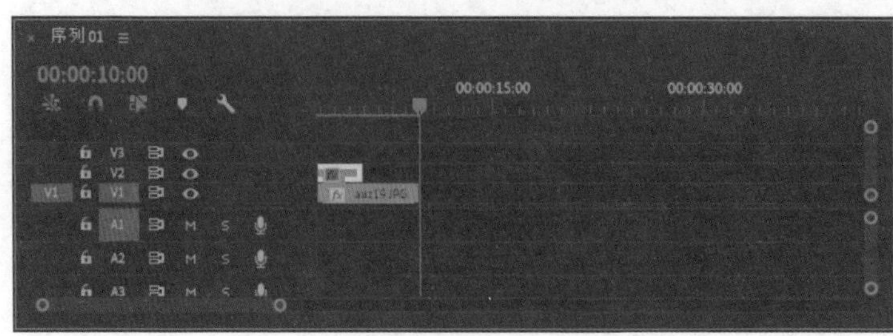

图 5-93

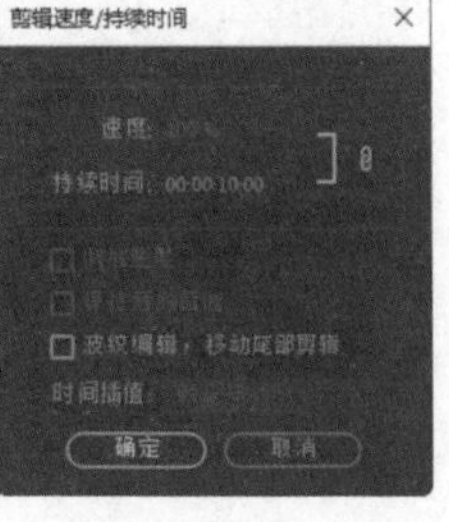

图 5-94

这样，字幕素材在轨道中的长度就与V1轨道中的素材对齐了，如图5–95所示。

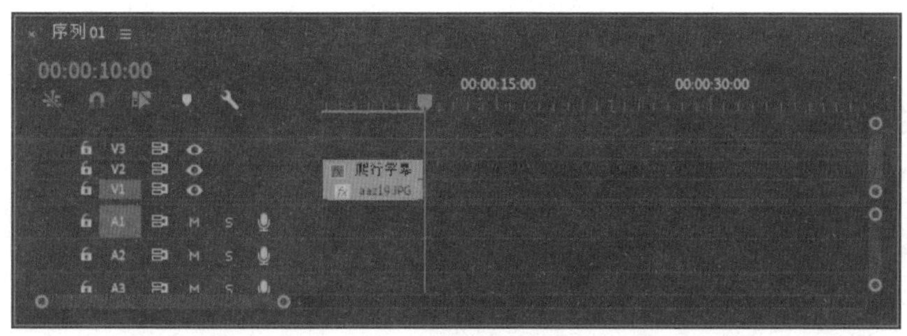

图5–95

（3）将“时间轴”窗口中的时间标记移动到00:00:00:00处，按空格键，就可以在“节目”监视器窗口中预览最终的效果了。

（4）最后执行“文件”|“保存”命令或按Ctrl+S快捷键保存项目。

如果要输出影片，其详细操作请参照本书第8章进行。

5.9.5 飘浮的字幕效果

该效果主要使用“滚动|游动选项”对话框和视频特效“湍流置换”来实现。本例效果如图5–96所示。

图5–96

1. 新建项目与导入素材

（1）在Premiere Pro 2020欢迎界面单击“新建项目”或在运行Premiere Pro 2020的过程中执行“文件”|“新建”|“项目”菜单命令后，可以在弹出的“新建项目”对话框中新建项目，选择保存文件路径，输入保存文件名“飘浮的字幕效果”，如图5–97所示。然后单击“确定”按钮。

（2）在“新建项目”对话框中设置完毕后，单击“确定”按钮。

（3）执行“文件”|“导入”命令，在弹出的“导入”对话框中选择“第5章|图片素材”

文件夹中的“aaz058.jpg”，然后单击“确定”按钮。导入的素材效果如图 5-98 所示。

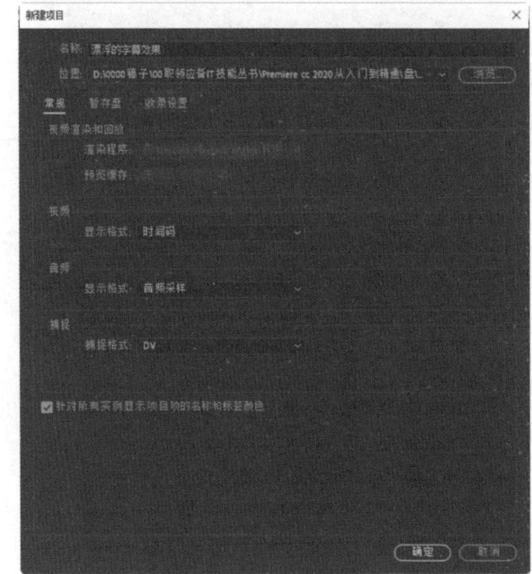

图 5-97

图 5-98

（4）导入后的素材被陈列于“项目”窗口的列表中，如图 5-99 所示。

（5）将导入的素材拖入“时间轴”窗口中，创建序列并自动放置于 V1 轨道上，如图 5-100 所示。

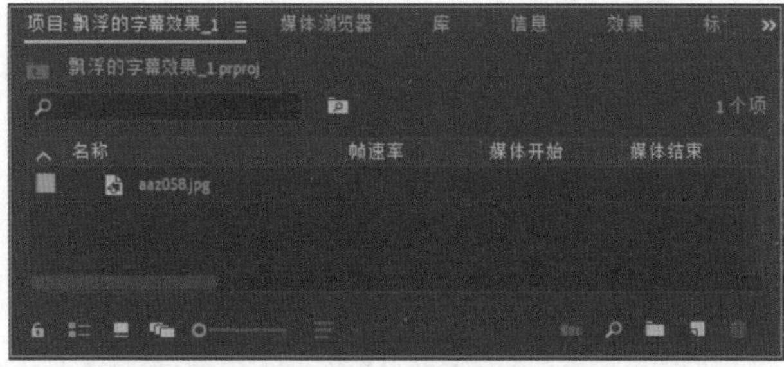

图 5-99

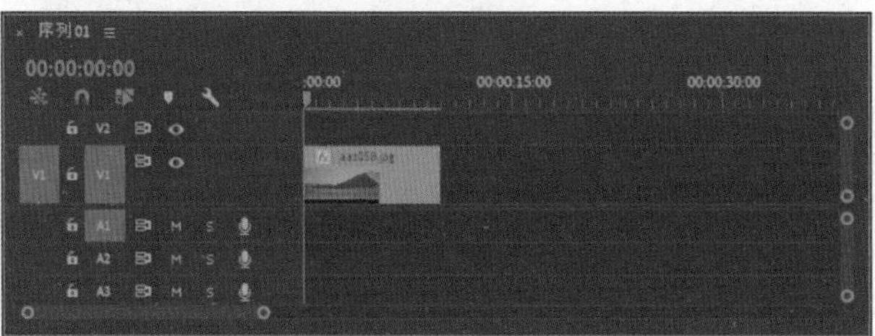

图 5-100

2. 剪辑素材

右击“时间轴”窗口中的 V1 轨道中的素材“aaz058.jpg”，从弹出菜单中选择“剪辑速度 | 持续时间”，在弹出的“剪辑速度 | 持续时间”对话框中按照如图 5-101 所示进行设置。设置后，素材长度被拉长到 10 秒。

然后在“节目”监视器窗口中调整好素材显示的大小和位置。

3. 创建字幕

（1）执行“文件”|“新建”|“旧版标题”菜单命令，在打开的“新建字幕”对话框中输入字幕名称“飘浮的字幕”，如图 5-102 所示。

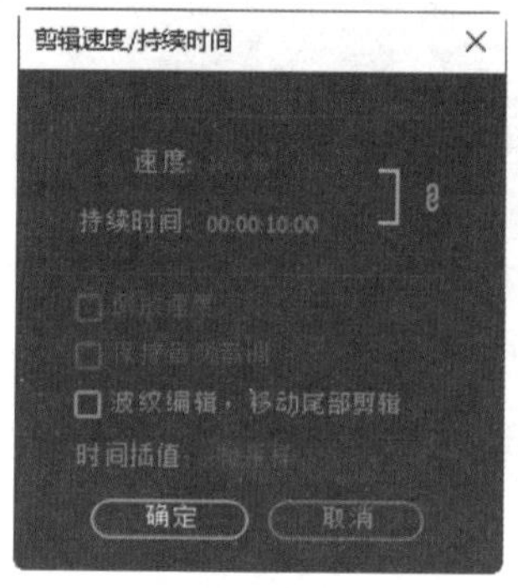

图 5-101

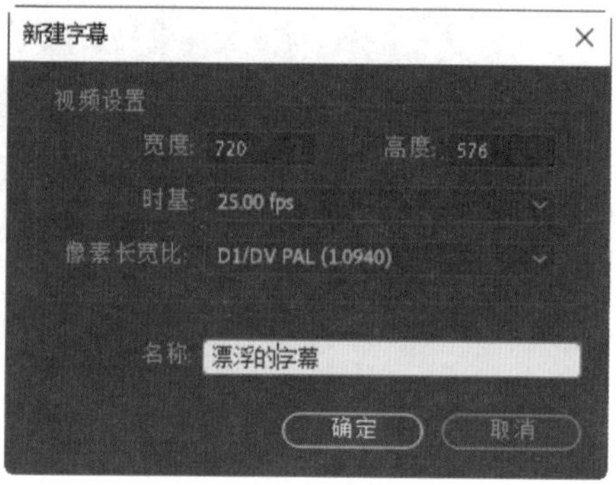

图 5-102

（2）在“新建字幕”对话框中设计完之后，单击“确定”按钮。进入字幕设计窗口，在工具栏中选择文字工具，单击编辑区，输入文字“上山打老虎”并调整其位置和大小。

（3）使用选择工具选中输入的文字，然后单击“旧版标题样式”列表框中的一种字体样式，自动为选中的文字进行格式设置，如图 5-103 所示。如果文字不能正常显示，就在右侧的“旧版标题属性”下的“字体系列”下拉列表中选择一种中文字体以保证该中文文字的正常显示。

（4）单击编辑器左上角的“滚动 | 游动选项”按钮，在弹出的“滚动 | 游动选项”对话框中按照如图 5-104 所示进行设置。然后单击“确定”按钮。

图 5-103

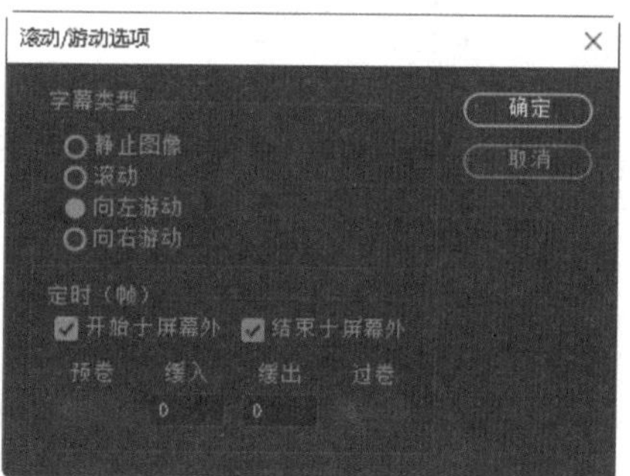

图 5-104

（5）最后单击字幕设计窗口右上角的“关闭”按钮关闭字幕编辑器窗口。这样，刚才所创建的字幕就被陈列在“项目”窗口的列表中了，它可以作为一个素材被使用，如图 5–105 所示。

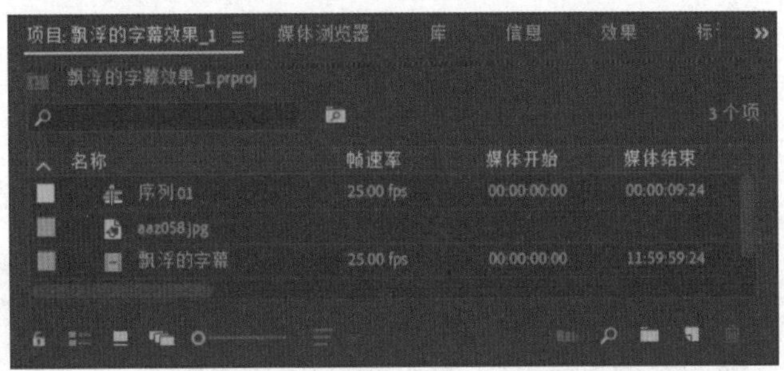

图 5–105

4. 合成字幕

（1）将“项目”窗口中的字幕素材拖到“时间轴”窗口的 V2 轨道中，如图 5–106 所示。

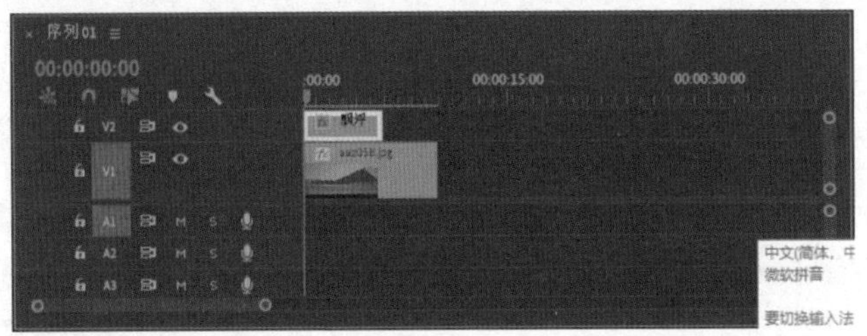

图 5–106

（2）右击 V2 轨道中的字幕素材，从弹出菜单中选择“素材速度 | 持续时间”，在弹出的“剪辑速度 | 持续时间”对话框中按照如图 5–107 所示进行设置。

这样字幕素材在轨道中的长度就与 V1 轨道中的素材对齐了，如图 5–108 所示。

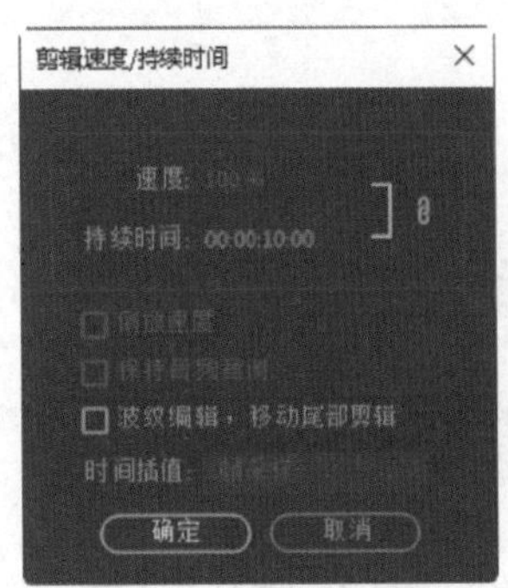

图 5–107

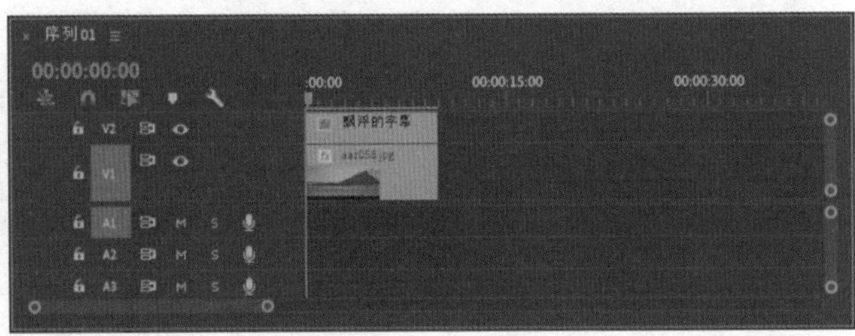

图 5–108

（3）将“效果”窗口中“视频特效”|“扭曲”文件夹下的特效“湍流置换”拖入到“时间轴”（窗口）的字幕上。

（4）将“时间轴”窗口中的时间标记移动到 00:00:00:00 处，按空格键，就可以在“节目”监视器窗口中预览最终的效果了。

（5）最后执行“文件”|“保存”命令或按 Ctrl+S 快捷键保存项目。

如果要输出影片，其详细操作请参照本书第 7 章进行。

5.9.6 燃烧的字幕

该效果主要使用了视频特效“湍流置换”：“光照效果”和“波形变形”来实现。本例效果如图 5-109 所示。

图 5-109

1. 新建项目与导入素材

（1）在 Premiere Pro 2020 欢迎界面单击“新建项目”或在运行 Premiere Pro 2020 的过程中执行“文件”|“新建”|“项目”菜单命令后，可以在弹出的“新建项目”对话框中新建项目，选择保存文件路径，输入保存文件名“燃烧的字幕”，如图 5-110 所示。然后单击“确定”按钮。

（2）在“新建项目”对话框中设置完毕后，单击“确定”按钮。

（3）执行“文件”|“导入”命令，在弹出的“导入”对话框中选择“第 5 章|图片素材”文件夹中的“aaz057.jpg”，然后单击“确定”按钮。导入的素材效果如图 5-111 所示。

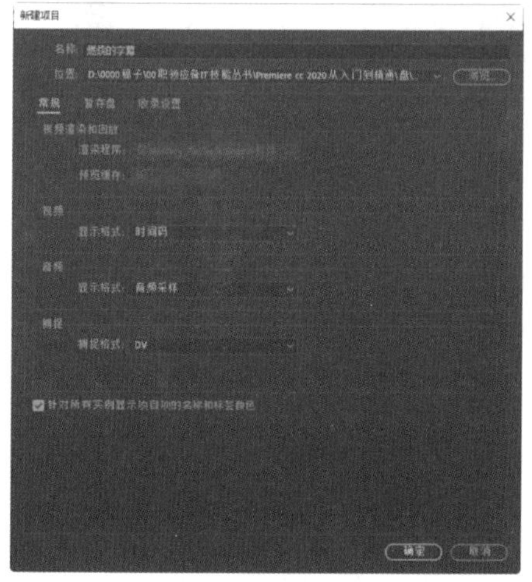

图 5-110

图 5-111

（4）导入后的素材被陈列于“项目”窗口的列表中，如图 5–112 所示。

（5）将导入的素材拖入“时间轴”窗口中，创建序列并自动放置于 V1 轨道上，如图 5–113 所示。

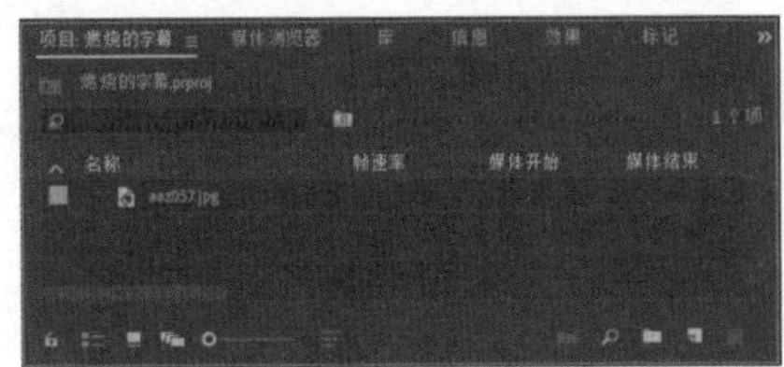

图 5–112

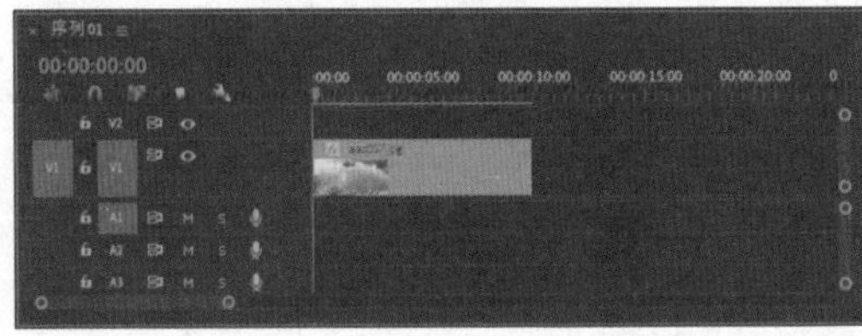

图 5–113

2. 剪辑素材

右击“时间轴”窗口中的 V1 轨道中的素材“aaz057.jpg”，从弹出菜单中选择“剪辑速度 | 持续时间”，在弹出的“剪辑速度 | 持续时间”对话框中按照如图 5–114 所示进行设置。设置后，素材长度被拉长到 10 秒。

然后在“节目”监视器窗口中调整好素材显示的大小和位置。

3. 创建字幕

（1）执行“文件” | “新建” | “旧版标题”菜单命令，在打开的“新建字幕”对话框中输入字幕名称“燃烧的字幕”，如图 5–115 所示。

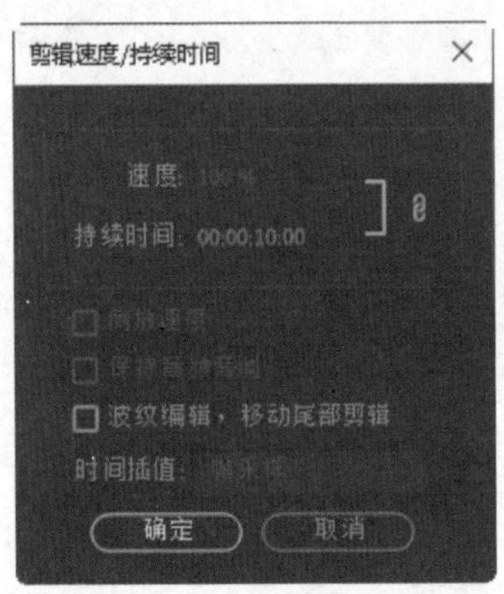

图 5–114

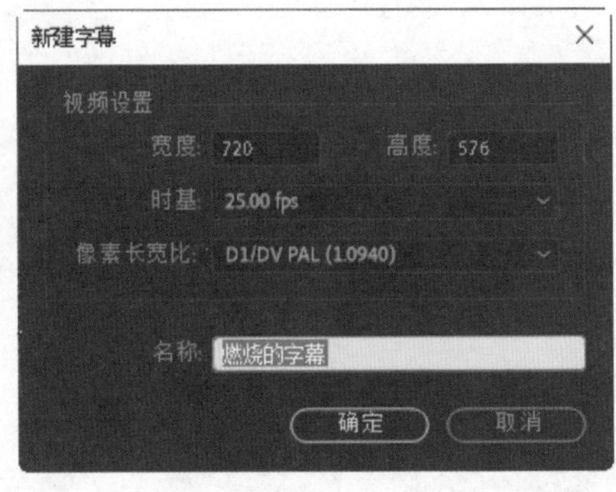

图 5–115

（2）在“新建字幕”对话框中设计完之后，单击“确定”按钮。进入字幕设计窗口，在工具栏中选择文字工具 T，单击编辑区，输入一段文字“战地英豪”并调整其位置和大小。

（3）使用选择工具选中输入的文字，然后单击“旧版标题样式”列表框中的一种字体样式，自动为选中的文字进行格式设置，如图 5–116 所示。如果文字不能正常显示，就在右侧的“旧版标题属性”下的“字体系列”下拉列表中选择一种中文字体以保证该中文文字的正常显示。

（4）单击编辑器左上角的“滚动 | 游动选项”按钮，在弹出的“滚动 | 游动选项”对话框中按照如图 5–117 所示进行设置。然后单击“确定”按钮。

图 5-116

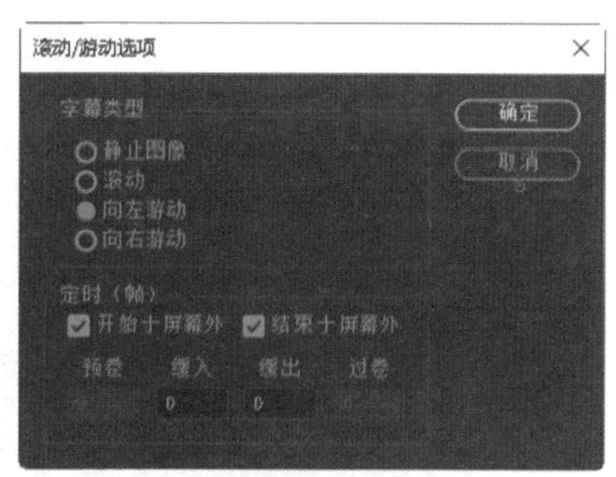

图 5-117

（5）最后单击字幕设计窗口右上角的“关闭” 按钮关闭字幕编辑器窗口。这样，刚才所创建的字幕就被陈列在“项目”窗口的列表中了，它可以作为一个素材被使用，如图 5-118 所示。

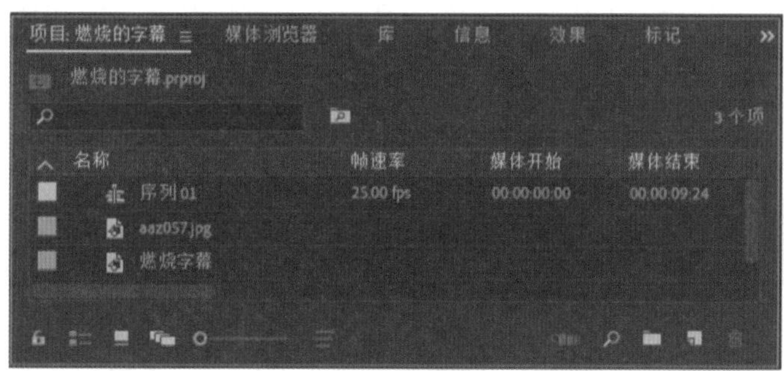

图 5-118

4. 合成字幕

（1）将“项目”窗口中的字幕素材拖到“时间轴”窗口的 V2 轨道中，并调整其在轨道中的长度，使其与 V1 轨道中的素材对齐，如图 5-119 所示。

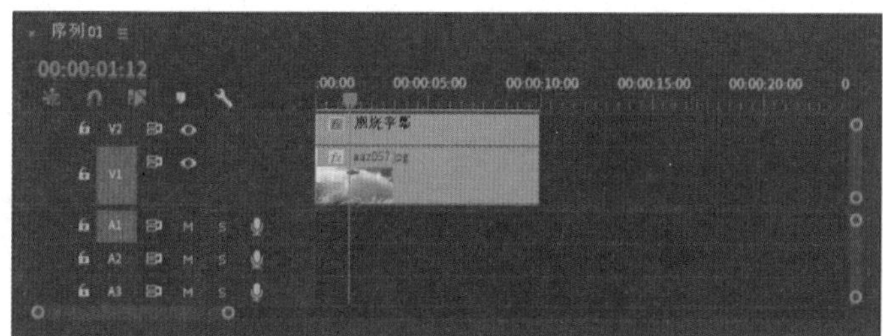

图 5-119

（2）将“效果”窗口中“视频特效”|“扭曲”文件夹下的特效“湍流置换”拖入到“时间轴”（窗口）的字幕上。

（3）单击“时间轴”窗口的字幕，在其“效果控件”面板中按照如图 5–120 所示进行设置。

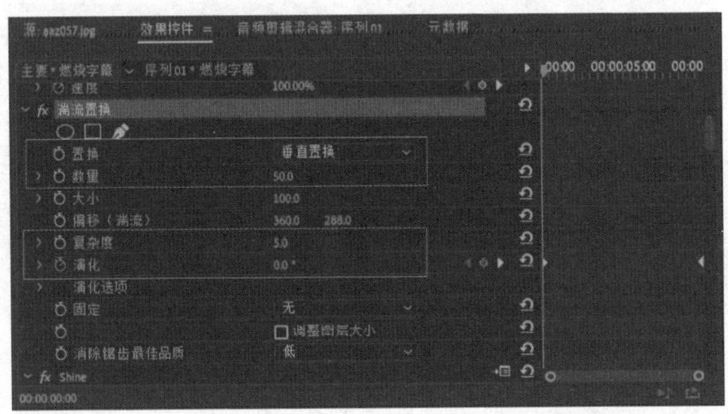

图 5–120

（4）将时间标记移动到字幕素材开始处，在其“效果控件”面板中单击“演化”项左边的“切换动画”按钮插入关键帧，然后将时间标记拖动到最后，并设置“演化”项，如图 5–121 所示。

在“节目”监视器窗口可以观察到设置后的效果，如图 5–122 所示。

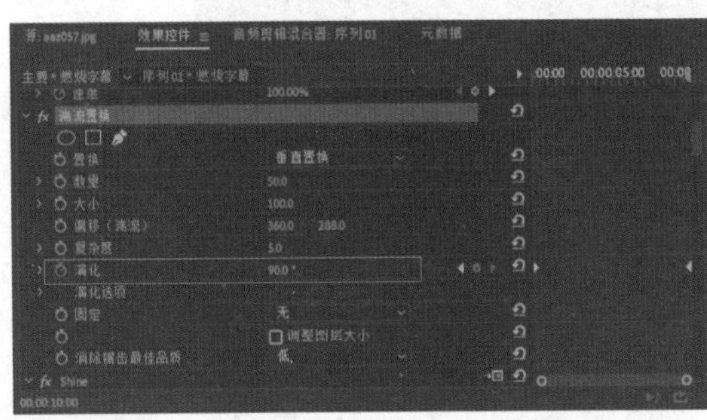

图 5–121

图 5–122

（5）为字幕再添加特效 Shine，然后在“效果控件”面板中将按照如图 5–123 所示进行设置。

提示： 在 Premiere Pro 2020 中安装 Red Giant Trapcode Suite 12 套装软件后，就可以在“特效控制”窗口中看到 Shine 特效。Shine 为 Trapcode 插件组中的光效插件之一，功能非常强大，现今的影视片头和节目包装的字幕发光效果，基本都是使用该插件制作的。在将 Shine 特效拖入时间轴轨道上需要添加该特效的对象上后，我们就可以在特效控制面板中看到 Shine 特效的参数设置选项。

（6）为字幕再添加特效“波形变形”，然后在“效果控件”面板中将按照如图 5-124 所示进行设置。

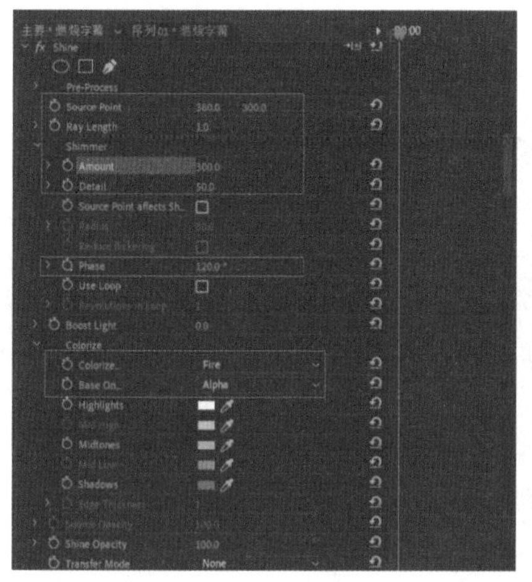

图 5-123

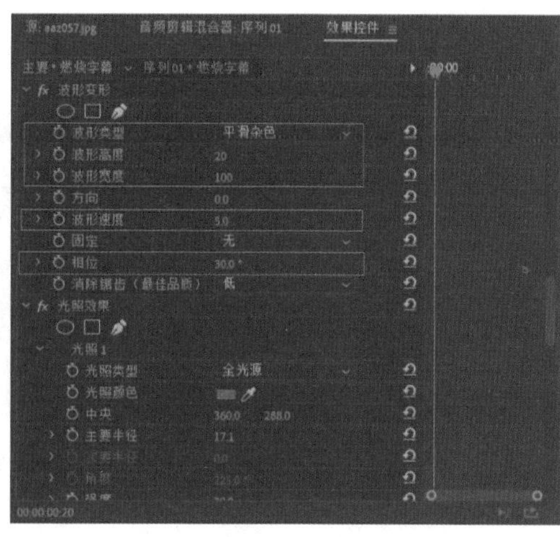

图 5-124

（7）为字幕再添加“效果”面板中的 |“视频效果” | “调整”下面的“光照效果”，然后在“效果控件”面板中展开特效“光照效果”卷展栏，然后展开其下方的“光线 1”卷展栏，单击“灯光类型”下拉菜单，在弹出的下拉菜单中选择“全光源”。单击“照明颜色”项后面的颜色块，在弹出的“拾色器”对话框中选择一种颜色，如图 5-125 所示。然后单击“确定”按钮。

（8）同样展开“光线 2”和“光线 3”卷展栏后，为其设置照明颜色，在这里将其颜色都设置为同“光线 1”相同的“灯光类型”和“照明颜色”。

（9）单击“效果控件”面板中的特效“光照效果”，可在“节目”监视器窗口调整灯光的位置，如图 5-126 所示。

图 5-125

图 5-126

（10）将“时间轴”窗口中的时间标记移动到 00:00:00:00 处，按空格键，就可以在“节目”监视器窗口中预览最终的效果了。

（11）最后执行“文件”|“保存”命令或按 Ctrl+S 快捷键保存项目。

如果要输出影片，其详细操作请参照本书第 8 章进行。

5.10 关于字幕文本输入的特别说明

在 Premiere Pro 2020 中创建字幕的时候，我们会发现该软件有一个致命缺陷，那就是第一次进入字幕窗口以后，如果直接单击文本创建工具，在字幕的文本工作区域拖动拉出一个文本框以后，根本无法输入文本！那该如何解决这个问题呢？

解决办法：

（1）单击窗口中的“滚动|游动选项”按钮，打开如图 5-127 所示的对话框。

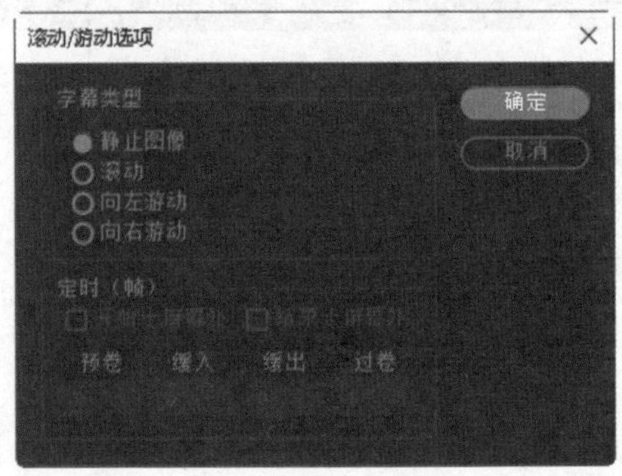

图 5-127

（2）在该对话框中设置字幕参数，然后单击“确定”按钮返回到字幕工作区域，就可以正常输入文本了。

第6章

音频技术

本章主要内容与学习目的

本章讲解了如何使用 Premiere Pro 2020 对视频作品中的音频进行剪辑的基本操作，并对 Premiere Pro 2020 内置的音频特效进行了详细的讲解。熟练掌握音频技术对一个编辑人员来说也是非常重要的，因为声音会直接影响到受众在听觉上对视频作品所呈现出的效果与质量的评判。

6.1 关于音频处理

Adobe Premiere Pro 2020具有空前强大的音频处理能力。通过使用“音轨混合器”面板，可以使用专业音轨混合器的工作方式来控制声音。最新的5.1声道处理能力，可以输出带有AC-3环绕音效的DVD影片。另外，实时的录音功能，以及音频素材和音频轨道的分离处理概念也使得在Adobe Premiere Pro 2020中处理声音特效更加方便。

6.1.1 音频效果的处理方式

首先了解一下Premiere中使用的音频素材到底有哪些效果。

“时间轴”窗口中的音频轨道分为两个通道，即左、右声道（L和R通道），如果一个音频的声音使用单声道，则Adobe Premiere Pro 2020可以改变这一个声道的效果；如果音频素材使用立体声声道，Adobe Premiere Pro 2020可以在两个声道间实现音频特有的效果，例如互换声道，将一个声道的声音转移到另一个声道，在实现声音环绕效果时就特别的有用；而更多音频轨道效果的合成处理，则（支持99轨）使用“音轨混合器”来控制是最方便不过的了。

同时，Adobe Premiere Pro 2020提供了处理音频的特效。音频特效和视频特效相似，选择不同的特效可以实现不同的音频效果。项目中使用的音频素材可能在文件形式上有不同，但是一旦添加入项目，Adobe Premiere Pro 2020将自动地把它转化成在音频设置框中设置的帧，可以像处理视频帧一样方便地进行处理。

6.1.2 音频处理的顺序

Adobe Premiere Pro 2020处理音频有一定的顺序，添加音频效果的时候就要考虑添加的次序。它首先对任何应用的音频滤镜进行处理，紧接着是在时间轴的音频轨道中添加任何摇移或者增益调整，它们是最后处理的效果。要对素材调整增益，可以选择“剪辑”|“音频选项”|“音频增益…”菜单命令。

音频素材最后的效果包含在预览的节目或输出的节目中。

6.2 使用音轨混合器调节音频

使用Adobe Premiere Pro 2020的“音轨混合器”面板（选择“窗口”|“音轨混合器”）可以更加有效地调节节目的音频，如图6-1所示。

“音轨混合器”面板可以实时混合“时间轴”窗口中各轨道的音频对象。用户可以在“音轨混合器”面板中选择相应的音频控制器进行调节，该控制器调节其在“时间轴”窗口对应轨道的音频对象。

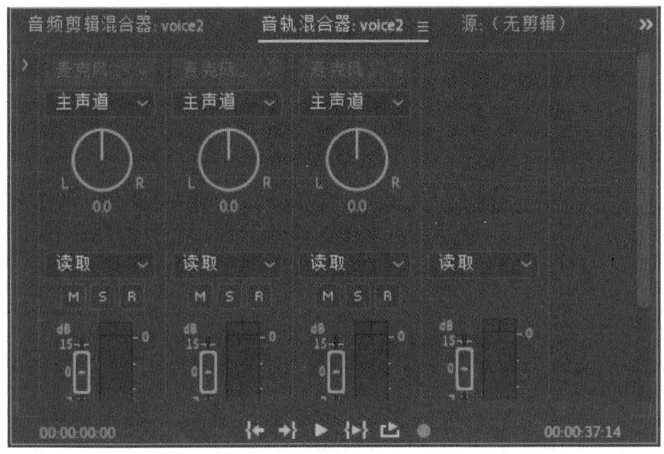

图 6-1

6.2.1　认识音轨混合器窗口

“音轨混合器”由若干个轨道音频控制器、主音频控制器和播放控制器组成。每个控制器由控制按钮、调节滑杆调节音频。

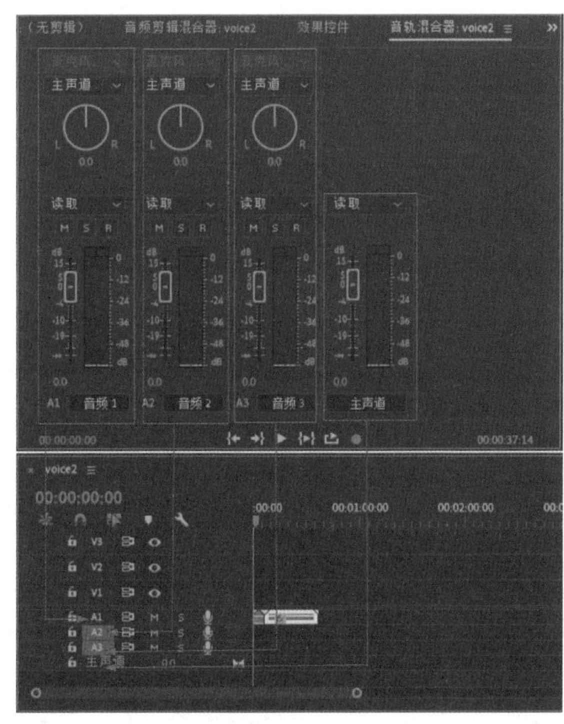

图 6-2

1. 轨道音频控制器

“音轨混合器”面板中的轨道音频控制器用于调节与其相对应轨道上的音频对象，控制器 1 对应“音频 1”，控制器 2 对应“音频 2”，以此类推，如图 6-2 所示。轨道音频控制器的数目由“时间轴”窗口中的音频轨道数目决定。当在“时间轴”窗口中添加音频轨道时，“音轨混合器”面板中将自动添加一个轨道音频控制器与其对应。

轨道音频控制器由控制按钮、调节滑轮及调节滑杆组成。

（1）控制按钮

轨道音频控制器的控制按钮可以控制音频调节时的调节状态，如图 6-3 所示。

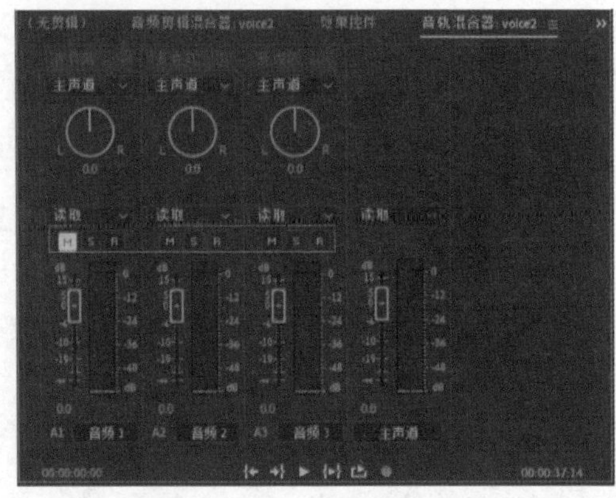

图 6-3

参数说明：

静音轨道：选中静音按钮M，该轨道音频会设置为静音状态。

独奏轨道：选中独奏按钮S，其他未选中独奏按钮的轨道音频会自动设置为静音状态。

激活录制轨：激活录音按钮R，可以利用输入设备将声音录制到目标轨道上。

（2）声道调节滑轮

如果对象为双声道音频，可以使用声道调节滑轮调节播放声道。向左拖动滑轮，输出到左声道（L）的声音增大；向右拖动滑轮，输出到右声道（R）的声音增大，声道调节滑轮如图 6–4 所示。

（3）音量调节滑杆

通过音量调节滑杆可以控制当前轨道音频对象音量，Adobe Premiere Pro 2020 以分贝数显示音量。向上拖动滑杆，可以增加音量；向下拖动滑杆，可以减小音量。下方数值栏中显示当前音量，用户也可直接在数值栏中输入声音分贝。播放音频时，面板左侧为音量表，显示音频播放时的音量大小；音量表顶部的小方块表示系统所能处理的音量极限，当方块显示为红色时，表示该音频音量超过极限，音量过大。音量调节滑杆如图 6–5 所示。

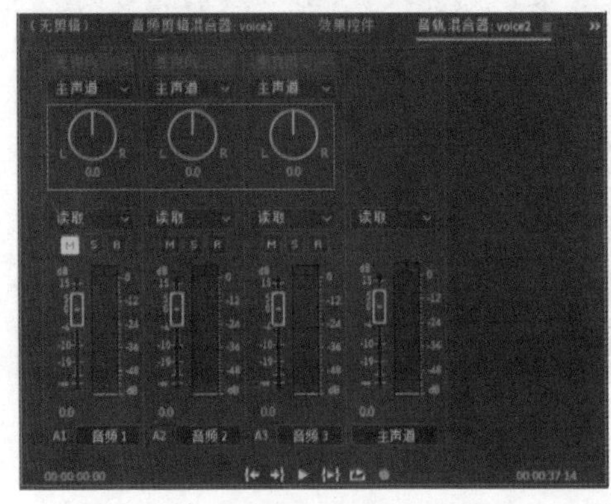

图 6–4

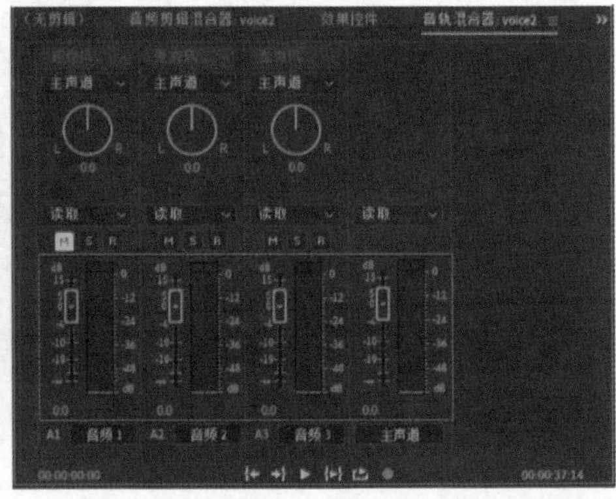

图 6–5

使用主音频控制器可以调节“时间轴”窗口中所有轨道上的音频对象。主音频控制器的使用方法与轨道音频控制器相同。

2. 播放控制器

音频播放控制器用于音频播放，除了“录制”按钮外，其他按钮的使用方法与监视器窗口中的播放控制栏相同，如图 6–6 所示。

图 6–6

参数说明：

跳转到入点。

跳转到出点。

播放 / 停止切换。

循环播放音频。

录制。当利用输入设备将声音录制到目标轨道上时，该按钮可以控制暂停或开始录制动作。

6.2.2　设置音轨混合器面板

单击“音轨混合器”面板右上方的按钮，可以在弹出的菜单中对窗口进行相关设置，如图 6–7 所示。

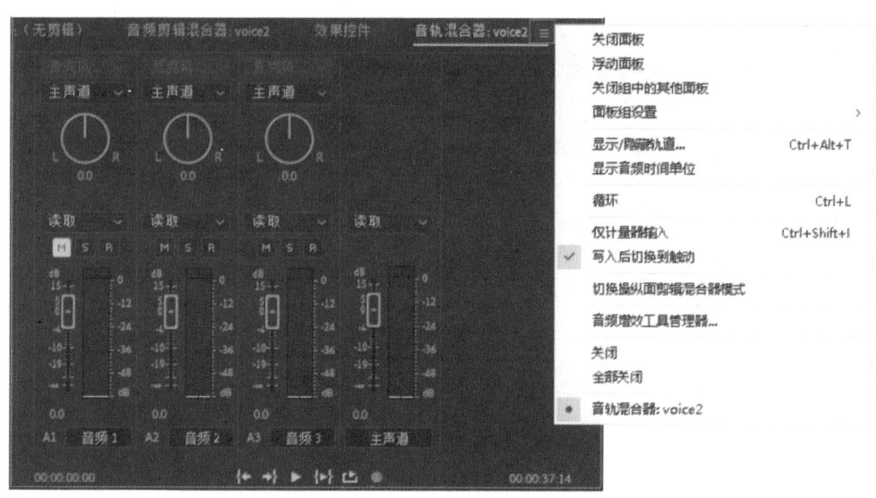

图 6–7

参数说明：

显示 | 隐藏轨道：该命令可以对“音轨混合器”面板中的轨道进行隐藏或者显示设置。选择该命令，在弹出的如图 6-8 所示的设置对话框中会显示左侧☑图标的轨道。

显示音频时间单位：该命令可以在时间标尺上以音频单位进行显示，如图 6-9 所示。

循环：该命令被选定的情况下，系统会循环播放音乐。

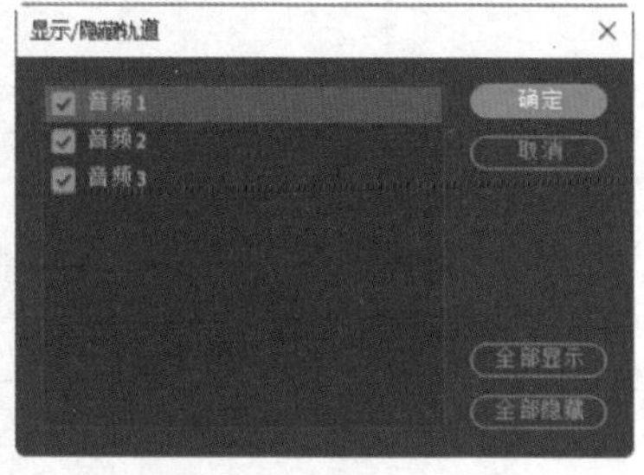

图 6-8

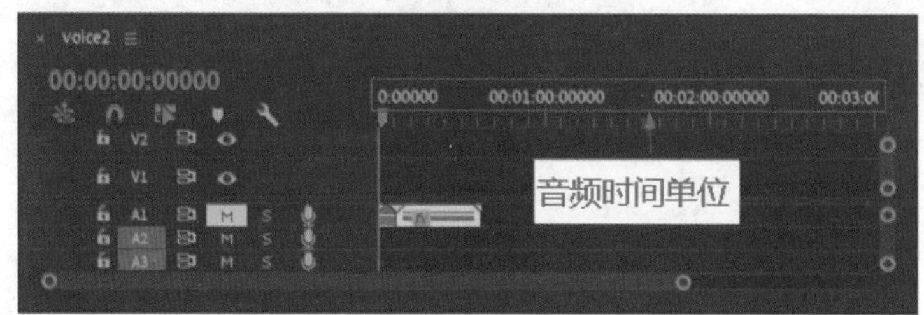

图 6-9

6.3 调节音频

“时间轴”窗口中每个音频轨道上都有音频淡化控制，用户可通过音频淡化器调节音频素材的电平。音频淡化器初始状态为中音量，相当于录音机表中的 0 分贝。

可以调节整个音频素材的增益，同时保持为素材调制的电平稳定不变。

在 Adobe Premiere Pro 2020 中，用户可以通过淡化器调节工具或者音轨混合器调制音频电平。在 Adobe Premiere Pro 2020 中，对音频的调节分为“素材”调节和“轨道”调节。对素材调节时，音频的改变仅对当前的音频素材有效，删除素材后，调节效果就消失了；而轨道调节，仅针对当前音频轨道进行调节，所有在当前音频轨道上的音频素材都会在调节范围内受到影响。使用实时记录的时候，则只能针对音频轨道进行。

6.3.1 使用淡化器调节音频

（1）在“工具”面板中选择钢笔工具或选择工具，使用该工具拖动音频素材（或轨道）上的灰白线即可调整音量，如图 6-10 所示。

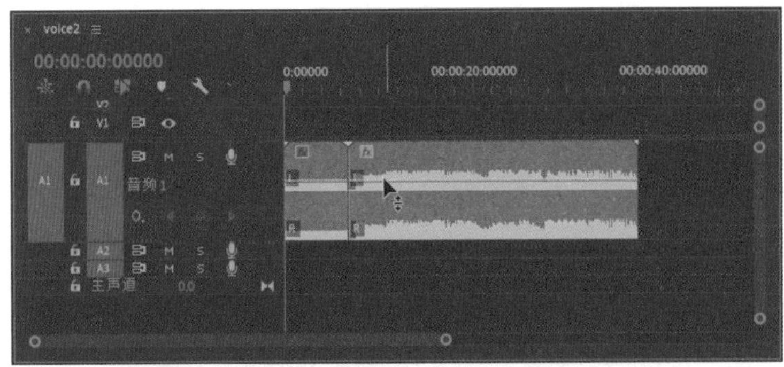

图 6–10

（2）按住 Ctrl 键，同时将光标移动到音频淡化器上，光标变为带有加号的笔头，如图 6–11 所示。

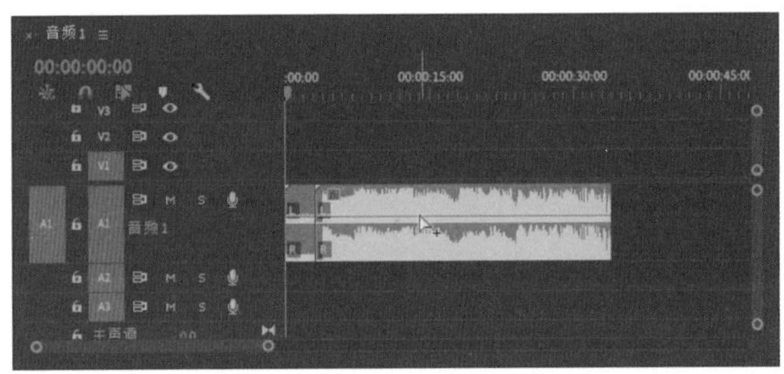

图 6–11

（3）右键单击音频素材，选择“音频增益”命令。在弹出对话框中有四个单选项，用户在该对话框中可以对音频进行设置，使音频素材自动匹配到最佳音量，如图 6–12 所示。

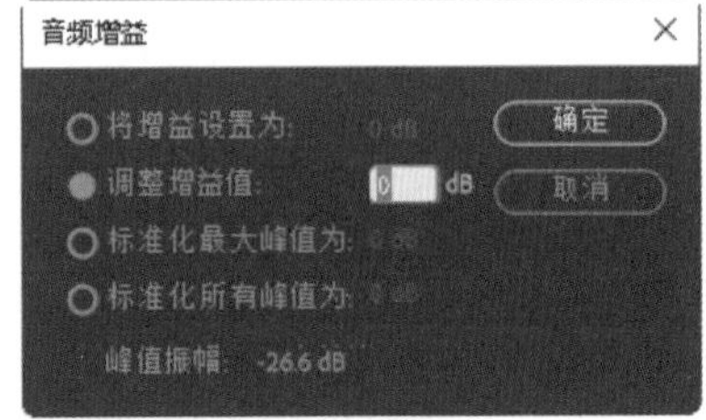

图 6–12

6.3.2　实时调节音频

使用 Adobe Premiere Pro 2020 的“音轨混合器”面板调节音量非常方便，用户可以在播放音频时实时进行音量调节。

使用音轨混合器调节音频电平的方法如下：

（1）选中音频轨道上需要调节的音频素材，然后单击“窗口”|“音轨混合器”|“音频 1”（假设素材在 V1 音频轨道上，如果是在 V2 音频轨道上，则选“音频 2”，依次类推）。

（2）在“音轨混合器”面板上方需要进行调节的轨道上单击“读取”下拉列表，在下拉列表中进行设置，如图 6–13 所示。

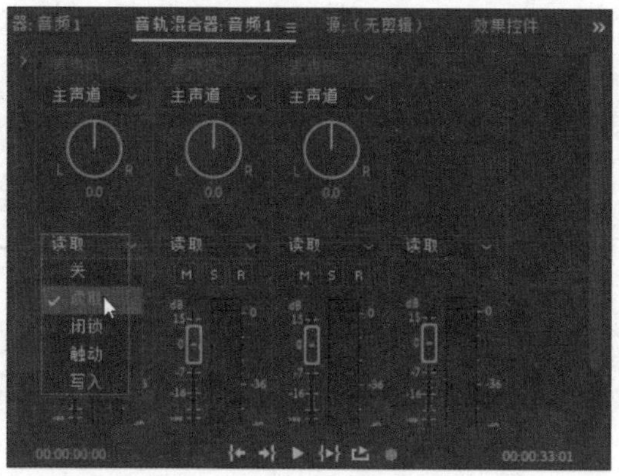

图 6-13

参数说明:

关：选择该命令，系统会忽略当前音频轨道上的调节，仅按照缺省的设置播放。

读取：选择该项的状态下，系统会读取当前音频轨道上的调节效果，但是不能记录音频调节过程。

在“闭锁”“触动”“写入”三种方式下，都可以实时记录音频调节。

闭锁：当使用自动书写功能实时播放记录调节数据时，每调节一次，下一次调节时调节滑块在上一次调节后位置，当单击停止按钮停止播放音频后，当前调节滑块会自动转为音频对象在进行当前编辑前的参数值。

触动：当使用自动书写功能实时播放记录调节数据时，每调节一次，下一次调节时调节滑块初始位置会自动转为音频对象在进行当前编辑前的参数值。

写入：当使用自动书写功能实时播放记录调节数据时，每调节一次，下一次调节时调节滑块在上一次调节后位置。在音轨混合器中激活需要调节轨道自动记录状态，一般情况下选择“写入”即可。

（3）单击“音轨混合器”下方的“播放按钮－停止切换”▶，“时间轴”窗口中的音频素材开始播放。拖动音量控制滑杆进行调节，调节完毕，系统自动记录调节结果，如图 6-14 所示。

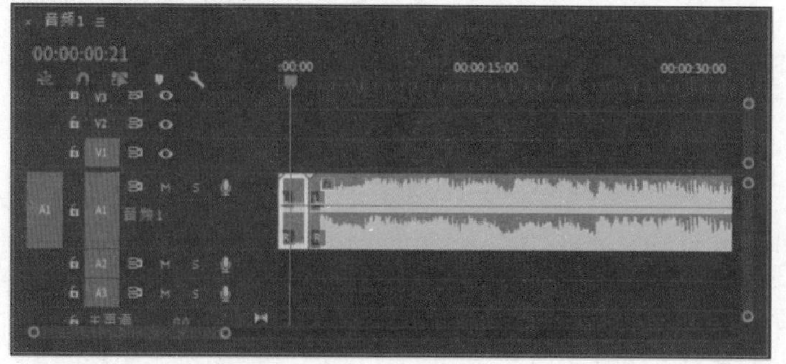

图 6-14

6.4 录音和子轨道

由于 Adobe Premiere Pro 2020 的音轨混合器提供了崭新的录音和子轨道调节功能，所以可直接在计算机上完成解说或者配乐的工作。

6.4.1 制作录音

要使用录音功能，首先必须保证计算机的音频输入装置被正确链接。可以使用 MIC 或者其他 MIDI 设备在 Adobe Premiere Pro 2020 中录音，录制的声音会成为音频轨道上的一个音频素材，还可以将这个音频素材输出保存为一个兼容的音频文件格式。

制作录音的方法如下：

（1）首先激活要录制音频轨道的“激活录制轨”按钮，如图 6–15 所示。激活录音装置后，上方会出现音频输入的设备选项，选择需要输入音频的设备即可。

（2）激活窗口下方的“录制”按钮，如图 6–16 所示。

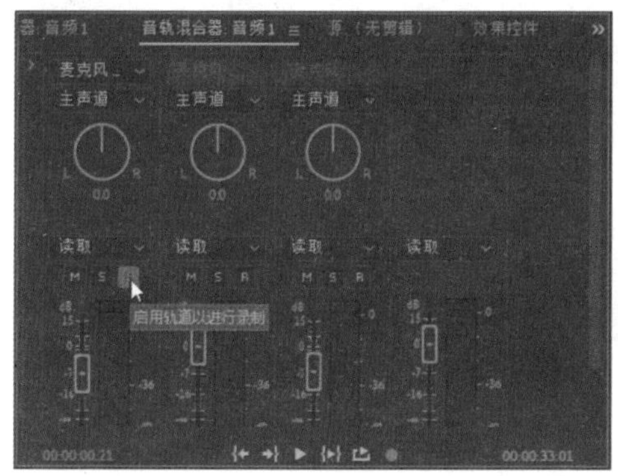

图 6–15

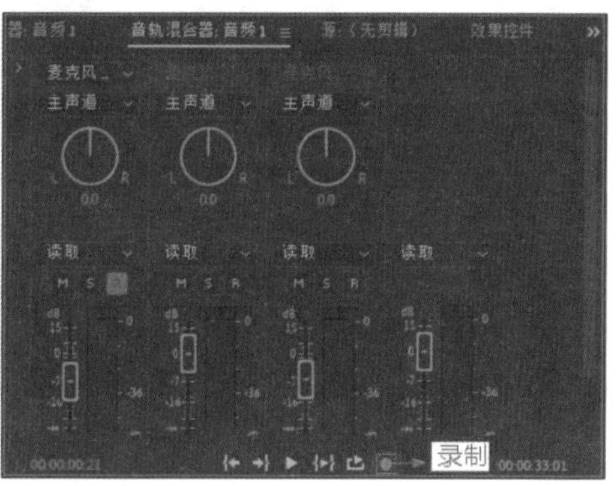

图 6–16

（3）单击面板下方的“播放按钮 – 停止切换”进行解说或者演奏即可；单击按钮即可停止录制，当前音频轨道上会出现刚才录制的声音，如图 6–17 所示。

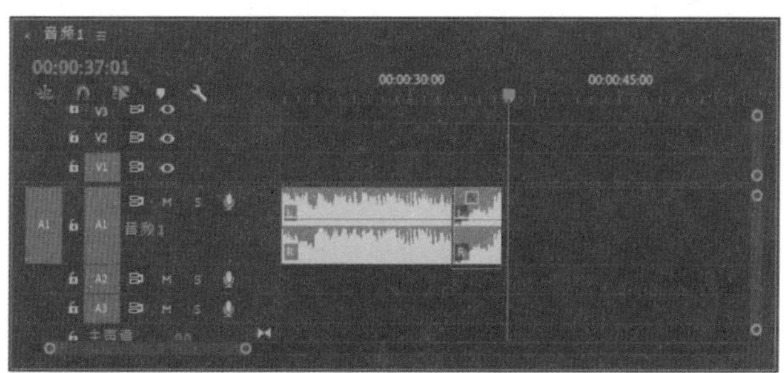

图 6–17

6.4.2 添加与设置子轨道

可以为每个音频轨道添加子轨道，并且分别对每个子轨道进行不同的调节或者添加不同特效，来完成复杂的声音效果设置。需要注意的是，子轨道是依附于其主轨道存在的，所以，在子轨道中无法添加音频素材，仅作为辅助调节使用。

添加与设置子轨道的方法如下：

（1）单击“音轨混合器”面板中左上角的“显示 | 隐藏效果和发送”按钮，展开特效和子轨道设置栏。上边的区域是用来添加音频子轨道效果，下边的区域是用来添加音频子轨道。

（2）在子轨道的区域中单击“效果选择”小三角，会弹出效果下拉列表，如图 6–18 所示，选择一种效果作为子轨道的音频效果。

（3）在子轨道的区域中单击“发送分配选择”小三角，在下拉列表中选择添加的子轨道方式。可以添加一个“主声道”、“单声道”、“立体声”、“5.1子混合”或者“自动适应子混合”子轨道。选择子轨道类型后，即可为当前音频轨道添加子轨道。可以分别切换到不同的子轨道进行调节控制，如图 6–19 所示。

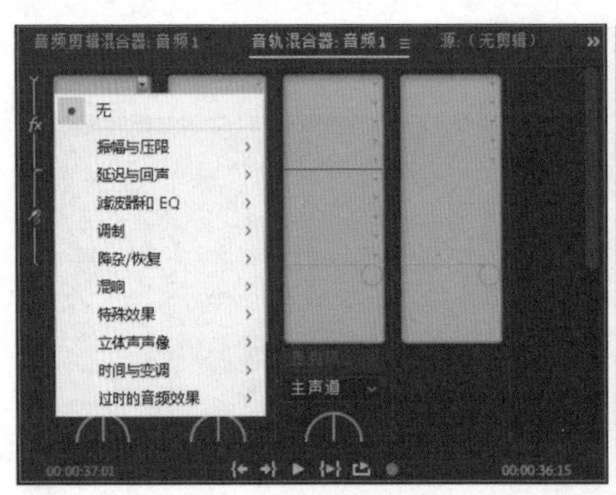

图 6–18

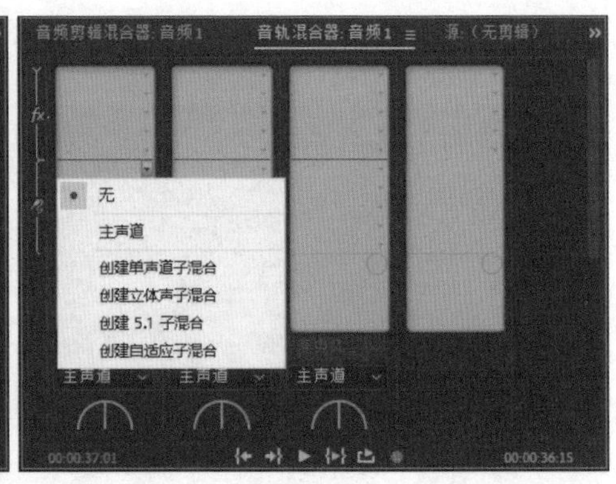

图 6–19

（4）单击子轨道调节栏右上角图标，使其变为，可以屏蔽当前子轨道效果。

6.5 使用时间轴窗口合成音频

6.5.1 调整音频持续时间和速度

音频的持续时间就是指音频的入、出点之间的素材持续时间，因此，对于音频持续时间的调整就是通过入、出点的设置来进行的。改变整段音频持续时间还有其他的方法。

方法 1：在“时间轴”窗口中用选择工具直接拖动音频的边缘，以改变音频轨迹上音频素材的长度。

方法2：选中时间轴窗口中的音频片段，然后右击，从弹出的快捷菜单中选择“速度|持续时间”命令，在弹出的“剪辑速度|持续时间”对话框（图6-20）中可以设置音频片段的持续时间。

同样，在刚才弹出的“剪辑速度|持续时间”对话框中，也可以对音频素材的播放速度进行调整。

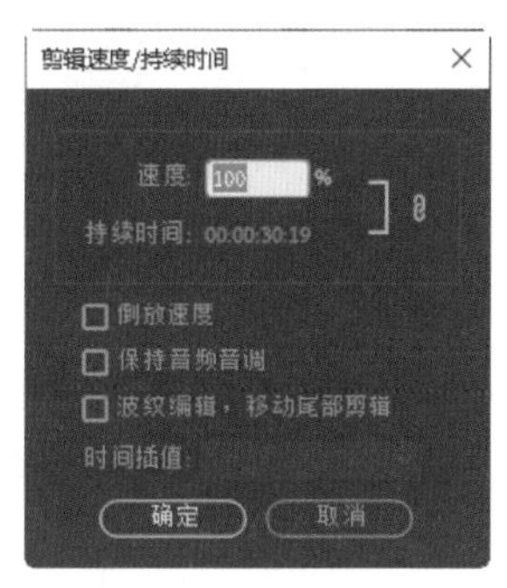

图6-20

> **注意：** 改变音频的播放速度后会影响音频播放的效果，音调会因速度提高或降低而产生相应的变化。同时播放速度变化了，播放的时间也会随着改变，但这种改变与单纯改变音频素材的入、出点而改变持续时间不同。

6.5.2 增益音频

音频素材的增益指的是音频信号的声调高低。在节目中经常要处理声音的声调，特别是当同一个视频同时出现几个音频素材的时候，就要平衡几个素材的增益。否则一个素材的音频信号或低或高，将会影响浏览。可为一个音频剪辑设置整体的增益。

尽管音频增益的调整在音量、摇摆|平衡和音频效果调整之后，但它并不会删除这些设置。增益设置对于平衡几个剪辑的增益级别，或者调节一个剪辑的太高或太低的音频信号是十分有用的。

同时，如果一个音频素材在数字化的时候，由于捕获时设置不当，也会常常造成增益过低，而用Adobe Premiere Pro 2020提高素材的增益，有可能增大了素材的噪声甚至造成失真。要使输出效果达到最好，就应按照标准步骤进行操作，以确保每次数字化音频剪辑时有合适的增益级别。

在一个剪辑中均一调整增益的步骤如下：

（1）在“时间轴”窗口中，使用选择工具选择一个音频剪辑，或者使用“向前选择轨道工具”选择多个音频剪辑。此时剪辑颜色变为深色，表示该剪辑已经被选中。

（2）执行“剪辑”|“音频选项”|“音频增益”菜单命令，弹出如图6-21所示的“音频增益”对话框。

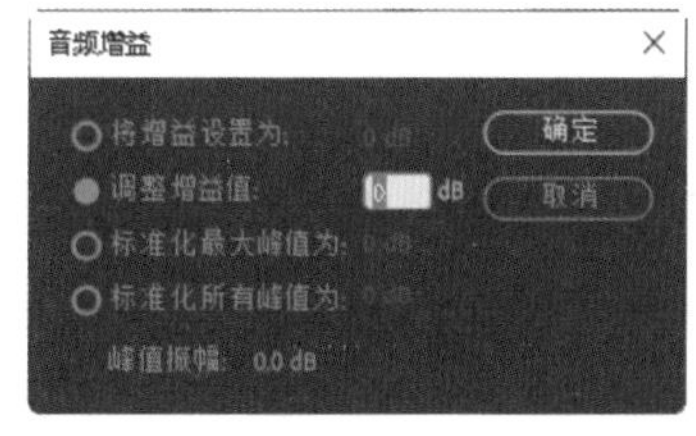

图6-21

根据需要选择以下一种帧设置方式：

对话框为用户提供了4个单选项：“将增益设置为”、“调整增益值”、“标准化最大峰值为”和“标准化所有峰值为”。

在对话框中的“峰值振幅”文本框中可以输入-96 ~ 96之间的任意数值，表示音频增益的声音大小（分贝）。大于0的值会放大剪辑的增益，小于0的值则

削弱剪辑的增益，使其声音更小。在执行“剪辑”|“音频选项”|“音频增益”菜单命令弹出对话框后将会出现一个 Adobe Premiere Pro 2020 自动计算出来的最大增益值，最高可达 96。该值代表将剪辑中音量最高部分放大到系统能产生的最大音量所需要的放大的分贝数。

6.6 分离和链接视频与音频

在编辑工作中，经常需要将“时间轴”窗口中的视音频链接素材的视频和音频部分分离。用户可以完全打断或者暂时释放链接素材的链接关系并重新放置其各部分。

Adobe Premiere Pro 2020 中音频素材和视频素材有两种链接关系：硬链接和软链接。当链接的视频和音频来自于同一个影片文件时，它们是硬链接，“项目”窗口只出现一个素材，硬链接是在素材输入 Adobe Premiere Pro 2020 之前就建立完成的，在“时间轴”窗口中显示为相同的颜色，如图 6-22 所示。

图 6-22

如果要打断链接在一起的视音频，可在轨道上选择素材，单击鼠标右键，从弹出的菜单中选择“取消链接”命令即可，如图 6-23 所示。被打断的视音频素材可以单独进行操作。

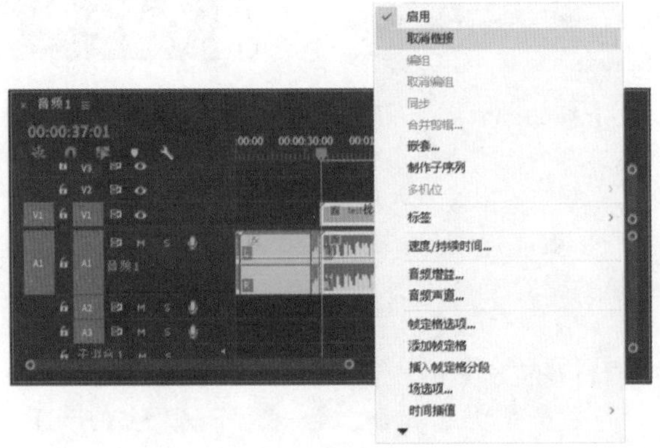

图 6-23

如果要把分离的视音频素材链接在一起作为一个整体进行操作，则只需要框选（不能使用选择工具▶选取）需要链接的视音频，单击鼠标右键，从弹出的右键菜单中选择“链接”命令即可。

注意： 如果把一段链接在一起的视音频文件打断了，移动了位置或者分别设置入点、出点，产生了偏移，再次将其链接，系统会做出警告，表示视音频不同步，如图 6-24 所示，左侧出现红色警告，并标识错位的帧数。

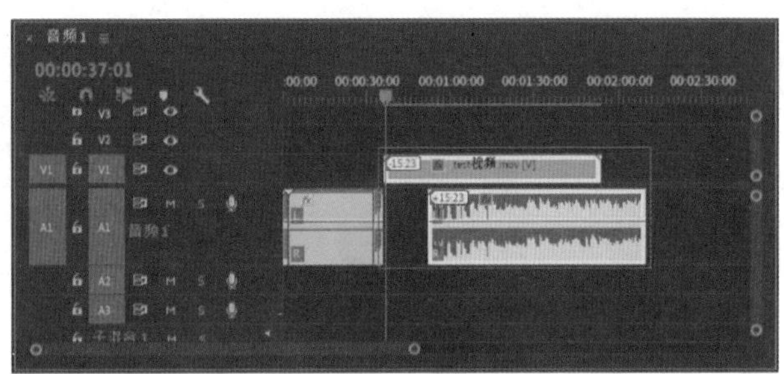

图 6-24

6.7 添加音频特效

Adobe Premiere Pro 2020 提供了 16 种以上的音频特效。可以通过特效产生回声、合声以及去除噪声的效果，还可以使用扩展的插件得到更多的控制。

6.7.1　为素材添加特效

音频素材的特效添加方法与视频素材相同，这里不再赘述。可以在“效果”窗口中展开“音频效果”特效组，选择音频特效进行设置即可，如图 6-25 所示。

在“效果”窗口的“音频过渡”特效组中，Adobe Premiere Pro 2020 还为音频素材提供了简单的“交叉切换”切换方式，如图 6-26 所示。为音频素材添加切换的方法与视频素材相同。

图 6-25

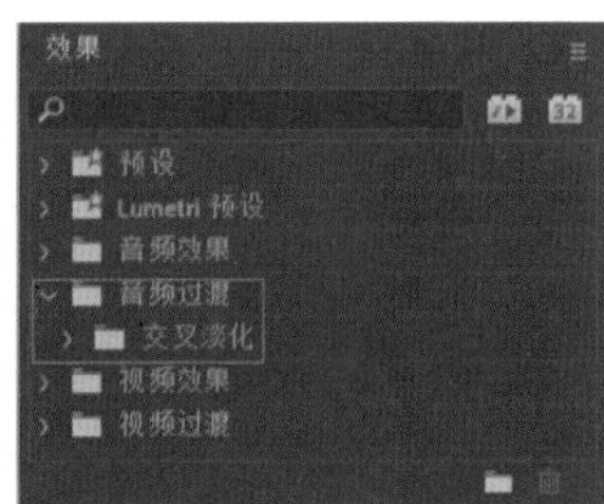

图 6-26

6.7.2 设置轨道特效

除了可以对轨道上的音频素材设置特效外，还可以直接对音频轨道添加特效。

首先单击“音轨混合器”面板中左上角的“显示 | 隐藏效果于发送”按钮，展开特效和子轨道设置栏。单击 fx 区域中的“效果选择”小三角按钮，弹出音频特效下拉列表，如图 6-27 所示，选择需要使用的音频特效即可。

可以在同一个音频轨道上添加多个特效，并分别控制，如图 6-28 所示。

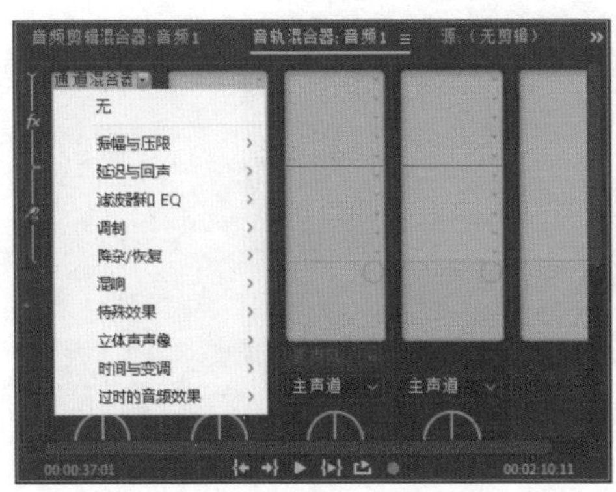

图 6-27

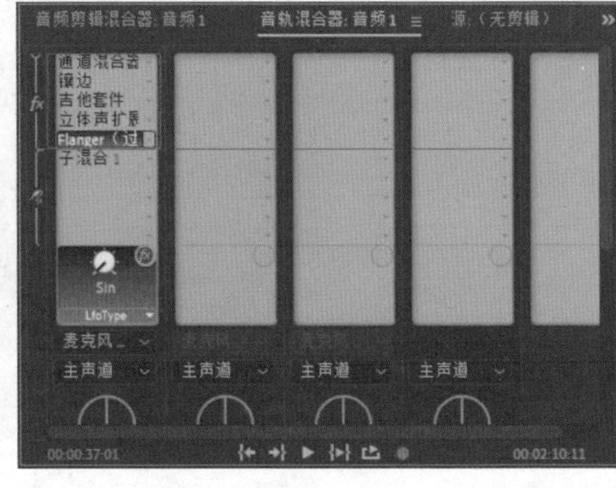

图 6-28

如果要调节轨道的音频特效，可以右键单击特效，在弹出的下拉列表中进行设置即可，如图 6-29 所示。

在右键菜单中单击“编辑…”选项，弹出特效设置对话框，在这里可以进行更加详细精确的设置，如图 6-30 所示。

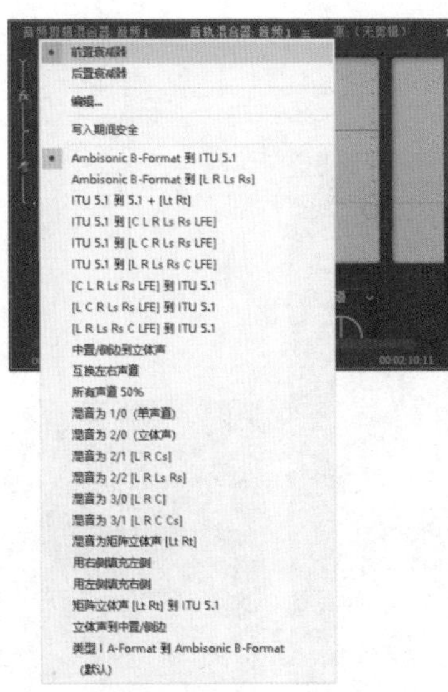

图 6-29

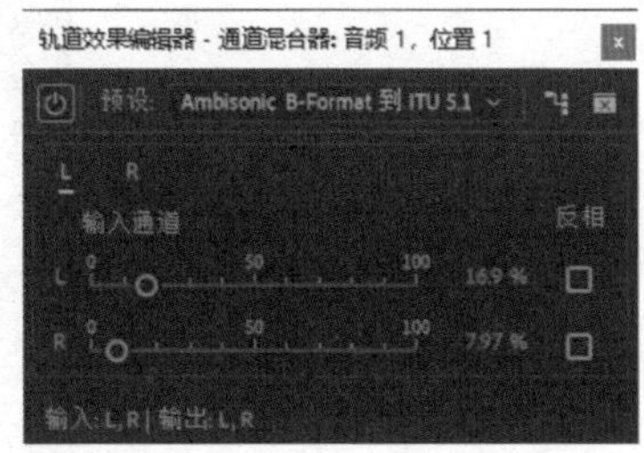

图 6-30

第 7 章

输出影片

本章主要内容与学习目的

本章主要为读者讲解在 Premiere Pro 2020 中对节目最终输出时导出节目的类型与格式，以及相关的导出类型，并给出详细的操作步骤，以更好地指导读者进行操作演练。

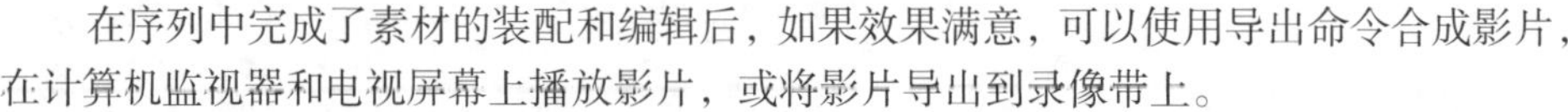

7.1 导出的基本设置

在序列中完成了素材的装配和编辑后，如果效果满意，可以使用导出命令合成影片，在计算机监视器和电视屏幕上播放影片，或将影片导出到录像带上。

本节将学习如何在影片输出之前进行一些基本的设置工作。

7.1.1 设置导出基本选项

通常都需要将编辑的影片合成为一个Premiere Pro 2020中可以实时播放的影片，将其录制到录像带，或导出到其他媒介工具。

当一部影片合成之后，可以在计算机屏幕上播放，并通过视频卡将其导出到录像带上。也可以将它们导入到其他支持Video for Windows或QuickTime的应用中。

完成后的影片的质量取决于诸多因素。比如，编辑所使用的图形压缩类型，导出的帧速率以及播放影片的计算机系统的速度等。

在合成影片前，需要在导出设置中对影片的质量进行相关的设置，例如，使用何种编辑格式等。选择不同的编辑格式，可供导出的影片格式和压缩设置等也有所不同。导出设置中大部分与项目的设置选项相同。

设置导出基本选项的方法如下：

选择需要导出的序列，执行"文件"|"导出"|"媒体"命令，弹出如图7-1所示的"导出设置"对话框。Premiere Pro 2020对输出的窗口进行整合，使其更人性化。

对输出文件名称、导出媒体音频视频的设置等都整合到一个窗口中，在输出过程中还可以查看视频效果。

1. 格式

可将导出的数字电影设定为不同的格式，以便适应不同的需要。可以在下拉列表中选择导出使用的媒体格式，如图7-2所示。

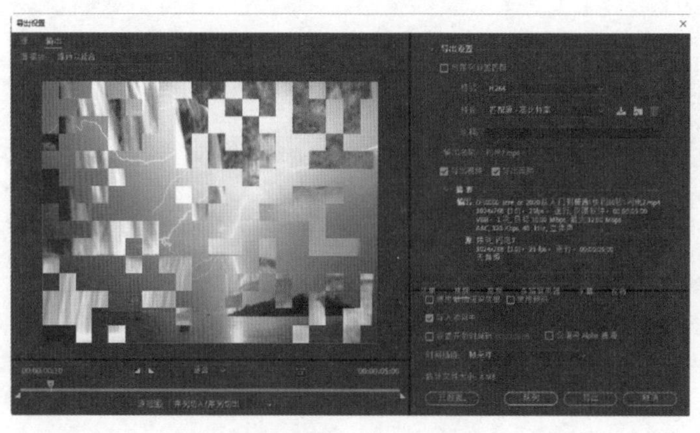

图 7-1

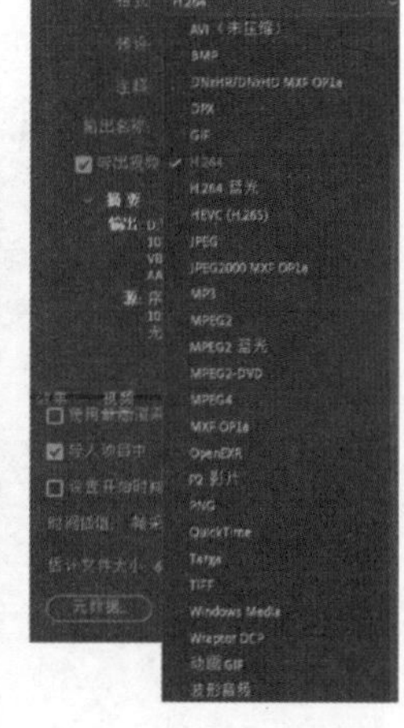

图 7-2

Premiere Pro 2020 输出视频的时候，要求不一样，输出格式的最好就不一样。因为没有统一的最好，要根据需求和目的才能确定什么是最好。比如，有人希望上传到优酷最清楚，有人需要能在 U 盘里尽量多放几个视频，那么在输出的时候选择的编码格式就不一样，要根据不同的需求来决定输出的格式。

（1）如果输出文件后直接就要观看，推荐输出 H.264，即 mp4，画质清晰文件容量小，方便传输。如果没有特别要求，推荐输出时选择 H.264，即 mp4 格式。H.264 编码指定使用的标准封装格式，它可以包含 30 种以上不同类型的数据。它具有更大的扩展性，但是以复杂性为代价的，它在编解码时需要更多的处理能力。

（2）如果想输出文件后继续进行编辑，一般推荐输出 MOV。

（3）要想导出 FLV 格式文件，在 Premiere Pro 2020 里面是没有办法了，但是我们可以输出 H.264 个 hi 文件后，再借用格式工厂之类的转码软件来实现。

导出 DV 格式的数字视频，选择 AVI；

导出基于 Mac OS 操作平台的数字电影，选择 Quick Time（MAC 的视频格式）；

选择 Animated GIF，导出 GIF 动画文件。

选择 AAC 音频，只导出所导出影片的声音，导出声音为 AAC 文件。AAC 采用的编码有两种，128K 及以下的是一种，256K 及以上是一种。如果后缀为 AAC 则音质很低，只适合网络带宽较低，因为它的压缩率极高，远远高于 MP3。

PremierePro 2020 可以将节目导出为一组带有序列号的序列图片。这些文件由号码 01 开始顺序计数，并将号码补充到文件名中，例如 Sequence01.tga、Sequence02.tga、Sequence03.tga 等。导出序列图片后，可以使用胶片记录器将帧转换为电影，也可以在 Photoshop 等其他图像图形处理软件中编辑序列图片，然后再导入 Premiere 进行编辑。导出的静帧序列文件格式有 TIFF、Targa、GIF 以及 BMP 等。

注意： 导出胶片带或序列文件时不能同时导出音频。

2. 预设

Premiere Pro 2020 为用户提供了多种预置的导出格式，如图 7-3 所示。

图 7-3

3. 注释

在这里可以对导出文件做文字注释。

4. 输出名称

单击“输出名称”右侧的输出路径，将弹出一个对话框，在该对话框中设置输出文件的保存路径和名称，如图 7-4 所示。

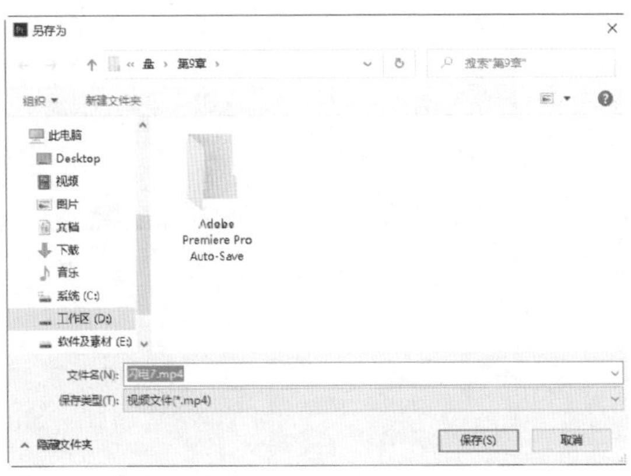

图 7-4

5. 导出视频

将该复选框选中，合成影片时导出图像文件。如果取消选择该项，则不能导出图像文件。

6. 导出音频

将该复选项选中，合成影片时导出声音文件。如果取消选择该项，则不能导出声音文件。

7. 使用最高渲染品质

选择该项，将导出最高质量的节目，不过导出后的文件相应也会变得大一些。

7.1.2 裁剪导出媒体

在“导出设置”对话框单击左侧上角的“源”选项卡，在此选项卡中可以裁剪输出媒体的画面，如图 7–5 所示。

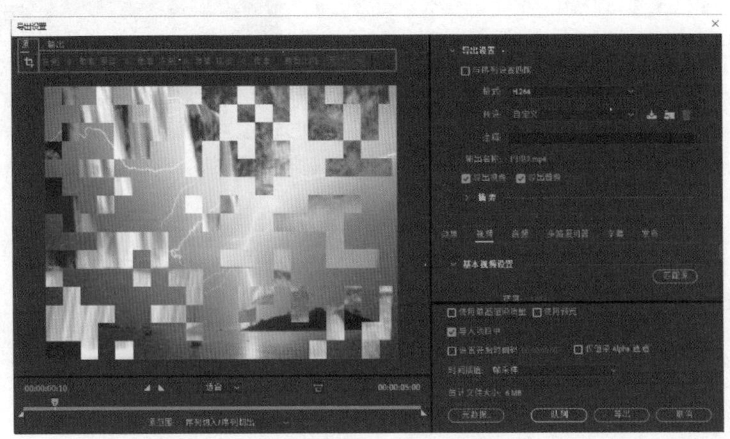

图 7–5

单击“裁剪输出视频”按钮，激活右侧的设置项。用户既可以在设置项中输入参数来实现裁剪，也可以直接在编辑区中拖动裁剪框直接进行裁剪操作，如图 7-6 所示。

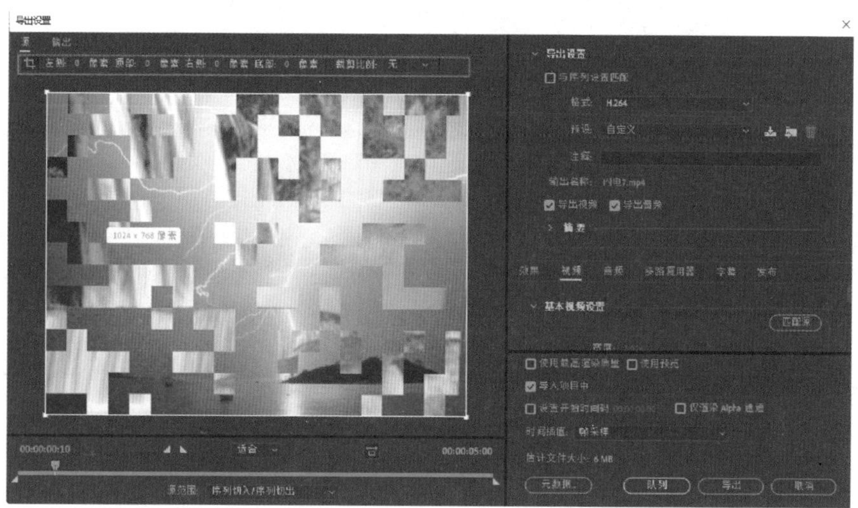

图 7-6

除以上两种裁剪的方法，用户还可以使用 Premiere Pro 2020 预置裁剪，如图 7-7 所示。

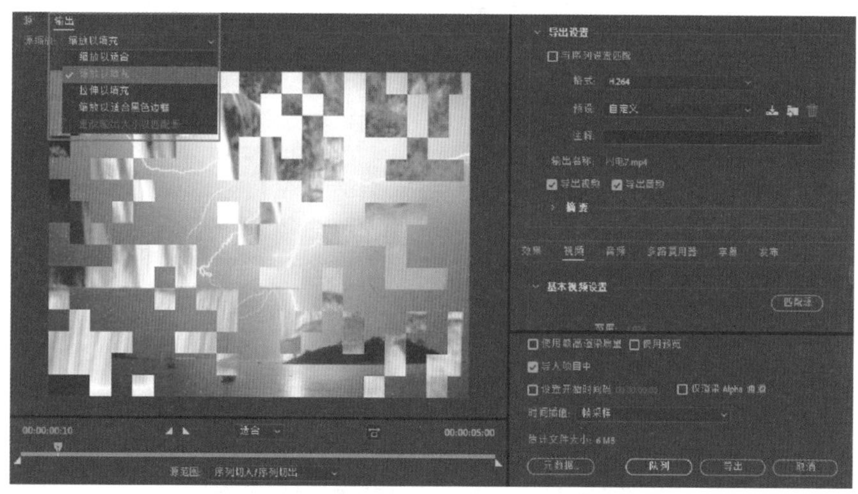

图 7-7

7.1.3 设置音频

设置音频导出的方法如下：

进入“音频”选项卡，如图 7-8 所示。

图 7-8

参数说明：

音频编解码器：在右边的下拉列表中选择用于音频压缩的编码解码器。相对于选用的导出格式不同，对应不同的编码解码器。

采样率：决定导出节目时所使用的采样速率。采样速率越高，播放质量越好，但需要较大的磁盘空间，并占用较多的处理时间。

声道：在该项的下拉列表中可以选择采用立体声或者单声道。

音频质量：有高、中、低三挡可供选择。

注意：选择的输出格式不同，“音频”选项下的内容就会不一样。

当然，我们还可以在“视频”选项中做更多的设置。

7.2 导出视频文件

在一般情况下，用户需要将编辑完成的节目合成为一个文件，然后才能将其录制到磁带或其他媒介上。接下来以合成视频文件为例，介绍其操作方法。

（1）选择要导出为影片的时间轴，也就是确保时间轴处于激活状态。

（2）执行“文件”|“导出”|“媒体”命令，弹出“导出设置”对话框。

（3）指定导出路径、为导出文件起名、设置视频和音频，设置完毕之后单击“导出”按钮，计算机开始计算合成文件，视频中包含的内容越复杂，占用的时间越长，如图 7-9 所示。

图 7-9

导出完毕，计算机自动关闭对话框。用户可以在先前设置的导出文件夹中查看已经导出的文件。

7.3 导出影片到磁带

用户可以执行"文件"|"导出"|"磁带"命令，将一段 Premiere Pro 2020 影片或影片序列记录到录像带上。用户需要一块视频卡将 RGB 信号转换为 NTSC 或 PAL 信号。还需要准备一台录像机，用来将节目录制到录像带上。

将影片导出到磁带的操作步骤如下：

（1）选择需要录制影片的窗口。

（2）执行"文件"|"导出"|"磁带"命令，在弹出的对话框中进行设置。

（3）单击"导出"按钮开始导出影片。

注意：

（1）如果没有控制设置进行实时录制，需要手动在录像机上按 Record 键。并在录制完毕后，手动停止录像机。

（2）在将影片导出到磁带之前，必须确认用户的计算机能够产生 PAL 或 NTSC 兼容信号，并确认已经正确地链接了录制设备信号线。

（3）在导出影片的过程中，请耐心等待，千万不要进行其他操作，以避免意外中止。

7.4 其他的导出操作

在 Premiere Pro 2020 中，除了可以将影片导出为视频和导出到磁带的操作以外，还可以将字幕、序列、素材时间码等素材导出为单独的文件，也可以将影片导出为媒体发布到网上。

7.4.1 导出字幕

我们也可以将"项目"窗口列表中的字幕文件单独导出，以便后期编辑修改使用。导出的字幕文件格式为 prtl，我们可以在其他 Premiere 项目中将它导入到"项目"窗口列表中，导入后的文件仍然是字幕文件格式，可以进行再次加工编辑。导出字幕的方法如下：

（1）在"项目"窗口中选中需要导出的字幕文件。

（2）执行"文件"|"导出"|"字幕"命令，在弹出的字幕设置对话框中进行文件格式和帧速率的设置，然后单击"确定"按钮。

（3）在弹出的"另存为"对话框中指定字幕文件的存储路径、文件名与保存类型，如图 7-10 所示。

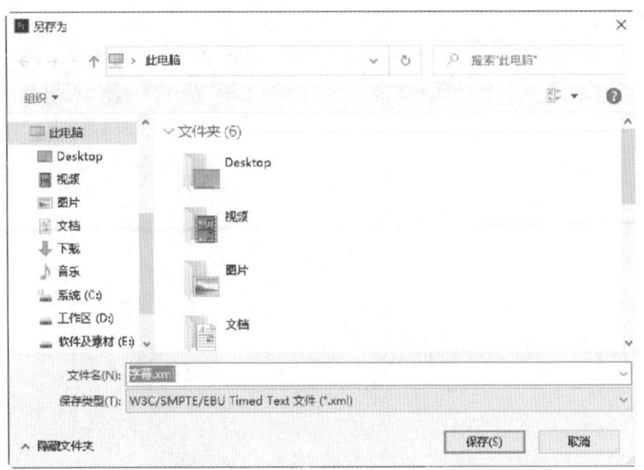

图 7-10

（4）单击“保存”按钮，完成导出操作。

7.4.2 导出序列文件

导出序列文件的操作方法如下：

（1）选择需要导出的序列文件。

（2）执行“文件”|“导出”|“媒体”命令，在弹出的存储对话框中指定合成文件的存储路径与文件名。在“格式”下拉列表中选择一种序列文件格式，如 Targa，如图 7-11 所示。如果要保持序列设置不变，则直接选中“与源属性匹配”选项即可。

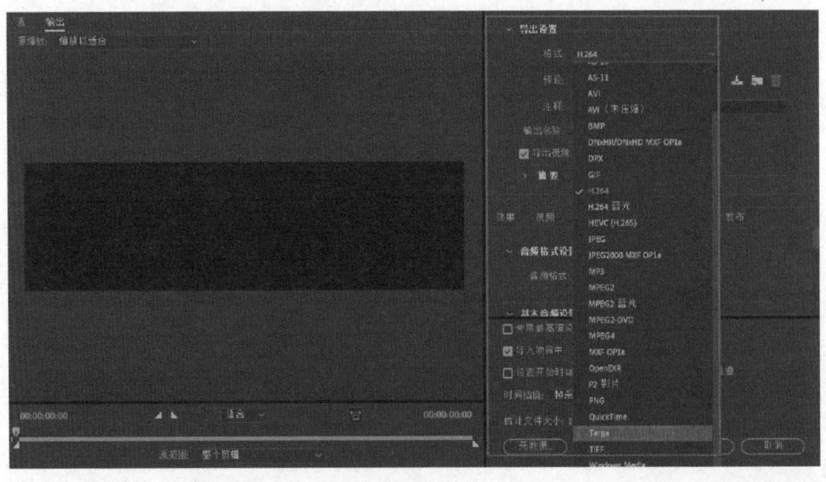

图 7-11

（3）调节其他参数，然后单击“导出”按钮导出文件。

导出完毕，计算机自动关闭对话框。用户可以在先前设置的导出文件夹中查看已经导出的序列文件。

7.4.3　导出媒体发布到网上

首先选择需要导出的序列，执行“文件”|“导出”|“媒体”命令，弹出“导出设置”对话框。然后单击“发布”，再使用“FTP”选项下的设置，就可以将 Premiere Pro 2020 导出的文件直接发布到网上，如图 7-12 所示 。

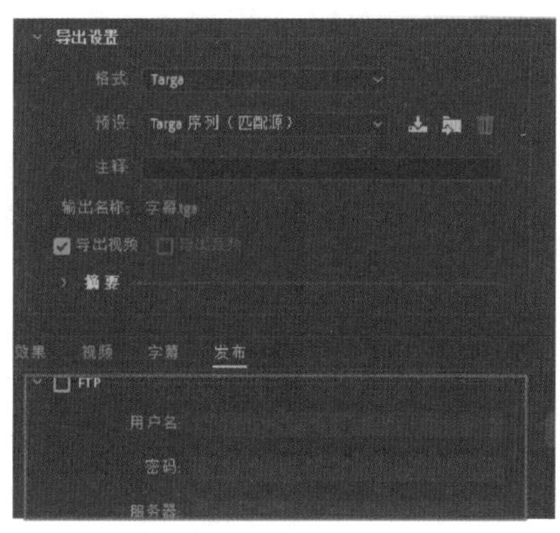

图 7-12

7.4.4　导出素材时码记录表

每个素材都有自己的播放时间长度，在编辑影片时，为了更清楚地了解素材的具体时间长度，有必要制作一个素材时码记录表，以供查询。

生成素材时码记录表的方法如下：

（1）选中时间轴中的所有要被导出的素材，然后选择“文件”|“导出”|“EDL”命令，弹出“EDL 输出设置”对话框，如图 7-13 所示。

（2）单击“确定”按钮，弹出“将序列另存为 EDL”对话框，如图 7-14 所示。指定一个文件名称和保存位置，然后单击“保存”按钮。

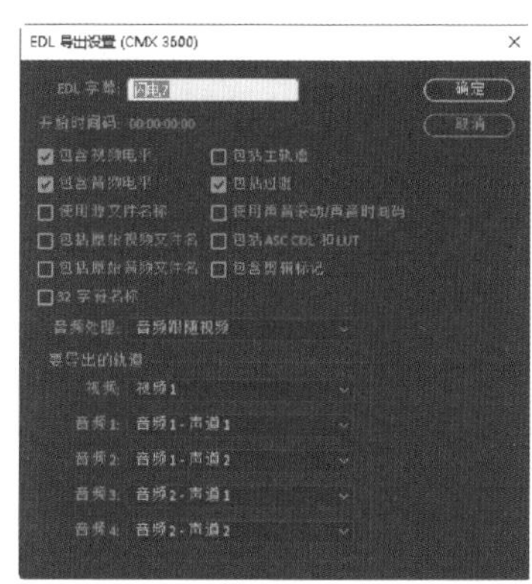

图 7-13

图 7-14

注意：当前活动窗口必须是“时间轴”窗口，否则不能选择 EDL 命令。

（3）在电脑中找到刚保存的文件，双击该文件，在打开的窗口选择 Excel 或记事本应用程序将其打开，里面记录了“项目”窗口中所有素材的起止时间。如图 7-15 所示为使用记事本程序打开的文件内容。

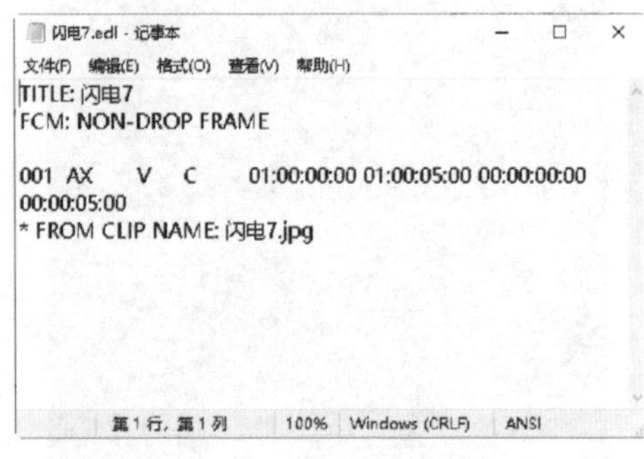

图 7-15